高职高专立体化教材　计算机系列

Android 程序设计项目化教程

代英明　张　明　主　编

李　欢　肖　铮　副主编

清华大学出版社

北　京

内容简介

本书结合大量实例，由浅入深、循序渐进地介绍了 Android 移动应用开发技术。全书涵盖了 Android 开发环境的搭建、Android 布局、Android 控件、Android 动画、Activity 与 Intent、Service 与 BroadcastReceiver、Android 辅助功能等知识内容，以 Eclipse+ADT 为开发平台，配以巩固训练和动手实践，使读者通过课上项目分解、任务学习、配套案例上机练习逐步掌握相关知识，以扩展读者的知识面，从而培养读者的自主学习能力。

本书根据高职教学的特点，突出实践环节和技能应用，将知识点融入项目案例中，并配以大量练习，易懂易学，使学生能够熟练掌握。

本书适合作为高职高专院校计算机相关专业 Android 程序设计课程的教材，也可作为 Android 自学者和应用开发者的参考用书。

图书在版编目(CIP)数据

Android 程序设计项目化教程/代英明，张明主编. —北京：清华大学出版社，2019
(高职高专立体化教材 计算机系列)
ISBN 978-7-302-52739-8

Ⅰ. ①A… Ⅱ. ①代… ②张… Ⅲ. ①移动终端—应用程序—程序设计—高等职业教育—教材
Ⅳ. ①TN929.53

中国版本图书馆 CIP 数据核字(2019)第 067106 号

责任编辑：姚 娜
封面设计：刘孝琼
责任校对：周剑云
责任印制：沈 露
出版发行：清华大学出版社
网 址：http://www.tup.com.cn, http://www.wqbook.com
地 址：北京清华大学学研大厦 A 座 邮 编：100084
社 总 机：010-62770175 邮 购：010-62786544
投稿与读者服务：010-62776969, c-service@tup.tsinghua.edu.cn
质量反馈：010-62772015, zhiliang@tup.tsinghua.edu.cn
课件下载：http://www.tup.com.cn, 010-62791865
印 装 者：北京嘉实印刷有限公司
经 销：全国新华书店
开 本：185mm×260mm **印 张**：17.25 **字 数**：419 千字
版 次：2019 年 6 月第 1 版 **印 次**：2019 年 6 月第 1 次印刷
定 价：49.00 元

产品编号：082258-01

前　　言

Android 是一种以 Linux 与 Java 为基础的开放源代码操作系统，最初由 Andy Rubin 开发，被 Google 收购后则由 Google 公司和开放手机联盟领导开发，主要应用于移动便携设备，如智能手机与平板电脑，是当前最流行、最热门的移动开发技术之一。

1. 本书特点

(1) 语言简洁，重点突出，易学易懂。

本书面向 Android 系统的初学者，以“电子词典翻译 App 软件”为线索组织内容，即使读者没有 Java 开发经验，只要跟着书中讲解一步一步地学习，也能掌握书中的知识。

(2) 实例多，图例多，实用性强。

对每一个案例，本书均进行了详细分析和解释，既可以帮助读者学习理解知识和概念，大大降低学习难度，又具有启发性。本书还插入了大量的图片来说明概念，演示操作过程，并给出每个示例的运行效果，让读者切实感受到 Android 技术的强大功能。

2. 学习方法

学习任何一种编程技术都会有一定难度。因此，要循序渐进、由浅入深，不能跳跃式地学习，要强调动手操作，多编程、多练习，熟能生巧，从学习中体验到程序设计的乐趣和成功的喜悦，增强学习的信心。

3. 本书内容

本书在内容结构上大致可以分成两个部分。

第 1 部分(项目 1～3)，主要介绍 Android SDK 开发环境的安装、应用程序的结构、用户界面的组件及其设计方法，该部分内容是学习 Android 程序设计的入门基础。

项目 1 主要讲解 Android SDK 开发环境的安装，并说明如何下载 Android SDK 和如何从头开始创建新的应用程序；项目 2 与项目 3 讲解如何使用布局和视图创建电子词典翻译 App 软件单个用户界面及多个用户界面。

第 2 部分(项目 4～7)，主要介绍较高级的主题，内容包括后台服务与系统服务技术、数据库技术、输入/输出流的处理技术以及网络通信技术等。

项目 4 主要讲解电子词典翻译 App 软件后台服务与系统服务技术；项目 5 主要讲解电子词典翻译 App 软件的单词存储，介绍了 SQLite 数据库存储方式、文件存储方式和 XML 文件的 SharedPreferences 存储方式；项目 6 主要讲解电子词典翻译 App 软件用户信息网络传输；项目 7 主要讲解电子词典翻译 App 软件特色应用开发，如音频与视频的播放等。

本书项目 1、项目 2、项目 4 的 4.2 节由代英明编写，项目 5、项目 6、项目 7 的 7.2 节由张明编写，项目 3、项目 7 的 7.1 节由李欢编写，项目 4 的 4.1 节由肖铮编写，全书由张明统稿。感谢张晓云、陈建国、李礁等老师为本书的编写提供了宝贵的意见。

本书适合作为高职高专院校计算机相关专业 Android 程序设计课程的教材，也可作为 Android 自学者和应用开发者的参考用书。

由于作者水平有限，书中难免有不足之处，敬请读者批评指正。

目　录

项目 1　搭建电子词典翻译 App 软件开发环境

技能目标

★　能够下载 Android 的开发工具包;
★　能够搭建 Android 开发环境;
★　能够创建 Android 应用程序。

知识目标

★　能够下载 Android 的开发工具包;
★　能够搭建 Android 开发环境;
★　能够创建 Android 应用程序;
★　掌握 Android 应用程序框架。

项目任务

作为一名 Android 应用程序开发人员，掌握 Android 开发环境的配置是必需的，只有掌握了最基本的环境配置，才能进行后续的项目开发。在本项目中我们要完成电子词典翻译 App 软件开发环境的搭建，从而熟悉并掌握 Android 应用程序的开发过程并完成第一个 Android 应用程序。

1.1　任务 1　搭建系统开发环境

任务描述

在进行 Android 开发之前，需要搭建相应的开发环境。本任务主要实现 Android 开发环境的搭建，包括 JDK 的安装与配置、AVD 的配置。

任务目标

(1)　了解 Android 的历史和版本;
(2)　了解 Android 的系统架构;
(3)　掌握 JDK 的安装与配置;
(4)　会配置 AVD，并能使用 AVD 进行 Android 应用程序运行调试。

知识要点

1.1.1 Android 简介

1. Android 发展史

Android 是一个以 Linux 为基础的开源操作系统，主要应用于移动设备，由 Google 和开放手持设备联盟(Open Handset Alliance)开发。Android 系统最初由安迪·鲁宾(Andy Rubin)开发，主要在手机上应用，2005 年 8 月 17 日被 Google 收购。2007 年 11 月 5 日，Google 与 84 家硬件制造商、软件开发商及电信营运商组成开放手持设备联盟来共同研发、改良 Android 系统并生产安装 Android 的智慧型手机，并逐渐拓展到平板电脑及其他领域上。随后，Google 以 Apache 免费开源许可证的授权方式，发布了 Android 的源代码。

Android 在正式发行之前，最开始拥有两个内部测试版本，并且以著名的机器人名称来对其进行命名，它们分别是：阿童木(Android Beta)和发条机器人(Android 1.0)。后来由于涉及版权问题，谷歌将其命名规则变更为用甜点作为它们系统版本的代号的命名方法。甜点命名法开始于 Android 1.5 发布的时候，随后作为每个版本代表的甜点的尺寸越变越大，各 Android 版本如下。

Android 1.5 Cupcake(纸杯蛋糕)：2009 年 4 月 30 日发布。

Android 1.6 Donut(甜甜圈)：2009 年 9 月 15 日发布。

Android 2.0/2.0.1/2.1 Eclair(松饼)：2009 年 10 月 26 日发布。

Android 2.2/2.2.1 Froyo(冻酸奶)：2010 年 5 月 20 日发布。

Android 2.3.x Gingerbread(姜饼)：2010 年 12 月 7 日发布。

Android 3.0 Honeycomb(蜂巢)：2011 年 2 月 2 日发布。

Android 3.1 Honeycomb(蜂巢)：2011 年 5 月 11 日发布。

Android 3.2 Honeycomb(蜂巢)：2011 年 7 月 13 日发布。

Android 4.0 Ice Cream Sandwich(冰激凌三明治)：2011 年 10 月 19 日在我国香港发布。

Android 4.1 Jelly Bean(果冻豆)：2012 年 6 月 28 日发布。

Android 4.2 Jelly Bean(果冻豆)：2012 年 10 月 30 日线上发布。

Android 4.3 Jelly Bean(果冻豆)：2013 年 7 月 25 日线上发布。

Android 4.4 KitKat (奇巧)：2013 年 9 月 4 日凌晨发布。

Android 5.1 Lollipop(棒棒糖)：2014 年 6 月 26 日发布。

Android 6.0 Marshmallow(棉花糖)：2015 年 9 月 30 日发布。

Android 7.0 Nougat(牛轧糖)：正式版本在 2016 年 8 月 22 日发布。

Android 8.0：2017 年 3 月 22 日 发布了首个安卓 8.0 的开发者预览版——Android O。

2. Android 系统架构

Android 的系统架构和其他的操作系统一样，采用了分层的架构，如图 1-1 所示。Android 系统架构分为 4 层，从高层到底层分别是应用程序层、应用程序框架层、系统运行库层和 Linux 核心层。下面分别介绍 Android 系统架构四个分层。

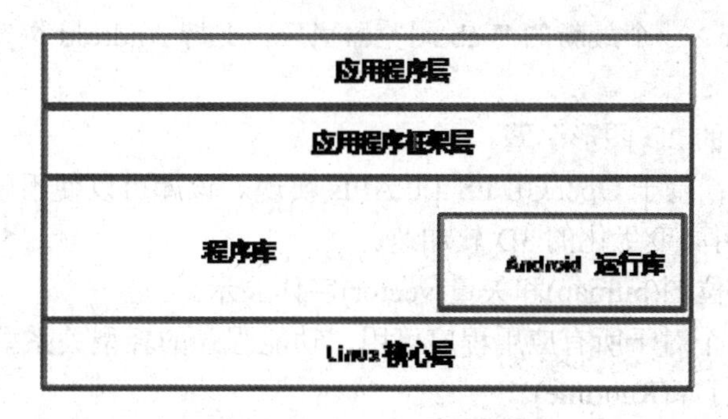

图 1-1　Android 系统架构图

1)　应用程序层(Applications)

Android 会同一系列核心应用程序包一起发布，该应用程序包包括 E-mail 客户端、SMS 短消息程序、日历、地图、浏览器和联系人管理程序等。所有的应用程序都是使用 Java 语言编写的。

2)　应用程序框架层(Application Framework)

该应用程序的架构设计简化了组件的重用，任何一个应用程序都可以发布它的功能块并且任何其他的应用程序都可以使用其所发布的功能块(不过须遵循框架的安全性限制)。同样，该应用程序重用机制也使用户可以方便地替换程序组件。

隐藏在每个应用后面的是一系列的服务和系统, 其中包括以下几个方面。

- 丰富而又可扩展的视图(Views)可以用来构建应用程序，包括列表(lists)、网格(grids)、文本框(text boxes)、按钮(buttons)，甚至可嵌入的 Web 浏览器。
- 内容提供器(Content Providers)使得应用程序可以访问另一个应用程序的数据(如联系人数据库)，或者共享它们自己的数据。
- 资源管理器(Resource Manager)提供非代码资源的访问，如本地字符串、图形和布局文件(layout files)。
- 通知管理器(Notification Manager)使得应用程序可以在状态栏中显示自定义的提示信息。
- 活动管理器(Activity Manager)用来管理应用程序生命周期并提供常用的导航回退功能。

3)　系统运行库层

(1)　程序库(Libraries)。

Android 包含一些 C/C++库，这些库能被 Android 系统中不同的组件使用。它们通过 Android 应用程序框架为开发者提供服务。

- 系统 C 库：一个从 BSD 继承来的标准 C 系统函数库(libc)，它是专门为基于嵌入式 Linux 设备定制的。
- 媒体库：基于 Packet Video Open CORE。该库支持多种常用的音频、视频格式回放和录制，同时支持静态图像文件。编码格式包括 mpeg4、h.264、mp3、aac、amr、jpg、png。
- Surface Manager：对显示子系统的管理，并且为多个应用程序提供了 2D 和 3D 图层的无缝融合。

- LibWebCore：一个最新的 Web 浏览器引擎，支持 Android 浏览器和一个可嵌入的 Web 视图。
- SGL：底层的 2D 图形引擎。
- 3D libraries：基于 OpenGL ES 1.0 APIs 实现。该库可以使用硬件 3D 加速(如果可用)或者使用高度优化的 3D 软加速。
- FreeType：位图(bitmap)和矢量(vector)字体显示。
- SQLite：一个对于所有应用程序可用、功能强劲的轻型关系型数据库引擎。

(2) Android 运行库(Runtime)。

Android 包括了一个核心库，该核心库提供了 Java 编程语言核心库的大多数功能。每一个 Android 应用程序都在它自己的进程中运行，都拥有一个独立的 Dalvik 虚拟机实例。Dalvik 被设计成一个设备，可以同时高效地运行多个虚拟系统。

4) Linux 核心层(Kernel)

Linux 内核也同时作为硬件和软件栈之间的抽象层。

1.1.2 Eclipse+ADT 优势

Android Studio 与 Eclipse ADT 这两个开发工具，是广大 Android 工程师们手头必备的工具。一个基于开源的 Eclipse，具备大量的用户；另一个是 Google 主推的，得到官方的强力推荐。那么哪个好用、易用？哪个运行速度更快？哪个调试更方便？哪个开发效率更高？这些是许多人都在问的问题，我们从以下几个方面来进行比较。

1. 安装的比较

Eclipse ADT-22.3 的安装包大约为 484MB，Android Studio-0.3.1 的安装包大约为 495MB，安装包大小与下载的版本和来源有关系。

Eclipse ADT 下载完毕并解压，指定工作目录后，直接就可以进行项目开发了，非常容易。

Android Studio 下载完毕，需要通过向导进行安装，并且直接引导进行项目新建，这时要从 Google 及 Gradle 网站上下载许多东西。

2. 运行的资源占用率及效率

Eclipse ADT 运行时内存占用约 260MB，Android Studio 运行时内存占用约 110MB。

3. 项目的新建效率

Eclipse ADT 通过向导，5 个步骤就可以快速新建一个 Android 项目。

Android Studio 通过向导，4 个步骤可以新建一个 Android 项目，但是创建 Gradle 项目框架较慢。

4. 项目的开发效率及易用性比较

Eclipse ADT 在页面 xml 样式参数配置方面较差，大部分参数只能写代码设置；Android Studio 在页面 xml 样式参数配置方面强，参数可直接选择配置。

Android Studio 基于 Gradle 构建项目，用户无法同时集中管理和维护多个项目的源码；

而 Eclipse ADT 可以同时打开多个项目，对于手头项目多，需要多个项目同时开发、维护的团队，Eclipse ADT 更好用些。

综上所述，Android Studio 并没有速度方面的优势，在国内这样的环境中，Eclipse ADT 更适用一些。本书所采用的就是 Eclipse ADT。

1.1.3　安装开发环境

搭建 Android 开发环境之前，需要下载以下文件包。

(1) JDK 的安装包 JDK-6u10-rc2-bin-b32-windows-i586-p-12_sep_2008，官方下载地址：http://www.java.net/download/jdk6/6u10/promoted/b32/binaries/jdk-6u10-rc2-bin-b32-windows-i586-p-12_sep_2008.exe。

(2) SDK 的安装包 adt-bundle-windows-x86，官方下载地址：http://developer.android.com/sdk/index.html。http://developer.android.com 该网址为 Android 的官方网址，最新的 Android 开发工具都会在该网址发布，也是 Android 学习者必须了解的网站。

http://wear.techbrood.com/sdk/index.html 为国内镜像网站。

1. JDK 的安装

(1) 双击下载后的 JDK 软件，如 j2sdk-1_4_2_06-windows-i586-p.exe，开始进行安装。

(2) 安装程序首先解开压缩，解压后如图 1-2 所示，选中“我接受该许可证协议中的条款”单选按钮，然后单击“下一步”按钮。

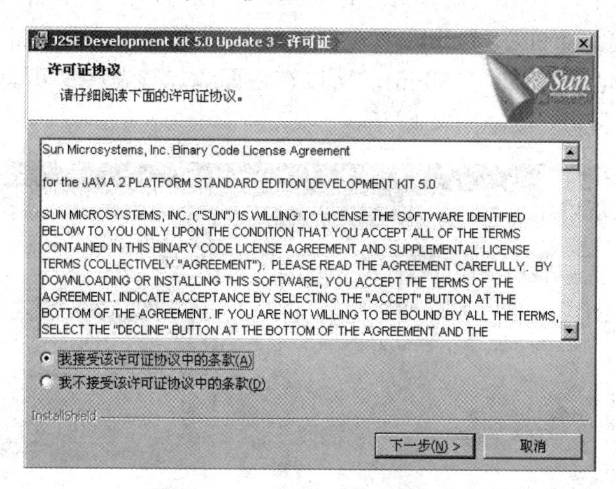

图 1-2　JDK 安装：接受协议

(3) 接下来，为 JDK 指定安装目录。如果想指定安装目录，则单击“浏览”，选择指定目录。如果没有特殊需要的话，左边的功能组件选项不做改动，如图 1-3 所示。

(4) 单击“下一步”按钮，JDK 开始安装至硬盘中，稍等几分钟即可。

(5) 完成后，单击“下一步”按钮完成安装。

以默认安装目录为例，目录结构如下：

- C:\Program Files\Java\jdk1.8.0_31\bin 包括 Java 的一些常用开发工具。
- C:\Program Files\Java\jdk1.8.0_31\lib 包括 Java 的一些开发库。

- C:\Program Files\Java\jdk1.8.0_31\demo 包括一些演示实例。
- C:\Program Files\Java\jdk1.8.0_31\include 包含一些头文件(以 head 为文件扩展名的文件)。

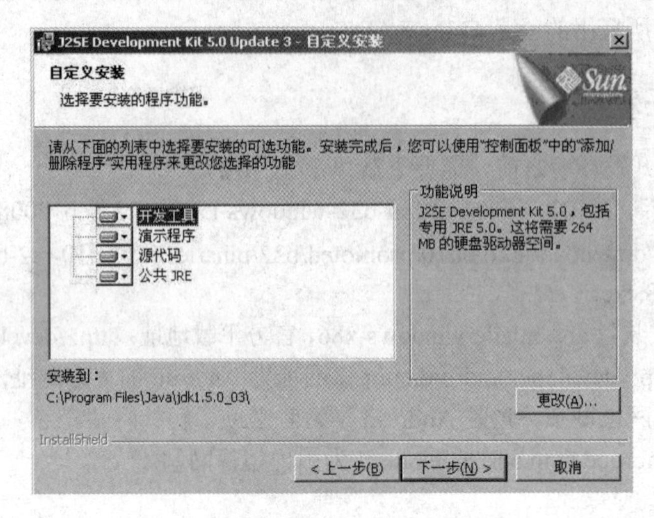

图 1-3　JDK 安装：为 JDK 指定安装目录

2. 环境配置

环境设置方法如下：右击“计算机”，单击“属性”，然后单击“高级系统设置”，选择“系统变量”窗口下面的 Path，双击即可。然后在 Path 行添加 jdk 安装路径即可(C:\Program Files\Java\ jdk1.8.0_313\bin)，所以在后面添加该路径即可。需要注意的是，路径直接用分号“；”隔开，如图 1-4 所示。

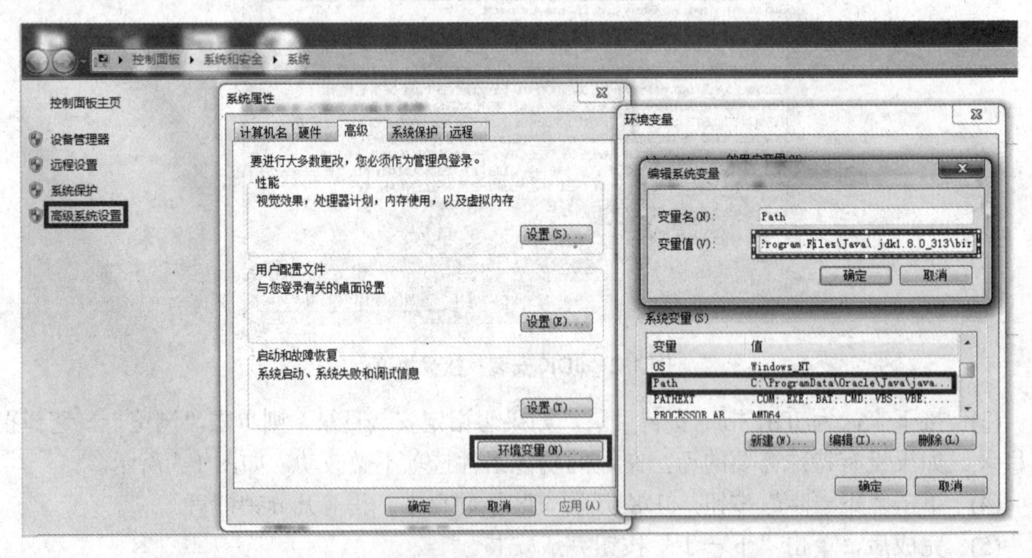

图 1-4　环境配置：path

验证 JDK 是否成功安装：执行“开始”→“执行”命令，打开“运行”对话框，在“打开”文本框内输入 cmd，如图 1-5 所示，然后单击“确定”按钮。

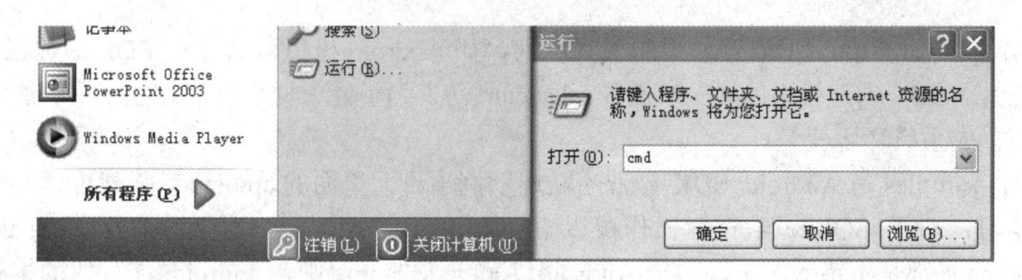

图 1-5　打开 DOS

从而进入 DOS，输入 javac 命令，如图 1-6 所示，则表示已经安装成功，否则没有成功。

图 1-6　JDK 安装成功

3. 安装 Eclipse

解压 SDK 的安装包运行 Eclipse 即可。Android SDK 目录下有很多文件夹，主要都是干什么的呢?

(1) add-ons：放置 Google 提供的 API 包，包括 Google 地图 API 等。

(2) docs：放置 Android 系统的帮助文档和说明文档。

(3) platforms：这是每个平台的 SDK 真正的文件，里面会根据 API Level 划分 SDK 版本，这里就以 Android 2.2 来说，进入后有一个 android-8 的文件夹，里面有 Android 2.2 SDK 的主要文件，其中 ant 为 ant 编译脚本，data 保存着一些系统资源，images 是模拟器映像文件，skins 则是 Android 模拟器的皮肤，templates 是工程创建的默认模板，android.jar 则是该版本的主要 framework 文件，tools 目录里面包含了重要的编译工具，如 aapt、aidl、逆向调试工具 dexdump 和编译脚本 dx。

(4) platform-tools 里放置通用的工具文件，如 Android 模拟器 AVD、SQLite 数据库、调试工具 ADB、创建模拟的 SD 卡工具 mksdcard 等。为了能方便地使用这些工具，通常要将其设置成系统环境变量。

(5) samples 是 Android SDK 自带的默认示例项目，里面的 apidemos 强烈推荐初学者运行学习，对于 SQLite 数据库操作可以查 NotePad 这个例子，对于游戏开发 Snake、LunarLander 都是不错的例子，对于 Android 主题开发 Home 则是 androidm5 时代的主题设计原理。

(6) system-images，由于 Android 是基于 Linux 的系统，该目录放置不同版本的 img 系统映像文件。

(7) market_licensing 作为 Android Market 版权保护组件，一般发布付费应用到电子市场，可以用它来反盗版。

(8) tools 作为 SDK 根目录下的 tools 文件夹，这里包含了重要的工具，如 ddms 用于启动 Android 调试工具，logcat 用于屏幕截图和文件管理器，而 draw9patch 则是绘制 Android 平台的可缩放 png 图片的工具，sqlite3 可以在 PC 上操作 SQLite 数据库；而 monkeyrunner 则是一个不错的压力测试应用，模拟用户随机按键；mksdcard 则是模拟器 SD 映像的创建工具；emulator 是 Android SDK 模拟器主程序，不过从 Android 1.5 开始，需要输入合适的参数才能启动模拟器；traceview 是 Android 平台上重要的调试工具。

(9) usb_driver，顾名思义，保存着 Android 平台 Google 官方机型的驱动如 nexusone、nexuss，同时也有对一些老机型驱动的支持，比如说 htcdream、htcmagic 和 motorola 的 Adroid。

4. 创建 AVD

(1) 单击工具栏上的 Android Virtual Device Manager 按钮，弹出新建虚拟机 AVD 的对话框，如图 1-7 所示。单击 New 按钮，弹出虚拟机 AVD 的参数设置对话框，如图 1-8 所示。

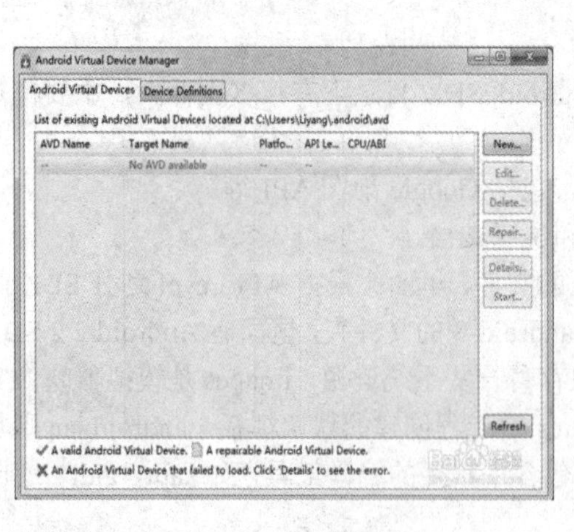

图 1-7　AVD 管理器

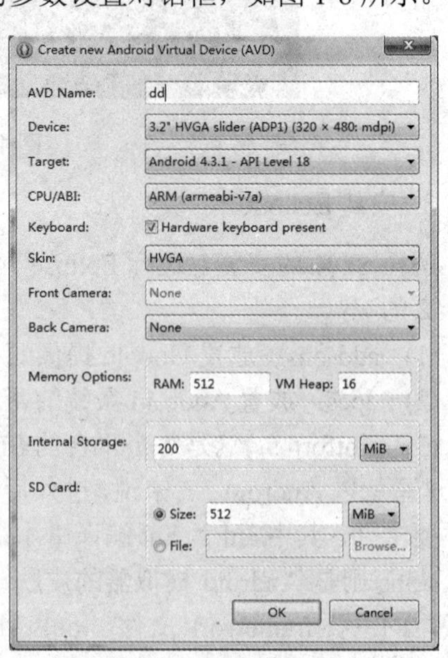

图 1-8　新建立 AVD

(2) 选择好新建的虚拟机 AVD，单击 Start 按钮，如图 1-9 所示。

(3) 单击 Launch 按钮，等待读条，如图 1-10 所示。

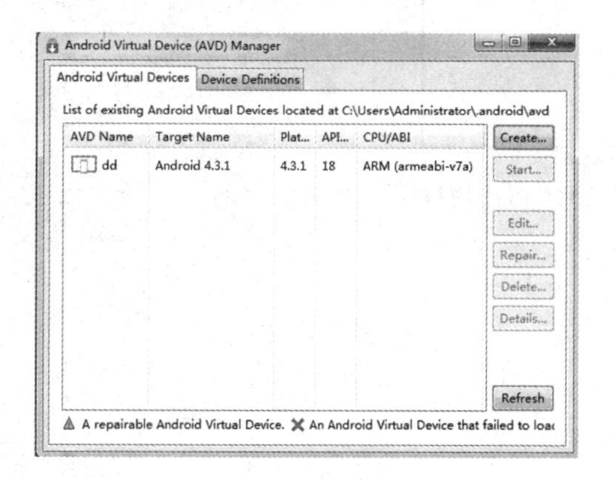

图 1-9　运行 AVD

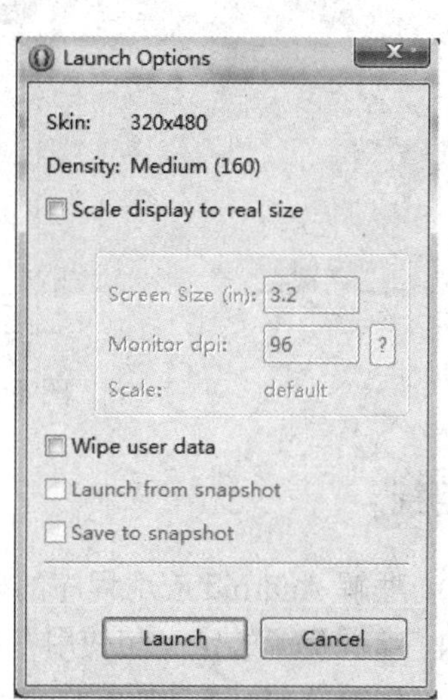

图 1-10　启动 AVD

(4) 虚拟机启动完成，如图 1-11 所示。

图 1-11　AVD

1.2　任务 2　第一个 Android 应用程序

任务描述

创建第一个 Android 应用程序，界面上显示“今天天气真好！”，其效果如图 1-12 所示。

图 1-12　第一个 Android 应用程序

任务目标

(1)　理解 Android 应用程序的框架；
(2)　掌握资源的定义和使用方法；
(3)　理解 Android 应用程序的开发过程。

知识要点

1.2.1　Android 应用程序的开发过程

1. 创建一个 Android Application Project

(1)　在图 1-13 所示的 Android 开发界面中，选择 File→New→Android Application Project 命令，弹出如图 1-14 所示的界面。输入应用程序名称，设置 SDK 最小需求版本、目标 Target SDK、编译的版本 Compile With SDK 以及主题 Theme，向导模式的操作步骤按照默认步骤依次进行，其执行过程如图 1-14～图 1-18 所示。

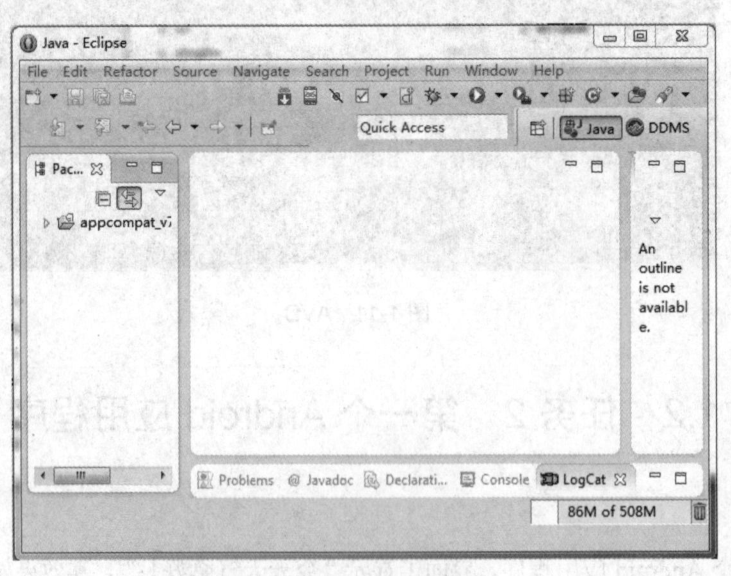

图 1-13　Android 开发界面

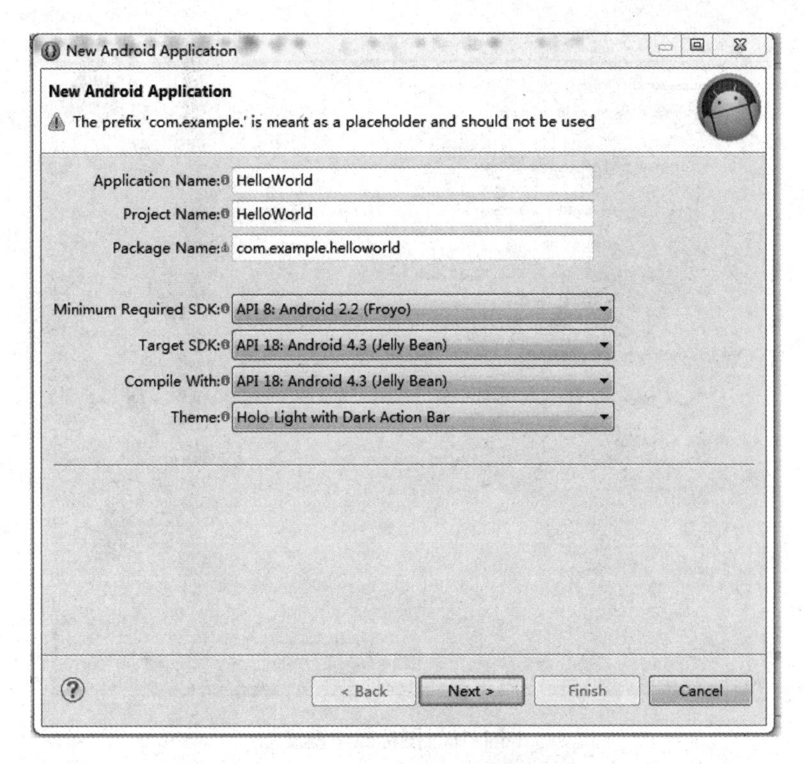

图 1-14 创建 Android 新工程

图 1-15 创建 Activity 与图标设置

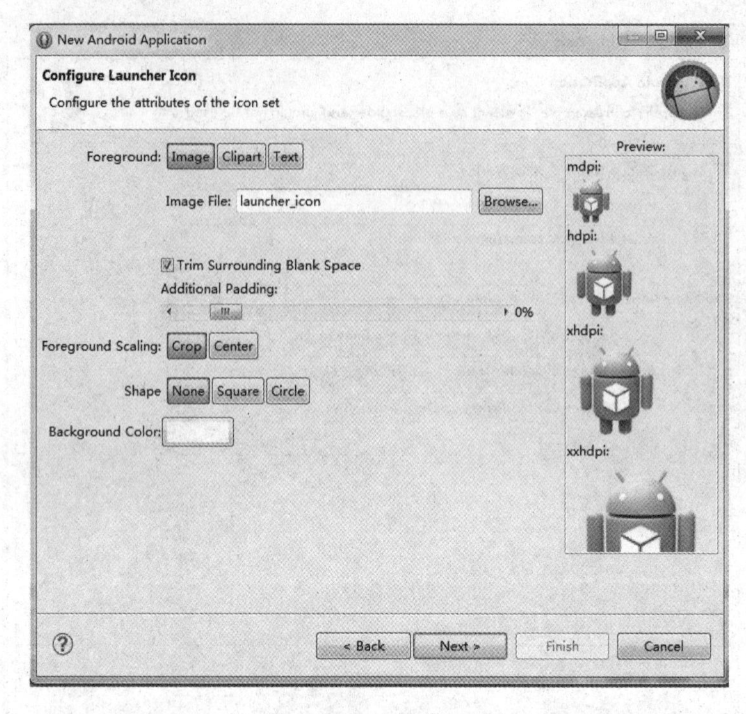

图 1-16　图标属性设置

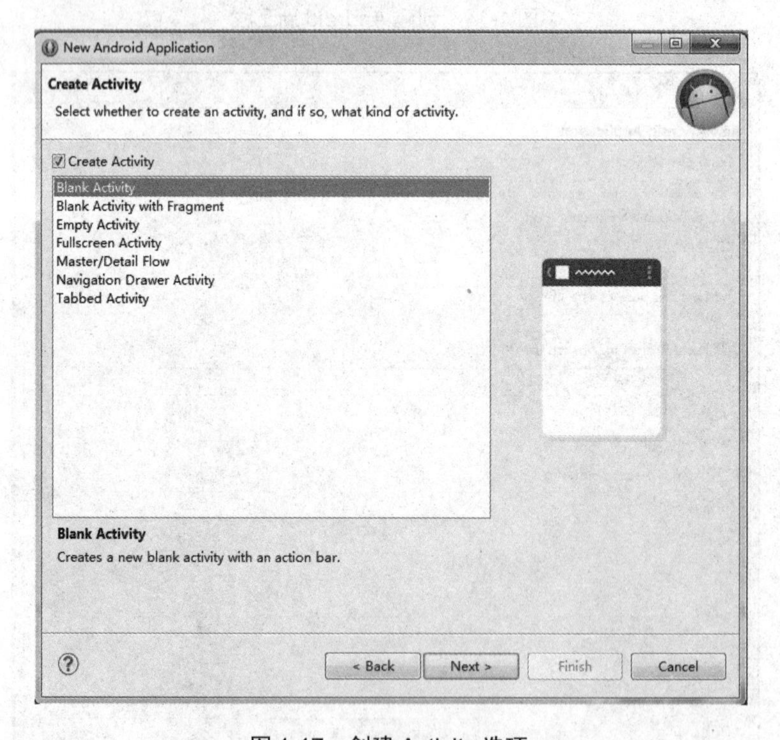

图 1-17　创建 Activity 选项

(2) 按照向导模式的步骤依次执行，直到单击 Finish 按钮，Android 应用程序基本创建完成，如图 1-19～图 1-21 所示。

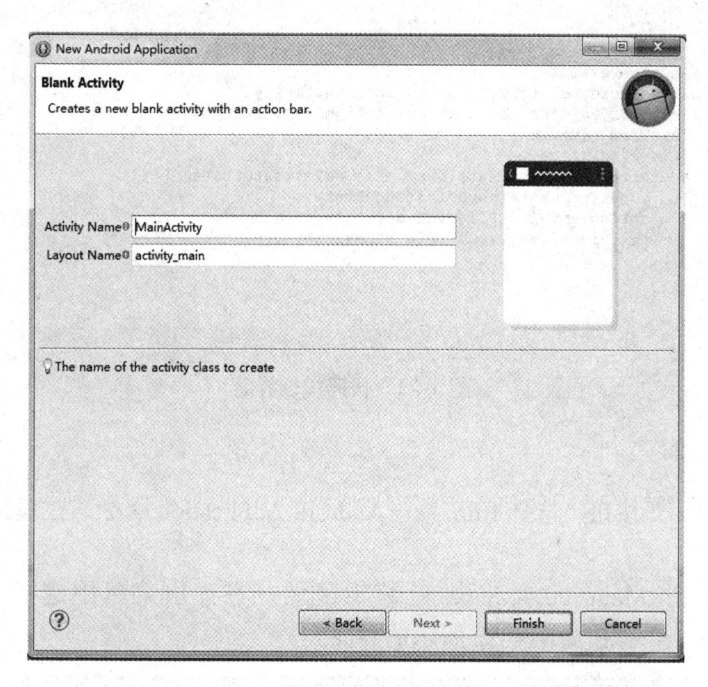

New Android Application
Blank Activity
Creates a new blank activity with an action bar.
Activity Name MainActivity
Layout Name activity_main
The name of the activity class to create
< Back
Next >
Finish
Cancel

图 1-18　完成项目创建

activity_main.xml
Palette
拖动添加控件
Nexus One
Form Widgets
TextView
Large Text
Medium Text
Small Text
Button
Text Fields
Layouts
Composite
Images & Media
Time & Date
Transitions
Advanced
Other
Custom & Library Views
Graphical Layout
AppTheme
MainActivity
HelloAndroid
Hello world!
模拟器界面视图
Outline
RelativeLayout
textView1 - "Hello world!"
添加或修改布局
Properties
Id
@+id/textView1
设置布局属性
Text Size
TextView
@string/hello_world

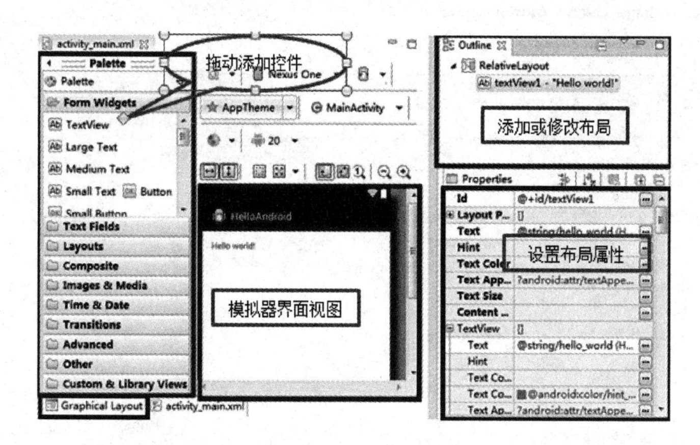

图 1-19　Layout 界面

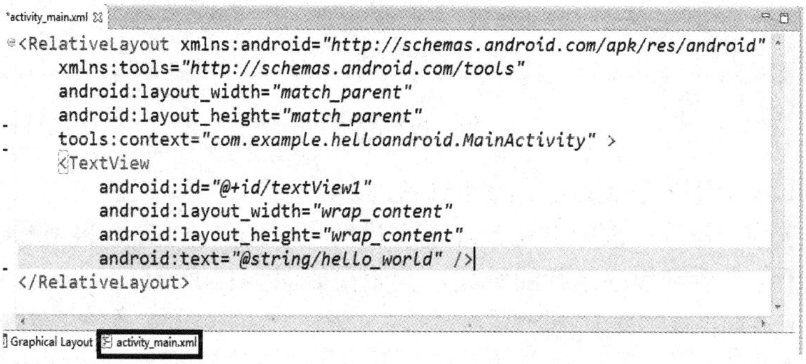

*activity_main.xml
<RelativeLayout xmlns:android="http://schemas.android.com/apk/res/android"
xmlns:tools="http://schemas.android.com/tools"
android:layout_width="match_parent"
android:layout_height="match_parent"
tools:context="com.example.helloandroid.MainActivity" >
<TextView
android:id="@+id/textView1"
android:layout_width="wrap_content"
android:layout_height="wrap_content"
android:text="@string/hello_world" />
</RelativeLayout>
Graphical Layout
activity_main.xml

图 1-20　activity_main.xml 界面

```
package com.example.helloandroid;
import android.support.v7.app.ActionBarActivity;
public class MainActivity extends ActionBarActivity {
    TextView textview;
    @Override
    protected void onCreate(Bundle savedInstanceState) {
        super.onCreate(savedInstanceState);
        setContentView(R.layout.activity_main);
        textview=(TextView) this.findViewById(R.id.textView1);
    }
}
```

图 1-21　代码编辑界面

2. 运行

方法 1：单击按钮，选择 Run As→Android Application 命令，在模拟器上便可看到结果。

方法 2：右击 MainActivity.java 的编辑区域，在弹出菜单中选择 Run As→Run Configurations 命令，弹出如图 1-22 所示的界面。

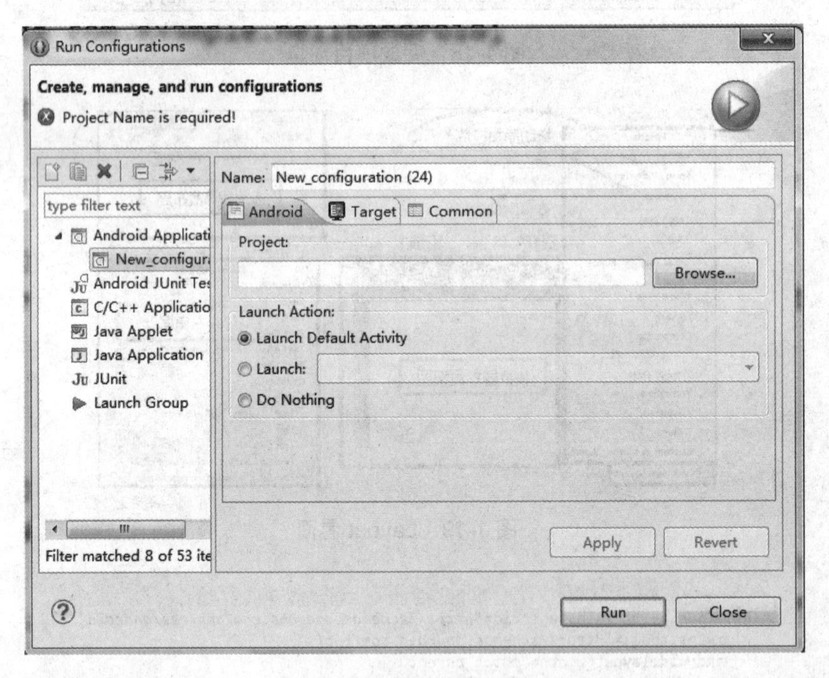

图 1-22　运行配置对话框

在 Android 选项卡里选择要运行的项目名，如图 1-23 所示。

在 Target 选项卡里选择模拟器运行还是真机(手机)运行，如图 1-24 和图 1-25 所示。即可在模拟器或手机上看到程序运行的结果，其效果如图 1-12 所示。

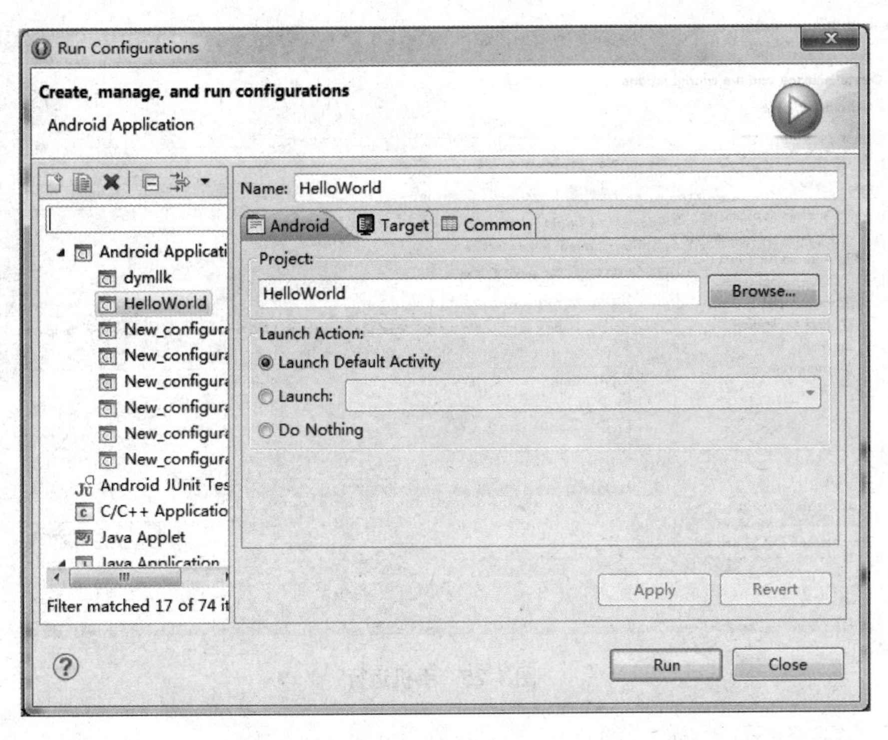

图 1-23　选择要运行的工程

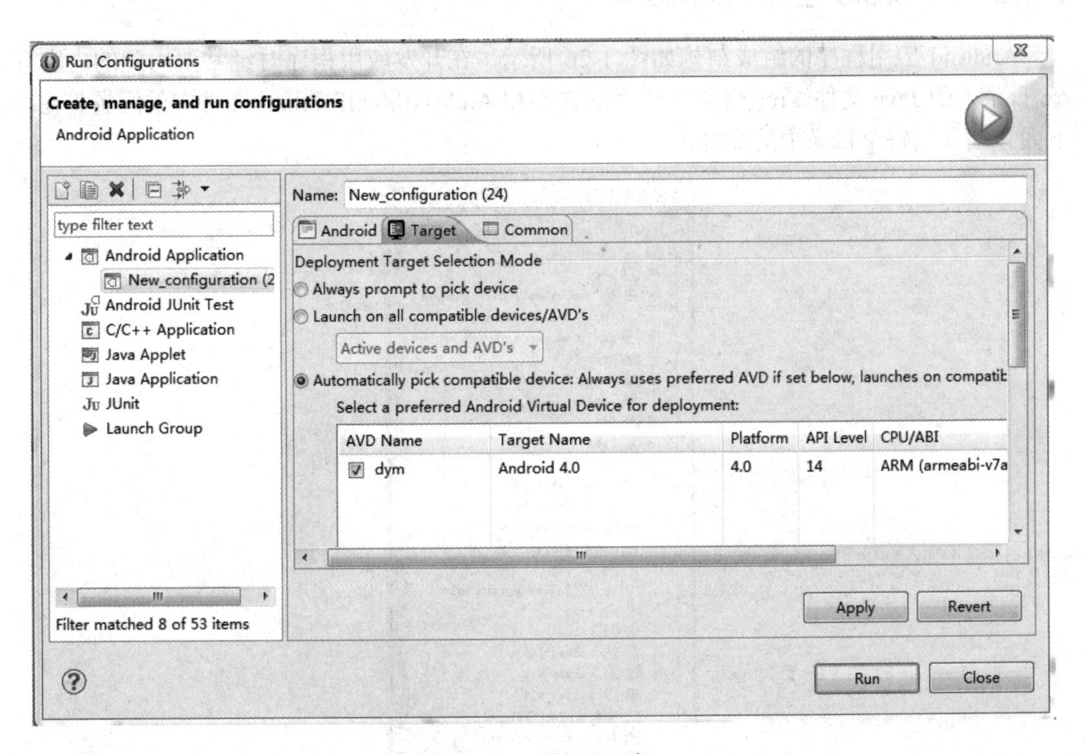

图 1-24　模拟器运行

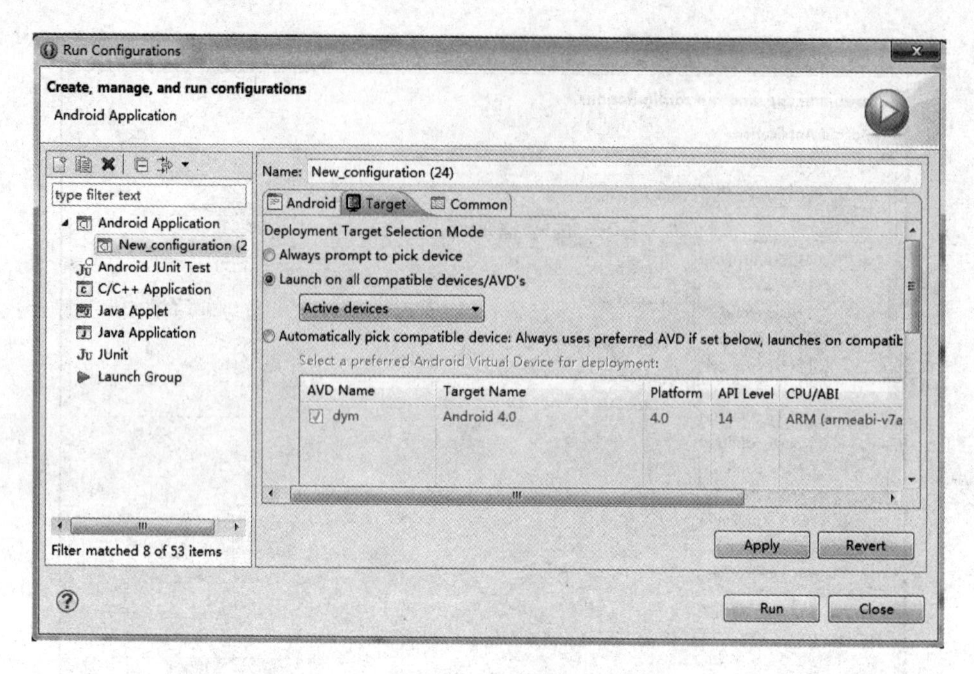

图 1-25　手机运行

1.2.2　Android 应用程序结构

Android 应用程序的组成结构如图 1-26 所示，在开发应用程序时经常要用到的内容有 src 目录下的 Java 文件、res 目录下的资源文件和 AndroidManifest.xml 文件中的配置信息。下面详细介绍每个目录中的文件。

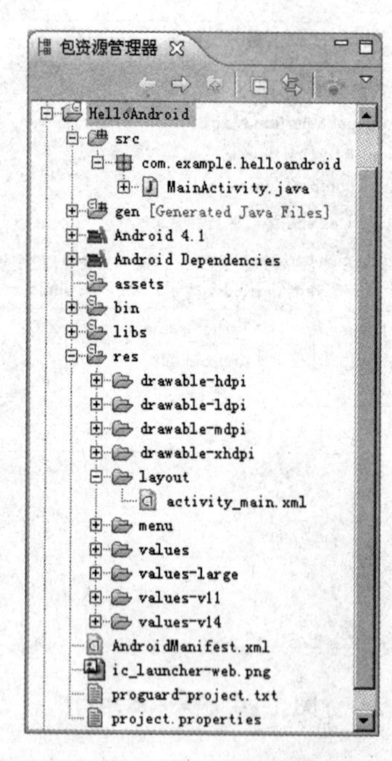

图 1-26　应用程序结构图

1. src 目录

src 目录存放 Android 应用程序的 Java 源代码文件。

2. res 目录及资源类型

res 目录(不支持深度子目录)用于存放应用程序中经常使用的资源文件，包括图片、声音、布局文件以及参数描述文件等，其中 ADT 会为 res 包里的每一个文件在 R.java 中生成一个 ID。res 的目录结构及资源类型如表 1-1 所示。

表 1-1　Android 系统的 res 目录结构及资源类型

目录结构	资源类型
res/values	存放字符串、颜色、尺寸、数组、主题、类型等资源
res/layout	xml 布局文件
res/drawable	图片(bmp、png、gif、jpg 等)
res/anim	xml 格式的动画资源(帧动画和补间动画)
res/menu	菜单资源
res/raw	可以放任意类型文件，一般存放比较大的音频、视频、图片或文档，会在 R 类中生成资源 id，封装在 apk 中
assets	可以存放任意类型，不会被编译，与 raw 相比，不会在 R 类中生成资源 id

(1) drawable：主要存放不同分辨率的图片文件。

- drawable-hdpi 里面存放高分辨率的图片，如 WVGA(480×800)，FWVGA480×854)。
- drawable-ldpi 里面存放低分辨率的图片，如 QVGA (240×320)。
- drawable-mdpi 里面存放中等分辨率的图片，如 HVGA (320×480) 。
- drawable-xhdpi 里面存放非常高分辨率的图片，如 720P。
- drawable-xxhdpi 里面存放超高分辨率的图片，如 1080P。

(2) layout：存放用于布局的 xml 文件。

(3) menu：程序的菜单设置。

(4) values：资源描述文件，用于存放一些常量(不同类型的变量存放在不同的文件中，该目录中 xml 的文件名是不能改的)。

- strings.xml 定义字符串和数值。
- arrays.xml 定义数组 。
- colors.xml 定义颜色和颜色字串数值。
- dimens.xml 定义尺寸数据。
- styles.xml 定义样式。
- values-sw600dp 是针对 600×1024mdip 的屏幕(7 英寸平板)。
- values-sw720dp-land 是针对 720×1280mdip 的屏幕(10 英寸平板)。
- values-v11 代表在 API 11+的设备上(其中 API 11+代表 Android 3.0+)，用该目录下的 styles.xml 代替 res/values/styles.xml。

- values-v14 代表在 API 14+的设备上(其中 API 14+代表 Android 4.0+)，用该目录下的 styles.xml 代替 res/values/styles.xml。

(5) anim：存放一些和动画有关的 xml 文件。

(6) xml：存放一些自定义的 xml 文件。

(7) raw：在该目录中的文件虽然也会被封装在 apk 文件中，但不会被编译。在该目录中可以放置任意类型的文件，例如，各种类型的文档、音频、视频文件等。如果想按字流读取该目录下的图像文件，需要将图像文件放在 res/raw 目录中。

(8) assets 目录：assets 也是一个资源文件夹，assets 中的资源可以被打包到程序里面，和 res 不同的地方是，ADT 会为 res 包内的文件在 R 文件中生成一个 ID，而不会为 assets 中的资源生成 ID，因此要使用该目录下面的文件，可以通过完整路径的方式进行调用。或是在程序中使用“getResources.getAssets().open("text.txt")”得到资源文件的输入流 InputStream 对象。该目录下面的文件不会被编译，直接复制到程序安装包中。

需要注意的是，res/raw 和 assets 文件夹存放不需要系统编译成二进制的文件，例如字体文件等。这两个文件夹有很多相同的地方，例如都可以把文件夹下的东西原封不动地复制到应用程序目录下。但是两个文件夹也有一些不同的地方，首先就是访问方式不同，res/raw 文件夹不能有子文件夹，文件夹下的资源可以使用“getResources().openRawResource(R.raw.id)”的方式获取到，而 assets 文件夹可以自己创建文件夹，并且文件夹下的东西不会被 R.java 文件索引到，而是必须使用 AssetsManager 类进行访问。如果你需要更高的自由度，尽量不受 Android 平台的约束，那么/assets 这个目录就是你的首选了，因为它支持深度子目录。

3. gen 目录

gen 目录下的文件全部都是 ADT 自动生成的，不允许修改，实际上该目录下定义了一个 R.java 文件，该文件相当于项目的字典，项目中的用户界面、字符串、图片等资源都会在该类中生成唯一的 ID，当项目中使用这些资源时，会通过该 ID 得到资源的引用。

在程序中引用资源需要使用 R 类，其引用格式如下：

- Java 代码：R.资源类型.ID
- xml 文件：@资源类型/ID

示例如下。

(1) 在 Activity 中显示布局视图：

```
setContentView(R.layout.main);
```

(2) 程序要获得用户界面布局文件中的按钮实例 Button1：

```
mButtn=(Button)finadViewById(R.id.Button1);
```

(3) xml 使用颜色资源：

```
<TextView android:background="@color/red">
```

(4) 数组资源的使用：

```
int[] c=this.getResources().getIntArray(R.array.count);
```

4. AndroidManifest.xml 文件

AndroidManifest.xml 文件是应用程序的系统控制文件，它对应用程序的权限、应用程序中 Activity、Service 等进行声明，同时还对程序的版本进行说明。AndroidManifest.xml 文件代码元素的意义如表 1-2 所示。

表 1-2 AndroidManifest.xml 文件代码说明

代码元素	说 明
manifest	xml 文件的根结点，包含了 package 中所有的内容
xmlns:android	命名空间的声明使得 Android 中各种标准属性能在文件中使用
package	声明应用程序包
uses-sdk	声明应用程序所使用的 Android SDK 版本
application	application 级别组件的根结点。声明一些全局或默认的属性，如标签、图标、必要的权限等
android:icon	应用程序图标
android:label	应用程序名称
activity	Activity 是一个应用程序与用户交互的图形界面。每一个 Activity 必须有一个< activity >标记对应
android:name	应用程序默认启动的活动程序 Activity 界面
intent-filter	声明一组组件支持的 Intent 值。在 Android 中，组件之间可以相互调用，协调工作，Intent 提供组件之间通信所需要的相关信息
action	声明目标组件执行的 Intent 动作
category	指定目标组件支持的 Intent 类别

5. Android

该目录中存放的是该项目支持的 jar 包，其中还包含项目打包时需要的 META-INF 目录。我们所引用的 android 类都是在这里面。

6. bin

该目录中存放的是本项目的 apk 和各种配置等文件。

7. libs

当你需要引用第三方库时，只需在项目中将所有第三方包复制到 libs 文件夹。当 Eclipse 启动时，ADT 就会自动帮你完成库的引用，而不需要像以前一样自己建立路径，也不再需要参考库了。

8. Android Dependencies

从 ADT 16 开始，Android 项目中多了一个名为 Android Dependencies 的库应用文件夹，这是 ADT 的第三方库新的引用方式。

9. proguard-project.txt 文件

proguard-project.txt 文件负责配置项目的全局混码。

10. properties 文件

properties 文件是项目的配置文件，不需要人为改动，系统会根据情况自动对其进行管理，其中主要描述了项目的版本等基本信息。

习　题

编写 Android 应用程序，在模拟器中显示“我对 Android 很痴迷!”。

项目 2　电子词典翻译 App 软件用户界面设计

技能目标

★　能够完成电子词典翻译 App 软件用户界面的设计。

知识目标

★　熟练掌握 Android 的各类基本控件的使用；
★　熟练掌握 Android 的常见界面布局方法的使用；
★　熟练掌握 Android 的自定义控件的方法；
★　能够熟练使用 Android 的动画技巧。

项目任务

软件设计可分为两个部分：编码设计与 UI 设计，本项目讨论的就是 UI 设计，即用户界面设计。用户界面(User Interface，UI)是指对软件的人机交互、操作逻辑以及界面美观的整体设计。好的 UI 设计不仅是让软件变得有个性有品位，而且还要让软件的操作变得舒适、简单、自由，充分体现软件的定位和特点。

本项目分成 5 个任务实现，即 Android 常用基本控件、Android 常见界面布局、Android 高级控件、自定义控件以及 Android 的动画实现。

2.1　任务 1　Android 常用基本控件

任务描述

本任务主要是熟练使用 Android 的常用基本控件。

任务目标

(1)　了解 Android 用户界面组件 widget 包和 View 类；
(2)　掌握 Android 的文本类控件 TextView 与 EditView；
(3)　掌握 Android 的按钮类控件；
(4)　掌握图片控件 ImageView。

知识要点

Android UI 设计规范的常用单位有 px、dp(dip)和 sp，它们的区别如下。

(1)　px，全称为 pixel，像素。例如，480×800 的屏幕横向有 320 个像素，纵向有 480 个像素。

(2) dp(dip)，全称为 Density-independent Pixel，密度无关像素。

(3) sp，全称为 Scale-independent Pixels，用于设定文字大小，和 dp 类似，但除了受到 dp 影响，还受到用户的字体偏好设定影响。

如果设置表示长度、高度等属性可以使用 dp，但如果设置字体大小则需要使用 sp。

2.1.1 用户界面组件 widget 包和 View 类

1. widget 包

我们首先要区分 widget 和 AppWidget 这两个概念。

1) widget

widget 可以直译为小部件，在 Android 中它代表视图的概念，如 TextView、Button、EditText 等视图控件，以及 LinearLayout 等视图布局。

2) AppWidget

AppWidget 是放置在手机屏幕的桌面小组件应用，如时钟、日历和天气等组件，与一般应用程序有所不同。一般应用程序虽然也可以以图标的形式(快捷方式)放在桌面，但必须点击运行和查看；而 AppWidget 一般不需点击即直观呈现其主要内容。当然，AppWidget 也可以被设置为点击打开其他屏幕或应用等。而且，AppWidget 可以被定时更新，如日历每天更新，时钟每分钟更新等。当然，也可以在 AppWidget 的视图界面中加入类似刷新的小按钮，以进行实时更新，如天气预报。

一般在提到 widget 部件或 widget 程序时，指的是 AppWidget，如果说到 widget 控件，则可能是指视图控件，如 Button 等。

3) 操作

通过在桌面(HomeScreen)中长按，在弹出的对话框中选择 AppWidget 部件来进行创建；或者在应用程序列表的 AppWidget 程序列表中选择并长按来创建。同一个 AppWidget 部件可以在桌面同时创建多个，每新建一个，实际上是生成了一个新的 AppWidget 实例。要删除桌面的 Widget 部件，只需长按并拖动到垃圾箱即可。

2. View 类

基于布局类 View 和 ViewGroup 的基本功能，Android 为创建自己的 UI 界面提供了先进和强大的定制化模式。首先，平台包含了各种预置的 View 和 ViewGroup 子类——Widget 和 layout，可以使用它们来构造自己的 UI 界面，如 Button、TextView、EditText、ListView、CheckBox、RadioButton、Gallery、Spinner，以及具有特殊用途的 AutoCompleteTextView、ImageSwitcher 和 TextSwitcher。

1) 控件属性

对 View 类及其子类的属性进行设置，可以在布局文件 XML 中设置，也可以通过成员方法在 Java 代码文件中动态设置。View 类的常用属性与方法如表 2-1 所示。

2) 控件使用

在布局文件的 Graphical Layout 视图中有一个 Palette 面板，该面板中包含了 Android 中的所有控件。我们在使用控件时，可以直接将所需控件拖动到右侧手机界面，如图 2-1 所示。

表 2-1　View 类的常用属性与方法

属　性	对应方法	说　明
android:background	setBackgroundColor(int color)	设置背景颜色
android:id	setId(int)	为组件设置可通过 findViewById 方法获取的标识符
android:alpha	setAlpha(float)	设置透明度，取值[0，1]
	findViewById(int id)	与 id 所对应的组件建立关联
android:visibility	setVisibility(int)	设置组件的可见性
android:clickable	setClickable(boolean)	设置组件是否响应点击事件
android:layout_width	setWidth(int pixels)	设置该控件的宽度
android:layout_height	setHeight(int pixels)	设置该控件的高度

图 2-1　控件使用

或者在布局文件的*.xml 文件中直接写入 xml 代码，如添加一个文本框 TextView 和一个按钮 Button：

```
<TextView
    android:id="@+id/textView1"
    android:layout_width="wrap_content"
    android:layout_height="wrap_content"
    android:text="@string/hello_world" />
<Button
    android:id="@+id/button1"
    android:layout_width="wrap_content"
    android:layout_height="wrap_content"
    android:layout_alignLeft="@+id/textView1"
    android:layout_below="@+id/textView1"
    android:layout_marginTop="26dp"
    android:text="Button" />
```

2.1.2 文本类控件

文本类控件主要用于在界面中显示文本，包含 TextView 和 EditText 两种。

1. TextView

TextView 是 Android 程序开发中最常用的控件之一，一般使用在需要显示一些信息的时候，但不能输入，只能通过初始化设置或在程序中修改。其常用属性如表 2-2 所示。

表 2-2 TextView 常用属性

属性名称	对应方法	说 明
android:autoLink	setAutoLinkMask(int)	设置是否将指定格式的文本转化为可点击的超链接显示。传入的参数值可取 ALL、EMAIL_ADDRESSES、MAP_ADDRESSES、PHONE_NUMBERS 和 WEB_URLS
android:height	setHeight(int)	定义 TextView 的准确高度，以像素为单位
android:width	setWidth(int)	定义 TextView 的准确宽度，以像素为单位
android:singleLine	setTransformationMethod (TransformationMethod)	设置文本内容只在一行内显示
android:text	setText(CharSequence)	为 TextView 设置显示的文本内容
android:textColor	setTextColor(ColorStateList)	设置 TextView 的文本颜色
android:textSize	setTextSize(float)	设置 TextView 的文本大小
android: textStyle	setTypeface(Typeface)	设置 TextView 的文本字体
android:ellipsize	setEllipsize (TextUtils.TruncateAt)	如果设置了该属性，当 TextView 中要显示的内容超过了 TextView 的长度时，会对内容进行省略，可取的值有 start、middle、end 和 marquee

【例 2-1】 设计一个文本标签组件程序。

创建名称为 Ex02_01 的新项目，包名为 com.ex02_01。打开系统自动生成的项目框架，需要设计的文件为：界面布局文件 activity_main.xml；控制文件 MainActivity.java；资源文件 strings.xml。

(1) 设计界面布局文件 activity_main.xml。在界面布局文件 activity_main.xml 中加入文本标签组件 TextView，并设置文本标签组件的属性。

```
<TextView
android:id="@+id/textView1"
android:layout_width="fill_parent"
android:layout_height="wrap_content"
android:text="@string/hello" />
```

在界面布局中设置文本标签，如图 2-2 所示。

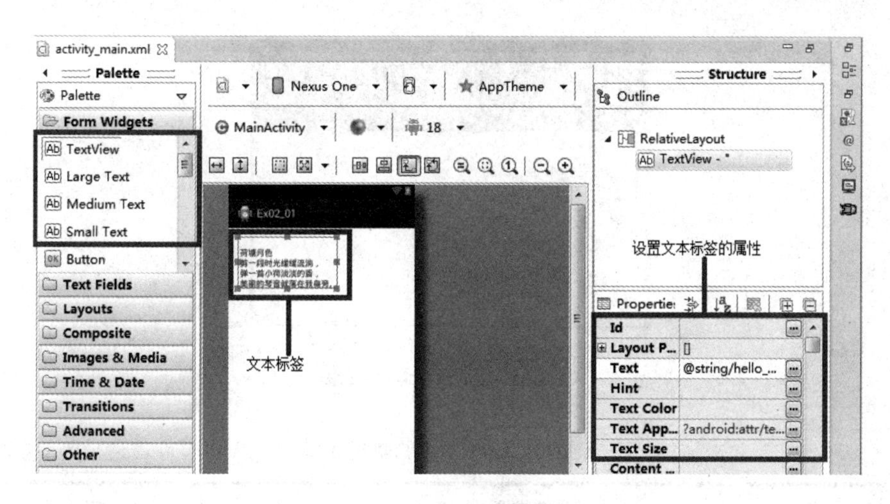

图 2-2　界面布局中设置文本标签

(2)　设计控制文件 MainActivity.java。在控制文件 MainActivity.java 源文件中添加文本标签组件，并将布局文件中所定义的文本标签元素属性值赋值给文本标签，与布局文件中文本标签建立关联。

```
public class MainActivity extends Activity{
   private TextView txt; //声明文本标签对象
   public void onCreate(Bundle savedInstanceState){
      super.onCreate(savedInstanceState);
      setContentView(R.layout.main);
      txt=(TextView)findViewById(R.id.textView1);//与布局文件文本标签建立关联
      txt.setTextColor(Color.WHITE);//设置文本颜色
   }
}
```

(3)　设计资源文件 strings.xml。

```
<?xml version="1.0" encoding="utf-8"?>
<resources>
   <string name="App_name">Ex02_01</string>
   <string name="hello_world">\n  荷塘月色
       \n 剪一段时光缓缓流淌，
       \n 弹一首小荷淡淡的香，
       \n 美丽的琴音就落在我身旁。</string>
<resources>
```

(4)　在模拟器中运行的效果如图 2-3 所示。

2. EditText

在第一次使用一些应用软件时，常常需要输入用户名和密码进行注册和登录。如果我们希望实现此功能，就需要使用 Android 系统中的编辑框 EditText。EditText 的常见属性如表 2-3 所示。

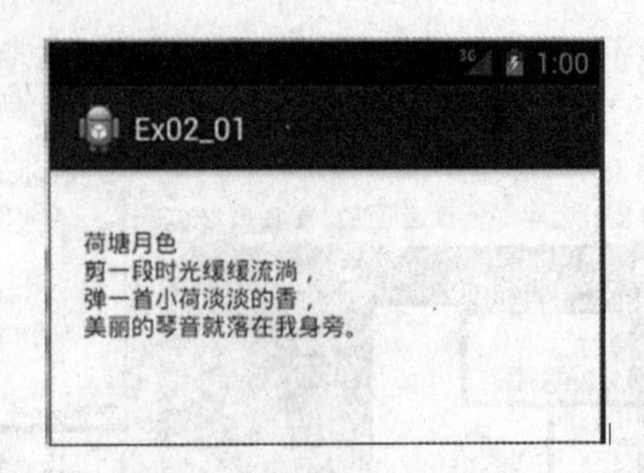

图 2-3　例 2-1 运行结果

表 2-3　EditText 的常见属性

属性名称	对应方法	说　明
android:lines	setLines(int)	通过设置固定的行数来决定 EditText 的高度
android:maxLines	setMaxLines(int)	设置最大的行数
android:minLines	setMinLines(int)	设置最小的行数
android:inputType	setTransformationMethod(TransformationMethod)	设置文本框中的内容类型，可以是密码、数字、电话号码等类型
android:scrollHorizontally	setHorizontallyScrolling(boolean)	设置文本框是否可以水平进行滚动
android: capitalize	setKeyListener(KeyListener)	如果设置，自动转换用户输入内容为大写字母
android: hint	setHint(int)	文本为空时，显示提示信息
android:maxLength	setFilters(InputFilter)	设置最大显示长度

【例 2-2】设计一个编辑框组件程序。

创建名称为 Ex02_02 的新项目，包名为 com.ex02_02。打开系统自动生成的项目框架，需要设计的文件为布局文件 activity_main.xml。

(1)　在界面布局文件 activity_main.xml 中加入 4 个编辑框组件 EditText，并设置编辑框组件的属性。

```
<EditText
    android:id="@+id/editText1"
    android:layout_width="wrap_content"
    android:layout_height="wrap_content"
    android:layout_alignParentRight="true"
    android:layout_alignTop="@+id/textView1"
    android:hint="姓名"
    android:ems="10" />
<EditText
    android:id="@+id/editText2"
    android:layout_width="wrap_content"
    android:layout_height="wrap_content"
```

```
    android:layout_alignBottom="@+id/textView2"
    android:layout_alignLeft="@+id/editText1"
    android:ems="10"
    android:inputType="textPassword" />
<EditText
    android:id="@+id/editText3"
    android:layout_width="wrap_content"
    android:layout_height="wrap_content"
    android:layout_alignBaseline="@+id/textView3"
    android:layout_alignBottom="@+id/textView3"
    android:layout_alignLeft="@+id/editText2"
    android:ems="10"
    android:inputType="textEmailAddress" >
    <requestFocus />
</EditText>
  <EditText
    android:id="@+id/editText4"
    android:layout_width="wrap_content"
    android:layout_height="wrap_content"
    android:layout_alignBaseline="@+id/textView4"
    android:layout_alignBottom="@+id/textView4"
    android:layout_alignParentRight="true"
    android:ems="10"
    android:inputType="phone" />
```

(2)　在模拟器中运行的效果如图 2-4 所示。

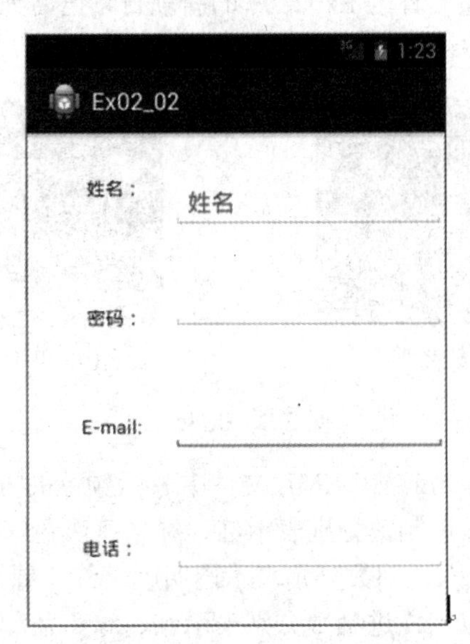

图 2-4　例 2-2 运行结果

2.1.3　Button 类控件

Button 类控件主要包括 Button、ImageButton、ToggleButton、RadioButton 和 CheckBox。

1. Button

Button 是 Android 程序开发过程中较为常用的一类控件。用户可以通过 findViewById(id) 来获取布局中的按钮，单击 Button 来触发一系列事件。然后为 Button 注册监听器，来实现 Button 的监听事件。

为 Button 注册监听有两种方法：一种是在布局文件中，为 Button 控件设置 OnCilck 属性，然后在代码中添加一个 public void OnCilck(){}方法；另一种是在代码中绑定匿名监听器，并且重写 onClick 方法。

1) 通过 onClick 属性设置处理方法

在 XML 布局文件中设置 Button 的属性：

```
android:onClick="Myclick"
```

然后在该布局文件对应的 Activity 中实现该方法：

```
public void Myclick (View view)  {
    // Do something in response to button click
}
```

需要注意的是，这个方法必须符合 3 个条件：

- public；
- 没有返回值；
- 只有一个参数且必须是 view 类型的，这个 View 就是被点击的控件。

【例 2-3】编写程序，当单击“点击我！”按钮后，页面标题及文本组件的文字内容发生变化，如图 2-5 所示。创建名称为 Ex02_03 的新项目，包名为 com.ex02_03。界面上放一个文本框 TextView 和一个按钮 Button。

(a) 单击“点击我”按钮之前

(b) 单击“点击我”按钮之后

图 2-5　Button

(1) 设计布局文件 main.xml。在 XML 文件中表示颜色的方法有多种：

- #RGB：用三位十六进制数分别表示红、绿、蓝颜色。
- #ARGB：用四位十六进制数分别表示透明度、红、绿、蓝颜色。
- #RRGGBB：用六位十六进制数分别表示红、绿、蓝颜色。
- #AARRGGBB：用八位十六进制数分别表示透明度、红、绿、蓝颜色。

```
<?xml version="1.0" encoding="utf-8"?>
<LinearLayout xmlns:android="http://schemas.android.com/apk/res/android"
    android:layout_width="fill_parent"
    android:layout_height="fill_parent"
```

```
    android:background="#ff7f7c"
    android:orientation="vertical" >
    <TextView
        android:id="@+id/textView1"
        android:layout_width="fill_parent"
        android:layout_height="wrap_content"
        android:textColor="#ff000000"
        android:text="@string/hello" />
    <Button
        android:id="@+id/button1"
        android:layout_width="wrap_content"
        android:layout_height="wrap_content"
        android:text="@string/button"
        android:onClick="MyClick" />
</LinearLayout>
```

(2)　设计控制文件 Ex02_03Activity.java。

```
public class MainActivity extends ActionBarActivity {
    private TextView txt;
    private Button btn;
    @Override
    protected void onCreate(Bundle savedInstanceState) {
        super.onCreate(savedInstanceState);
        setContentView(R.layout.activity_main);
        btn=(Button)findViewById(R.id.button1);
        txt=(TextView)findViewById(R.id.textView1);
  }
public void MyClick(View v){
    int BLACK = 0xffcccccc;
    MainActivity.this.setTitleColor(-1);
    MainActivity.this.setTitle("改变标题");
        txt.setText("改变了文本标签的内容及颜色");
        txt.setTextColor(Color.RED);
        txt.setBackgroundColor(Color.BLACK);
    }
}
```

(3)　设计资源文件 strings.xml。

```
<?xml version="1.0" encoding="utf-8"?>
<resources>
  <string name="hello"> Hello World, MainActivity!</string>
  <string name="App_name">Ex02_03</string>
  <string name="button">点击我，改变文字背景颜色</string>
</resources>
```

2)　使用 setOnClickListener 添加监听器对象

可以写一个内部类(外部类、匿名内部类或者用自身类)实现 OnClickListener 接口，在这个类中实现 onClick 方法，方法里面写在点击按钮时想做的具体工作。

将这个内部类的对象传入按钮的 setOnClickListener 方法中，即完成监听器对象和按钮的绑定(在事件源 Button 上注册了事件监听器)，这时候只要按钮被点击，那么监听器对象的 onClick 方法就会被调用。

(1) 例 2-3 的布局文件 main.xml 修改如下。

```
<?xml version="1.0" encoding="utf-8"?>
<LinearLayout xmlns:android="http://schemas.android.com/apk/res/android"
    android:layout_width="fill_parent"
    android:layout_height="fill_parent"
    android:background="#ff7f7c"
    android:orientation="vertical" >
    <TextView
        android:id="@+id/textView1"
        android:layout_width="fill_parent"
        android:layout_height="wrap_content"
        android:textColor="#ff000000"
        android:text="@string/hello" />
    <Button
        android:id="@+id/button1"
        android:layout_width="wrap_content"
        android:layout_height="wrap_content"
        android:text="@string/button" />
</LinearLayout>
```

(2) 例 2-3 的控制文件 Activity.java 修改如下。

```
public class MainActivity extends ActionBarActivity {
  private TextView txt;
  private Button btn;
  @Override
  protected void onCreate(Bundle savedInstanceState) {
     super.onCreate(savedInstanceState);
     setContentView(R.layout.activity_main);
     btn=(Button)findViewById(R.id.button1);
     txt=(TextView)findViewById(R.id.textView1);
btn.setOnClickListener(new click());//使用 setOnClickListener 添加监听器对象
  }
 class click implements OnClickListener    {//使用内部类实现监听器
 public void onClick(View v)      {
    int BLACK = 0xffcccccc;
    MainActivity.this.setTitleColor(-1);
    MainActivity.this.setTitle("改变标题");
    txt.setText("改变了文本标签的内容及颜色");
    txt.setTextColor(Color.RED);
    txt.setBackgroundColor(Color.BLACK);
  }
}
```

实现图文混排列，只需要设置按钮的如下一些属性即可实现，如图 2-6 所示。

```
android:drawableTop="@drawable/img1"
android:drawableBottom="@drawable/img2"
android:drawableLeft="@drawable/img3"
```

```
android:drawableRight="@drawable/img4"
android:drawablePadding="20dp"
```

需要注意的是，需要将 img1.png、img2.png、img3.png、img4.png 图片放在 drawable 包中。

图 2-6　Button 的图文混排列

2. ImageButton

ImageButton(图片按钮)也是一种 Button，与 Button 控件的不同之处是在设置图片时有些区别。在 ImageButton 控件中，设置按钮显示的图片可以通过 android:src 属性设置，也可以通过 setImageResource(int)方法来设置。

```
<ImageButton
android:id=" "
android:layout_width=" "
android:layout_height=" "
android:src=" "   />        <!-- ImageButton 背景图片-->
```

为 ImageButton 添加监听器注册事件的方法与 Button 相同。

【例 2-4】ImageButton 的使用。创建名称为 Ex02_04 的新项目，包名为 com.ex02_04。添加 3 个 ImageButton 控件，第 1 个使用 drawable 包中的图片资源为按钮背景，第 2 个使用系统提供的图片作为按钮背景，第 3 个使用选择器改变按钮背景，运行效果如图 2-7 所示。

(a) 运行前

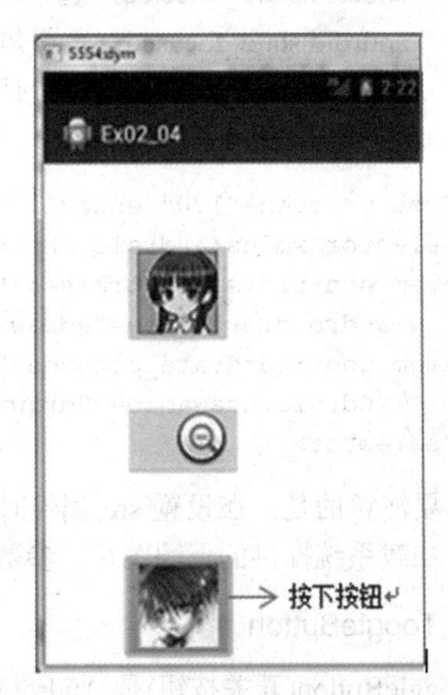

(b) 运行后

图 2-7　ImageButton 的使用

布局代码如下：

```
<ImageButton
    android:id="@+id/imageButton1"
    android:layout_width="wrap_content"
    android:layout_height="wrap_content"
    android:layout_alignParentLeft="true"
    android:layout_alignParentTop="true"
    android:src="@drawable/img1" />
 <ImageButton
    android:id="@+id/imageButton2"
    android:layout_width="wrap_content"
    android:layout_height="wrap_content"
    android:layout_alignLeft="@+id/imageButton1"
    android:layout_below="@+id/imageButton1"
    android:src="@android:drawable/btn_minus" />
 <ImageButton
    android:id="@+id/imageButton3"
    android:layout_width="wrap_content"
    android:layout_height="wrap_content"
    android:layout_alignLeft="@+id/imageButton2"
    android:layout_below="@+id/imageButton2"
    android:layout_marginTop="64dp"
    android:src="@drawable/myselector" />
```

selector 是 Android 控件的背景选择器，可以通过设置 item 项中的以下属性，然后引用图片改变 ImageButton 显示背景。

- android:state_pressed：点击。
- android:state_selected：选中。
- android:state_focused：获得焦点。
- android:state_enabled：设置是否响应事件。

在 res/drawable-hdpi 目录下新建一个 myselector.xml，在其中输入如下代码：

```
<?xml version="1.0" encoding="utf-8"?>
<selector xmlns:android="http://schemas.android.com/apk/res/android" >
<item android:state_pressed="false"
     android:drawable="@drawable/img2"/>
<item android:state_pressed="true"
     android:drawable="@drawable/img3"/>
</selector>
```

需要注意的是，在设置 src 属性时，加载 drawable 对象，参数值为“@drawable/图片名”；加载系统提供的资源图片，参数则为“@android:drawable/图片名”。

3. ToggleButton

ToggleButton(开关按钮)是 Android 系统中比较简单的一个组件，它带有亮度指示，具有选中和未选中两种状态(默认为未选中状态)，并且需要为不同的状态设置不同的显示文本。

```
<ToggleButton
   android:id=" "
   android:textOn=" "        <!-- ToggleButton 被选中时显示的文本内容-->
   android:textOff=" "        <!-- ToggleButton 未被选中时显示的文本内容-->
   android:checked="false"   <!-- ToggleButton 是否选中-->
   android:autoText="true"   <!-- ToggleButton text 是自动可编辑的-->
   android:disabledAlpha="1"  <!--设置按钮在禁用时透明度-->
   android:background="@drawable/togglebtn_check"   />
```

4. RadioButton

RadioButton(单选按钮)在 Android 平台上的应用也非常多，比如设置一些选择项的时候，会用到单选按钮。它是一种单个圆形单选框、双状态的按钮，可以选择或不选择。在 RadioButton 没有被选中时，用户能够按下或点击来选中它。但是，在选中后，通过点击无法变为未选中。

RadioGroup 是可以容纳多个 RadioButton 的容器；每个 RadioGroup 中的 RadioButton 同时只能有一个被选中；不同的 RadioGroup 中的 RadioButton 互不相干，即如果组 A 中有一个选中了，组 B 中依然可以有一个被选中；大部分场合下，一个 RadioGroup 中至少有两个 RadioButton；一个 RadioGroup 中的 RadioButton 默认会有一个被选中，并默认将它放在 RadioGroup 中的起始位置。

```
<RadioGroup
 android:id=" "
 android:orientation=" " >
 <RadioButton
    android:id=" "
    android:text=" "  />
    …
</RadioGroup>
```

RadioButton 提供了一些方法来获取按钮组中的单选按钮状态，如：

getChildCont()：获得按钮组中的单选按钮的数目。

getChinldAt(i)：根据索引值获取我们的单选按钮。

isChecked()：判断按钮是否选中。

5. CheckBox

CheckBox(复选按钮)，顾名思义是一种可以进行多选的按钮，默认以矩形表示。与 RadioButton 相同，它也有选中或者不选中双状态。我们可以先在布局文件中定义多选按钮，然后对每一个多选按钮进行事件监听 setOnCheckedChangeListener，通过 isChecked 来判断选项是否被选中，做出相应的事件响应。

CheckBox 常用属性设置如下：

```
<CheckBox
   android:id=" "
   android:text=" "   />
```

【例 2-5】RadioButton 与 CheckBox。创建名称为 Ex02_05 的新项目，包名为 com.ex02_05。布局设置如图 2-8(a)所示，运行结果如图 2-8(b)所示。

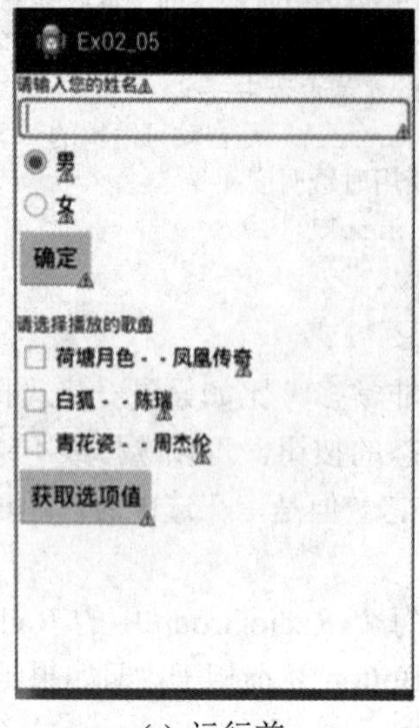

(a) 运行前

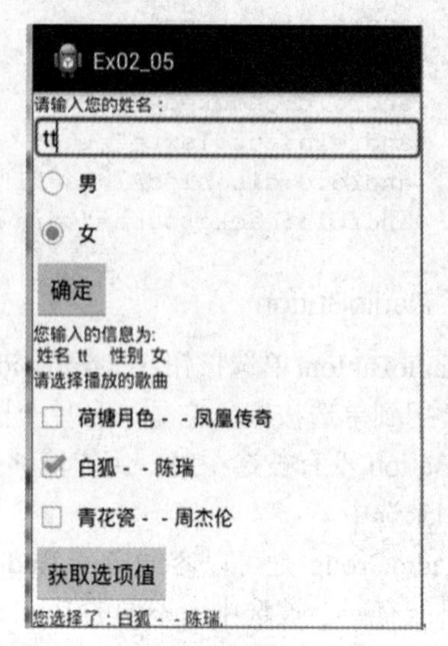

(b) 运行后

图 2-8 RadioButton 与 CheckBox

(1) 布局代码如下：

```
<?xml version="1.0" encoding="utf-8"?>
<LinearLayout xmlns:android="http://schemas.android.com/apk/res/android"
android:layout_width="fill_parent"
android:layout_height="fill_parent"
android:orientation="vertical" >
<TextView
    android:id="@+id/textView1"
    android:layout_width="wrap_content"
    android:layout_height="wrap_content"
    android:text="请输入您的姓名："/>
<EditText
    android:id="@+id/editText1"
    android:layout_width="match_parent"
    android:layout_height="wrap_content"
    android:background="@android:drawable/editbox_background"
    android:ems="10"
    android:textColor="#ff000000">
    <requestFocus />
</EditText>
<RadioGroup
    android:id="@+id/radioGroup1"
    android:layout_width="wrap_content"
    android:layout_height="wrap_content" >
    <RadioButton
        android:id="@+id/radio0"
```

```
        android:layout_width="wrap_content"
        android:layout_height="wrap_content"
        android:checked="true"
        android:text="男" />
    <RadioButton
        android:id="@+id/radio1"
        android:layout_width="wrap_content"
        android:layout_height="wrap_content"
        android:text="女" />
</RadioGroup>
<Button
    android:id="@+id/button1"
    android:layout_width="wrap_content"
    android:layout_height="wrap_content"
    android:text="确定" />
<TextView
    android:id="@+id/textView2"
    android:layout_width="wrap_content"
    android:layout_height="wrap_content"  />
  <TextView
    android:id="@+id/textView3"
    android:layout_width="wrap_content"
    android:layout_height="wrap_content"
    android:text="请选择播放的歌曲" />
<CheckBox
    android:id="@+id/checkBox1"
    android:layout_width="wrap_content"
    android:layout_height="wrap_content"
    android:text="荷塘月色——凤凰传奇" />
<CheckBox
    android:id="@+id/checkBox2"
    android:layout_width="wrap_content"
    android:layout_height="wrap_content"
    android:text="白狐——陈瑞"/>
<CheckBox
    android:id="@+id/checkBox3"
    android:layout_width="wrap_content"
    android:layout_height="wrap_content"
    android:text="青花瓷——周杰伦" />
<Button
    android:id="@+id/button2"
    android:layout_width="wrap_content"
    android:layout_height="wrap_content"
    android:text="获取选项值"/>
<TextView
    android:id="@+id/textView4"
    android:layout_width="wrap_content"
    android:layout_height="wrap_content" />
</LinearLayout>
```

(2) MainActivity.java 代码如下所示：

```
public class MainActivity extends ActionBarActivity {
    Button okBtn,okBtn2;
    EditText edit;
    TextView txt,txt2;
    CheckBox ch1, ch2, ch3;
    RadioGroup radgroup;
    @Override
    protected void onCreate(Bundle savedInstanceState) {
        super.onCreate(savedInstanceState);
        setContentView(R.layout.activity_main);
        edit = (EditText) findViewById(R.id.editText1);
        okBtn = (Button) findViewById(R.id.button1);
        txt = (TextView) findViewById(R.id.textView2);
        radgroup=(RadioGroup)findViewById(R.id.radioGroup1);
        okBtn.setOnClickListener(new mClick());
        ch1 = (CheckBox)findViewById(R.id.checkBox1);
        ch2 = (CheckBox)findViewById(R.id.checkBox2);
        ch3 = (CheckBox)findViewById(R.id.checkBox3);
        okBtn2=(Button)findViewById(R.id.button2);
        txt2=(TextView)findViewById(R.id.textView4);
        okBtn2.setOnClickListener(new mClick2());
    }
    class mClick implements OnClickListener{
        public void onClick(View v)     {
            CharSequence str = "";
            CharSequence name = "";
            name = edit.getText();
            for(int i=0;i<radgroup.getChildCount();i++){
                RadioButton rd = (RadioButton) radgroup.getChildAt(i);
                if (rd.isChecked()) {
                    str=rd.getText();
                }}
            txt.setText("您输入的信息为：\n姓名" + name + "\t性别" + str);
        }
    }
    class mClick2 implements OnClickListener    {
        public void onClick(View v)     {
            String str="";
            if(ch1.isChecked()) str=str+ch1.getText()+",";
            if(ch2.isChecked()) str=str+ch2.getText()+",";
            if(ch3.isChecked()) str=str+ch3.getText()+",";
            txt2.setText("您选择了："+str);
        }
    }
}
```

2.1.4　图片控件 ImageView

ImageView 是一个图片控件，负责显示图片。图片的来源可以是系统提供的资源文件，也可以是 Drawable 对象。ImageView 常见属性如表 2-4 所示。

表 2-4　ImageView 的常见属性

属性名称	对应方法	说　明
android:adjustViewBounds	setAdjustViewBounds(boolean)	设置是否需要 ImageView 调整自己的边界来保证所显示的图片的长宽比例，需要结合 maxWidth、MaxHeight 一起使用，否则单独使用没有效果
android:maxHeight	setMaxHeight(int)	ImageView 的最大高度，可选
android:maxWidth	setMaxWidth(int)	ImageView 的最大宽度，可选
android:scaleType	setScaleType(ImageView.ScaleType)	控制图片应如何调整或移动来适合 ImageView 的尺寸
android:src	setImageResource(int)	设置 ImageView 要显示的图片
android:tint		将图片渲染成指定的颜色

【例 2-6】单击图片按钮 ImageButton，使 ImageView 在两幅图片之间切换。创建名称为 Ex02_06 的新项目，包名为 com.ex02_06。将需要用到的图片放在 res/drawable，界面上放一个图片按钮 ImageButton 和一个图片控件 ImageView，布局如图 2-9(a)所示。

(1)　MainActivity.java 代码如下所示：

```
public class MainActivity extends ActionBarActivity {
    ImageButton imagebutton;
    ImageView imageview;
    @Override
    protected void onCreate(Bundle savedInstanceState) {
        super.onCreate(savedInstanceState);
        setContentView(R.layout.activity_main);
        imagebutton=(ImageButton) this.findViewById(R.id.imageButton1);
        imageview=(ImageView) this.findViewById(R.id.imageView1);
        imagebutton.setOnClickListener(new OnClickListener(){
            int i=1;
            @Override
            public void onClick(View v) {
                if(i%2!=0){
                    imageview.setImageResource(R.drawable.img3);
                   i++;
                }
                else{
                    imageview.setImageResource(R.drawable.img4);
                   i++;
                }
```

```
            }
        });
    }
```

(2) 单击图片按钮 ImageButton，使 ImageView 在两幅图片之间切换，运行结果如图 2-9(b)所示。

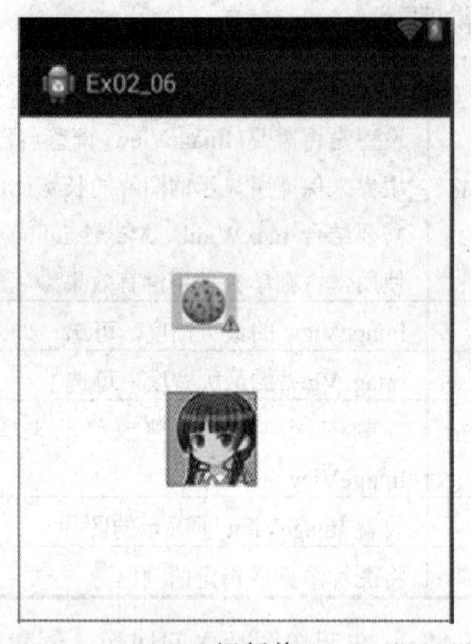

(a) 运行前

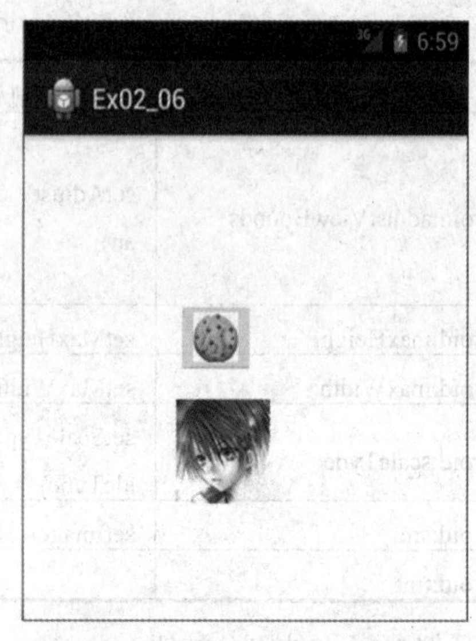

(b) 运行后

图 2-9 ImageButton

2.1.5 时间类控件

时间类控件包括 AnalogClock(模拟时钟控件)、DigitalClock(数字时钟控件)、DatePicker(日期选择控件)、TimePicker(时间选择控件)、DatePickerDialog(日期选择对话框)和 TimePickerDialog(时间选择对话框)。

1. 时钟控件

AnalogClock 和 DigitalClock 这两种控件都负责显示时间，不同的是，AnalogClock 是模拟时钟，只显示时针和分针；而 DigitalClock 显示数字时钟，可精确到秒。两者可以结合使用，更准确地表达时间。有一点值得注意的就是，这两个控件展示的时间是无法修改的，仅为系统当前时间。

2. 日期与时间控件

DatePicker 与 TimePicker 都继承自 android.widget.FrameLayout，并且默认展示风格与操作风格也类似。DatePicker 用于展示一个日期选择控件，TimePicker 用于展示一个时间选择控件。

DatePicker 可以通过设置属性来确定日期选择范围，也可以通过定义好的方法获取到当前选中的时间，并且在修改日期的时候，有响应的事件对其进行响应。

DatePicker 常用相关属性如下。

- android:calendarViewShown：是否显示日历。
- android:startYear：设置可选开始年份。
- android:endYear：设置可选结束年份。
- android:maxDate：设置可选最大日期，以 mm/dd/yyyy 格式设置。
- android:minDate：设置可选最小日期，以 mm/dd/yyyy 格式设置。

DatePicker 的方法中，除了常用获取属性的 setter、getter 方法之外，还需要特别注意一个初始化的方法 init()方法，用于做 DatePicker 控件的初始化，并且设置日期被修改后，回调的响应事件。此方法的签名如下：

```
init(int year, int monthOfYear, int dayOfMonth,
    DatePicker.OnDateChangedListener onDateChangedListener)
```

从上面的 init()方法可以看到，DatePicker 被修改时响应的事件是 DatePicker.OnDateChangedListener 事件，如果要响应此事件，需要实现其中的 onDateChanged()方法，其中参数从签名即可了解意思，这里不再累述。

```
onDateChanged(DatePicker view, int year, int monthOfYear, int dayOfMonth)
```

TimePicker 需要与时间相关的 getter、setter 方法之外，还需要有时间被修改后，回调的响应事件。

TimePicker 常用方法有如下几个。

- is24HourView()：判断是否为 24 小时制。
- setIs24HourView()：设置是否为 24 小时制显示。
- getCurrentXxx()：获取当前时间。
- setCurrentXxx()：设置当前时间。
- setOnTimeChangedListener()：设置时间被修改的回调方法。

TimePicker 控件被修改的回调方法，通过 setOnTimeChangedListener()方法设置，其传递一个 TimePicker.OnTimeChangedListener 接口，需要实现其中的 onTimeChanged()方法。

【例 2-7】下面通过示例来讲解 DatePicker 与 TimePicker 这两个控件的使用，在示例中分别展示了这两个控件，并在其修改之后，把修改值通过 Toast 控件展示到屏幕上。创建名称为 Ex02_07 的新项目，包名为 com.ex02_07。布局如图 2-10(a)所示。

(1) 布局代码如下：

```
<?xml version="1.0" encoding="utf-8"?>
  <LinearLayout
  xmlns:android="http://schemas.android.com/apk/res/android"
  android:layout_width="match_parent"
  android:layout_height="match_parent"
  android:orientation="vertical" >
  <DatePicker
      android:id="@+id/dpPicker"
      android:layout_width="283dp"
      android:layout_height="wrap_content"
      android:calendarViewShown="false" />
```

```
<TimePicker
    android:id="@+id/tpPicker"
    android:layout_width="276dp"
    android:layout_height="wrap_content" />
</LinearLayout>
```

(2) 实现代码如下：

```
public class MainActivity extends ActionBarActivity {
    private DatePicker datePicker;
    private TimePicker timePicker;
    @Override
    protected void onCreate(Bundle savedInstanceState) {
        super.onCreate(savedInstanceState);
        setContentView(R.layout.activity_main);
        datePicker = (DatePicker) findViewById(R.id.dpPicker);
        timePicker = (TimePicker) findViewById(R.id.tpPicker);
        datePicker.init(2018,1,10, new OnDateChangedListener() {
            @Override
            public void onDateChanged(DatePicker view, int year,int
                                        monthOfYear, int dayOfMonth) {
                // 获取一个日历对象，并初始化为当前选中的时间
                Calendar calendar = Calendar.getInstance();
                calendar.set(year, monthOfYear, dayOfMonth);
                SimpleDateFormat format = new SimpleDateFormat( "yyyy年MM月
                    dd日  HH:mm");                    //格式化时间
                Toast.makeText(MainActivity.this,
                    format.format(calendar.getTime()),
Toast.LENGTH_SHORT).show();
            }
        });
        timePicker.setIs24HourView(true); //设置timePicker为24小时制
        timePicker.setOnTimeChangedListener(new
            TimePicker.OnTimeChangedListener() {
            @Override
            public void onTimeChanged(TimePicker view, int hourOfDay,
                int minute) {
                Toast.makeText(MainActivity.this, hourOfDay + "小时" +
                    minute + "分钟", Toast.LENGTH_SHORT).show();
            }
        });
    }
}
```

(3) 运行结果如图 2-10(b)所示，单击 TimePicker 的小时部分，结果如图 2-10(c)所示。

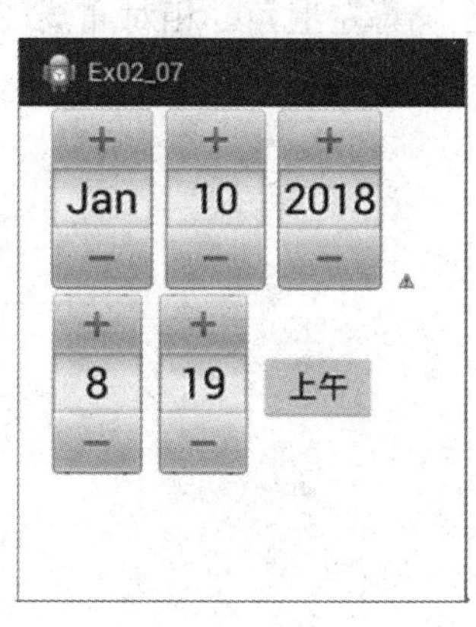

(a) 运行前

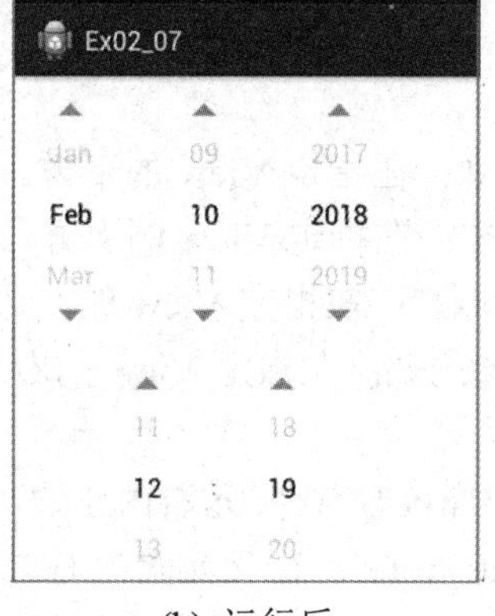

(b) 运行后

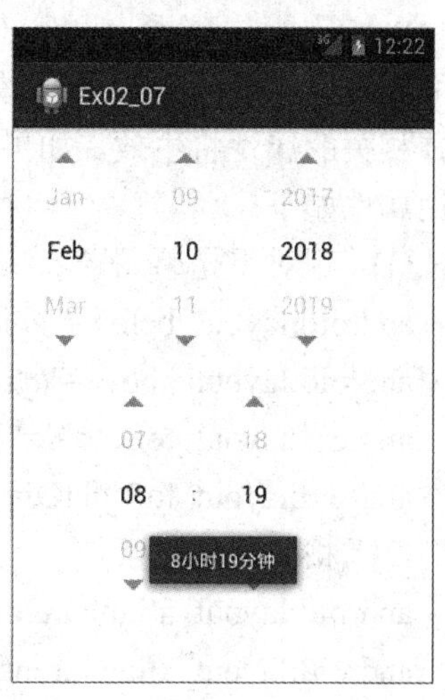

(c) 运行后

图 2-10　DatePicker 与 TimePicker

2.2　任务 2　Android 常见界面布局

任务描述

熟悉了 Android 常用基本控件后，这些控件在界面上如何摆放才能使界面美观，这就涉及 Android 的界面布局了。本任务就是设计出结构合理、外形美观的用户界面。

任务目标

(1) 掌握 Android 的几种常见界面布局：LinearLayout、RelativeLayout、TableLayout、AbsoluteLayout 与 FrameLayout。

(2) 了解几种常见的集中布局优化方法。

知识要点

Android 的界面是由布局和组件协同完成的，布局好比是建筑里的框架，而组件则相当于建筑里的砖瓦。组件按照布局的要求依次排列，就组成了用户所看见的界面。在 Android 中常用的布局方式有 LinearLayout(线性布局)、RelativeLayout(相对布局)、TableLayout(表格布局)、AbsoluteLayout(绝对布局)以及 FrameLayout(帧布局)。

LinearLayout 和 RelativeLayout 是其中应用较多的两种。AbsoluteLayout 比较少用，因为它是按屏幕的绝对位置来布局的，如果屏幕大小发生改变的话，控件的位置也发生了改变，这个就相当于 HTML 中的绝对布局一样，一般不推荐使用。

2.2.1　相对布局 RelativeLayout

新建的 Android 应用程序，默认布局方式为 RelativeLayout。

RelativeLayout 是 Android 五大布局结构中最灵活的一种布局结构，比较适合一些复杂界面的布局。RelativeLayout 按照各子元素之间的位置关系完成布局，此布局中的子元素与位置相关的属性将生效。如果不设置相对关系的话，默认摆放在屏幕左上角。相对布局的常用属性如下。

(1) 相对于兄弟元素。

android:layout_below="@id/xxx"：在指定 View 的下方。

android:layout_above="@id/xxx"：在指定 View 的上方。

android:layout_toLeftOf="@id/xxx"：在指定 View 的左边。

android:layout_toRightOf="@id/xxx"：在指定 View 的右边。

(2) 相对于父元素。

android:layout_alignParentLeft="true"：在父元素内左边。

android:layout_alignParentRight="true"：在父元素内右边。

android:layout_alignParentTop="true"：在父元素内顶部。

android:layout_alignParentBottom="true"：在父元素内底部。

(3) 对齐方式。

android:layout_centerInParent="true"：居中布局。

android:layout_centerVertical="true"：水平居中布局。

android:layout_centerHorizontal="true"：垂直居中布局。

android:layout_alignTop="@id/xxx"：与指定 View 的上边界一致。

android:layout_alignBottom="@id/xxx"：与指定 View 的下边界一致。

android:layout_alignLeft="@id/xxx"：与指定 View 的左边界一致。

android:layout_alignRight="@id/xxx"：与指定 View 的右边界一致。

(4) 间隔。

android:layout_marginBottom=""：离某元素底边缘的距离。

android:layout_marginLeft=""：离某元素左边缘的距离。

android:layout_marginRight=""：离某元素右边缘的距离。

android:layout_marginTop=""：离某元素上边缘的距离。

android:layout_paddingBottom=""：离父元素底边缘的距离。

android:layout_paddingLeft=""：离父元素左边缘的距离。

android:layout_paddingRight=""：离父元素右边缘的距离。

android:layout_paddingTop=""：离父元素上边缘的距离。

属性操作如图 2-11～图 2-13 所示。

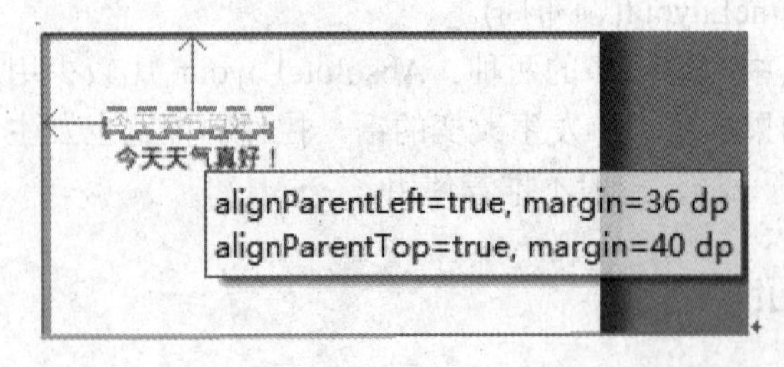

文本框 TextView 相对父元素(界面)上边距为 40dp，左边距为 36dp

图 2-11　相对父容器布局属性

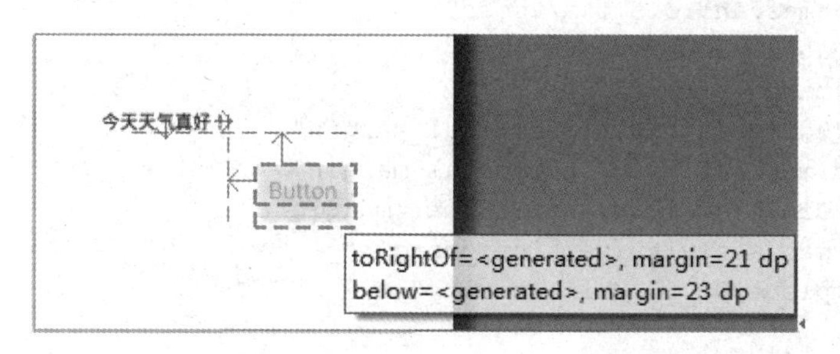

按钮 Button 相对于文本框 TextView 下边距为 23dp，右边距为 21dp

图 2-12　相对已知控件布局属性

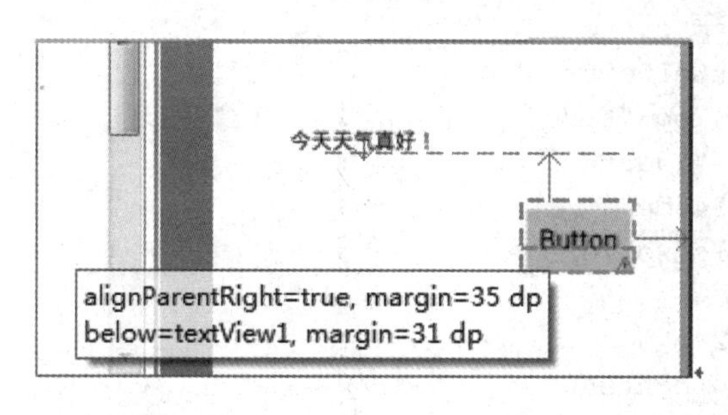

按钮 Button 相对于文本框 TextView 下边距为 31dp，相对于父元素(界面)右边距为 35dp

图 2-13　相对父容器和已知控件布局属性

margin 与 padding 的区别如下：padding 是站在父视图的角度描述问题，是自己与其父控件的边之间的距离。margin 则是站在自己的角度描述问题，自己与旁边的某个组件的距离；如果同一级只有一个视图，那么它的效果基本上就和 padding 一样了。

注意： 在指定位置关系时，引用的 id 必须在引用之前先被定义，否则将出现异常。

【例 2-8】 RelativeLayout 应用。布局视图如图 2-14 所示。创建名称为 Ex02_08 的新项目，包名为 com.ex02_08，界面上放了 2 个按钮(Button)和 2 个文本框(TextView)。

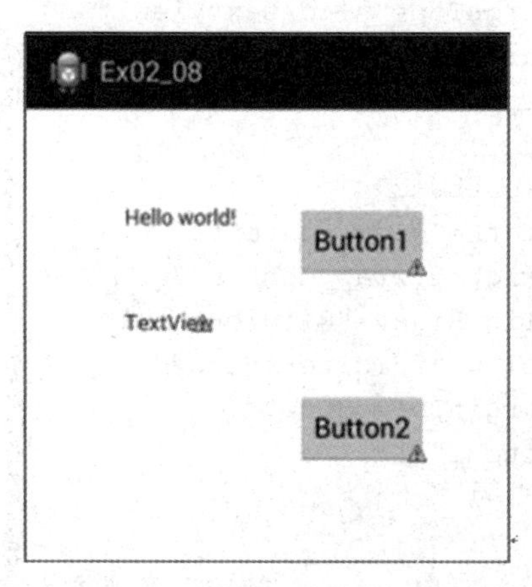

图 2-14　RelativeLayout 应用

布局代码如下：

```
<RelativeLayout
xmlns:android="http://schemas.android.com/apk/res/android"
```

```
xmlns:tools="http://schemas.android.com/tools"
android:layout_width="match_parent"
android:layout_height="match_parent"
android:paddingBottom="@dimen/activity_vertical_margin"
android:paddingLeft="@dimen/activity_horizontal_margin"
android:paddingRight="@dimen/activity_horizontal_margin"
android:paddingTop="@dimen/activity_vertical_margin"
tools:context="com.example.ex02_08.MainActivity" >
<TextView
   android:id="@+id/textView1"
   android:layout_width="wrap_content"
   android:layout_height="wrap_content"
   android:layout_alignParentLeft="true"
   android:layout_alignParentTop="true"
   android:layout_marginLeft="49dp"
   android:layout_marginTop="46dp"
   android:text="@string/hello_world" />
<TextView
   android:id="@+id/textView2"
   android:layout_width="wrap_content"
   android:layout_height="wrap_content"
   android:layout_alignLeft="@+id/textView1"
   android:layout_below="@+id/textView1"
   android:layout_marginTop="51dp"
   android:text="TextView" />
<Button
   android:id="@+id/button1"
   android:layout_width="wrap_content"
   android:layout_height="wrap_content"
   android:layout_alignParentRight="true"
   android:layout_alignTop="@+id/textView1"
   android:layout_marginRight="38dp"
   android:text="Button1" />
<Button
   android:id="@+id/button2"
   android:layout_width="wrap_content"
   android:layout_height="wrap_content"
   android:layout_alignRight="@+id/button1"
   android:layout_below="@+id/textView2"
   android:layout_marginTop="36dp"
   android:text="Button2" />
</RelativeLayout>
```

注意： (1) match_parent、fill_parent 用于设置填充内容；wrap_content 用于设置环绕内容。

(2) 在 values 文件夹下面的 dimens 文件里面有一个叫作 activity_vertical_margin 的项，这个项里面的值就是 android:paddingBottom 的值。

2.2.2 线性布局 LinearLayout

LinearLayout 比较常用，也比较简单，就是每个元素占一行或一列。线性布局分为水平线性和垂直线性。

线性布局的常用属性如下：

android:orientation 表示布局方向，vertical：垂直布局，horizontal：水平布局。

android:gravity 表示视图的对齐方式，内容包括：top、bottom、left、right、center_vertical、center_horizontal、center，可以使用|分隔填写多个值。

android:layout_gravity 表示单个视图的对齐方式。

其中 android:gravity 与 android:layout_gravity 是非常相似的属性，但它们还是有区别的。

- gravity 的中文意思就是“重心”，就是表示视图横向和纵向的停靠位置。
- android:gravity 是对视图控件本身来说的，是用来设置视图本身的内容应该显示在视图的什么位置，默认值是左侧。
- android:layout_gravity 是相对于包含该元素的父元素来说的，设置该元素在父元素的什么位置，比如 TextView：android:layout_gravity 表示 TextView 在界面上的位置，android:gravity 表示 TextView 文本在 TextView 的什么位置，默认值是左侧。

使用线性布局，需要将新建项目默认的相对布局修改为线性布局。方法有两种，第 1 种方法比较简单直接，即直接在布局代码.xml 文件中将 RelativeLayout 标签改成 LinearLayout 标签即可。

```
<RelativeLayout xmlns:android="http://schemas.android.com/apk /res/android"
    xmlns:tools="http://schemas.android.com/tools"
    android:layout_width="match_parent"
    android:layout_height="match_parent"
    tools:context="com.example.ex02_09.MainActivity" >
</RelativeLayout>
```

第 2 种方法是打开 activity_main.xml 的 Graphical Layout 视图，在视图或 Outline 面板中右击，从弹出的菜单中选择 Change Layout 命令进行布局修改，修改方法如图 2-15 所示。

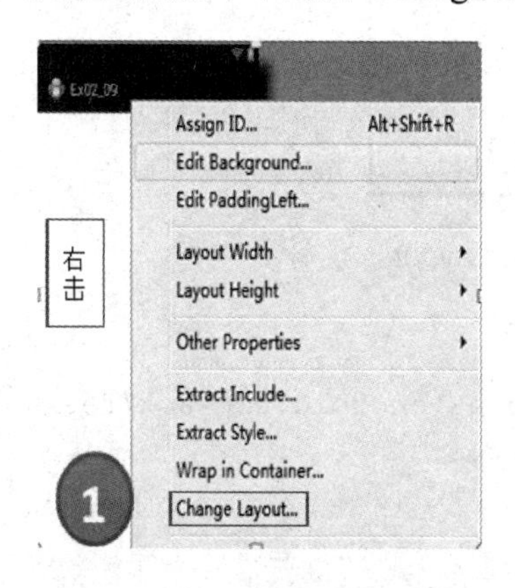

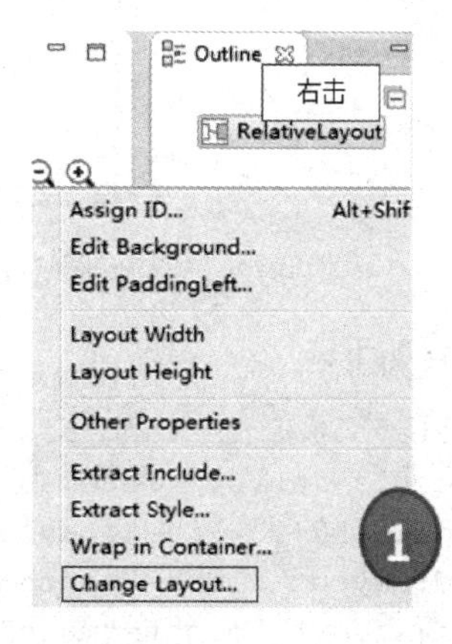

图 2-15 修改布局

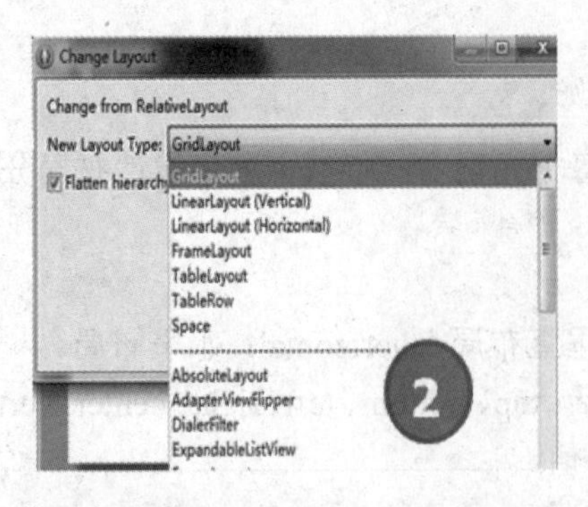

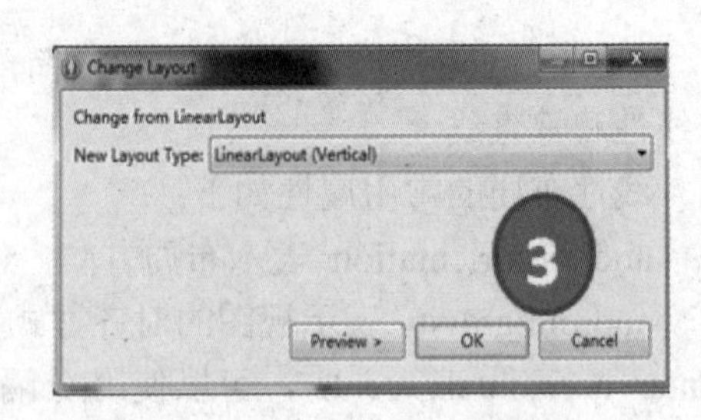


```
<LinearLayout
xmlns:android="http://schemas.android.com/apk/res/android"
    xmlns:tools="http://schemas.android.com/tools"
    android:layout_width="match_parent"
    android:layout_height="match_parent"
    android:orientation="vertical"
    tools:context="com.example.ex02_09.MainActivity" >
</LinearLayout>
```

4

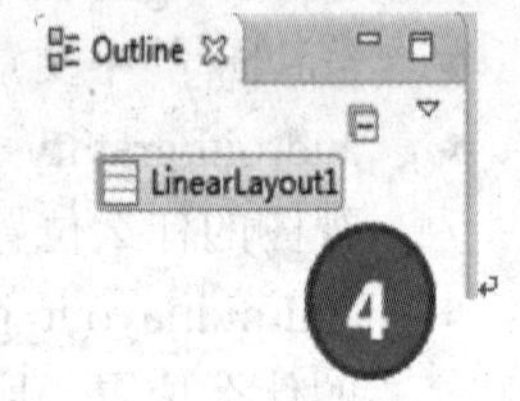

图 2-15　修改布局(续)

【例 2-9】LinearLayout 应用，布局视图如图 2-16 所示。

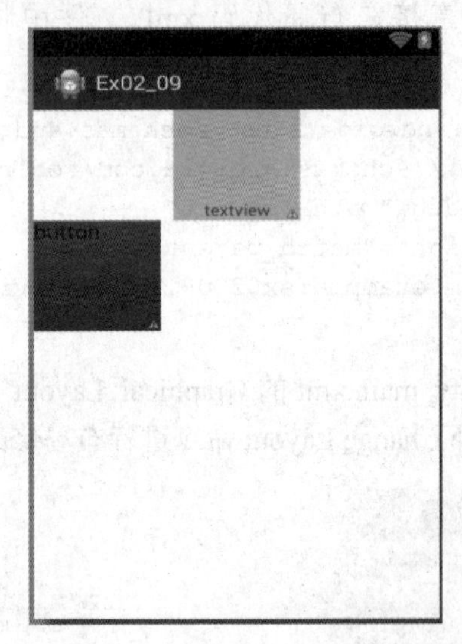

图 2-16　vertical LinearLayout

布局代码如下：

```
<LinearLayout xmlns:android="http://schemas.android.com/apk/res/android"
xmlns:tools="http://schemas.android.com/tools"
android:id="@+id/LinearLayout1"
android:layout_width="match_parent"
android:layout_height="match_parent"
android:orientation="vertical"
tools:context="com.example.ex02_09.MainActivity" >
```

```
    <TextView
     android:layout_width="100dip"
     android:layout_height="100dip"
     android:layout_gravity="bottom|center_horizontal"
     android:gravity="center|bottom"
     android:background="#00FF00"
     android:text="textview" />
  <Button
     android:layout_width="100dip"
     android:layout_height="100dip"
     android:layout_gravity="bottom|left"
     android:gravity="left|top"
     android:background="#FF0000"
     android:text="button" />
  </LinearLayout>
```

需要注意的是，TextView 并没有按照我们设置的 android:layout_gravity 属性那样显示在界面的下方正中央，Button 也没有显示在界面的左下方。这是因为我们设置了 LinearLayout 的 android:orientation 属性为"vertical"。对于 LinearLayout，如果设置 android:orientation="vertical"，那么 android:layout_gravity 的设置只在水平方向生效。如图 2-16 所示，TextView 显示在屏幕的水平正中央，而 Button 显示在水平方向的最左边。如果设置 android:orientation="horizontal"，那么 android:layout_gravity 属性只在垂直方向生效。

2.2.3　表格布局 TableLayout

表格布局是一种行列方式排列视图的布局，使用<TableLayout>和<TableRow>标签进行配置，对应的类是 android.widget.TableLayout。

一个 TableLayout 由多个 TableRow 组成，一个 TableRow 就代表 TableLayout 中的一行。

TableRow 是 LinearLayout 的子类，TablelLayout 并不需要明确地声明包含多少行、多少列，而是通过 TableRow 以及其他组件来控制表格的行数和列数。TableRow 也是容器，可以向 TableRow 里面添加其他组件，每添加一个组件该表格就增加一列。如果向 TableLayout 里面添加组件，那么该组件就直接占用一行。在表格布局中，列的宽度由该列中最宽的单元格决定，整个表格布局的宽度取决于父容器的宽度(默认是占满父容器本身)。

TableLayout 继承了 LinearLayout 布局，因此它完全可以支持 LinearLayout 所支持的全部 XML 属性。除此之外，TableLayout 还支持的属性如表 2-5 所示。

表 2-5　TableLayout 的属性

XML 属性	说　明
andriod:collapseColumns	设置需要隐藏的列的序列号(从 0 开始的索引值)，多个用逗号隔开
android:shrinkColumns	用于指定可以被压缩的列。当屏幕不够用时，列被压缩直到完全显示
android:stretchColimns	用于指定可以被拉伸的列。可以被拉伸的列在屏幕还有空白区域时被拉伸充满，列通过从 0 开始的索引值表示，多个列之间用逗号隔开
android:layout_column	由于有些行可能列数量不全，这时候需要给列指定索引号

【例 2-10】TableLayout 应用。布局视图如图 2-17 所示，界面上放 9 个按钮(Button)。

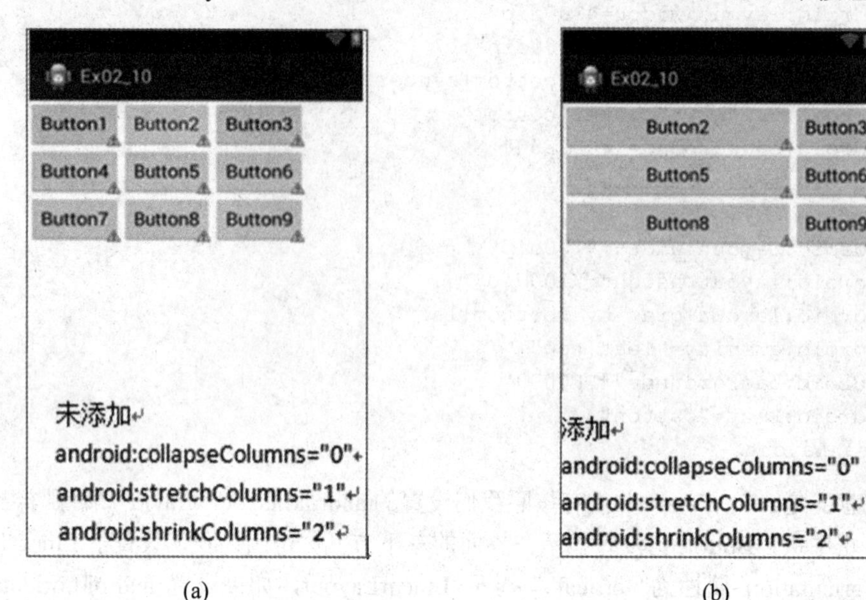

图 2-17　TableLayout 应用 1

布局代码如下：

```
<TableLayout xmlns:android="http://schemas.android.com/apk/res/android"
xmlns:tools="http://schemas.android.com/tools"
android:id="@+id/TableLayout1"
android:layout_width="match_parent"
android:layout_height="match_parent" >
<TableRow   android:id="@+id/tableRow1"
   android:layout_width="wrap_content"
   android:layout_height="wrap_content" >
   <Button  android:id="@+id/button1"
         android:layout_width="wrap_content"
         android:layout_height="wrap_content"
         android:text="Button1" />
   <Button  android:id="@+id/button2"
         android:layout_width="wrap_content"
         android:layout_height="wrap_content"
         android:text="Button2" />
   <Button  android:id="@+id/button3"
          android:layout_width="wrap_content"
          android:layout_height="wrap_content"
          android:text="Button3" />
</TableRow>
<TableRow  android:id="@+id/tableRow2"
   android:layout_width="wrap_content"
   android:layout_height="wrap_content"     >
   <Button  android:id="@+id/button4"
          android:layout_width="wrap_content"
```

```
            android:layout_height="wrap_content"
            android:text="Button4" />
    <Button  android:id="@+id/button5"
            android:layout_width="wrap_content"
            android:layout_height="wrap_content"
            android:text="Button5" />
    <Button   android:id="@+id/button6"
            android:layout_width="wrap_content"
            android:layout_height="wrap_content"
            android:text="Button6" />
</TableRow>
<TableRow   android:id="@+id/tableRow3"
    android:layout_width="wrap_content"
    android:layout_height="wrap_content" >
    <Button  android:id="@+id/button7"
            android:layout_width="wrap_content"
            android:layout_height="wrap_content"
            android:text="Button7" />
    <Button  android:id="@+id/button8"
            android:layout_width="wrap_content"
            android:layout_height="wrap_content"
            android:text="Button8" />
    <Button  android:id="@+id/button9"
            android:layout_width="wrap_content"
            android:layout_height="wrap_content"
            android:text="Button9" />
</TableRow>
</TableLayout>
```

由于有些行可能列数量不全，这时候需要利用属性 android:layout_column 给列指定索引号。

【例 2-11】 TableLayout 应用。布局视图如图 2-18 所示。将准备好的图像文件 img1.png、img2.png、img3.png、img4.png、img5.png 复制到 res/drawable-hdpi 目录下。

图 2-18　TableLayout 应用 2

布局代码如下：

```
<TableLayout xmlns:android="http://schemas.android.com/apk/res/android"
xmlns:tools="http://schemas.android.com/tools"
android:id="@+id/TableLayout1"
android:layout_width="match_parent"
android:layout_height="match_parent" >
<TableRow>  <!-- 第 1 行 -->
  <ImageView  android:id="@+id/mImageView1"
     android:layout_width="60px"
     android:layout_height="wrap_content"
     android:layout_column="0"
     android:src="@drawable/img1"/>
  <ImageView  android:id="@+id/mImageView2"
     android:layout_width="60px"
     android:layout_height="wrap_content"
      android:layout_column="1"
      android:src="@drawable/img2" />
  </TableRow>
   <TableRow><!-- 第 2 行 -->
<ImageView  android:id="@+id/mImageView3"
      android:layout_width="60px"
      android:layout_height="wrap_content"
      android:layout_column="1"
      android:src="@drawable/img3"/>
     <ImageView  android:id="@+id/mImageView4"
      android:layout_width="60px"
      android:layout_height="wrap_content"
       android:layout_column="2"
       android:src="@drawable/img4" />
  </TableRow>
  <TableRow>  <!-- 第 3 行 -->
 <ImageView  android:id="@+id/mImageView5"
      android:layout_width="60px"
      android:layout_height="wrap_content"
       android:layout_column="3"
       android:src="@drawable/img5"/>
    </TableRow>
</TableLayout>
```

2.2.4 网格布局 GridLayout

GridLayout 布局是 Android 4.0 以上版本出现的。GridLayout 布局使用虚细线将布局划分为行、列和单元格，也支持一个控件在行、列上都有交错排列。而 GridLayout 使用的其实是跟 LinearLayout 类似的 API，只不过是修改了一下相关的标签而已，所以对于开发者来说，掌握 GridLayout 还是很容易的事情。

GridLayout 的布局策略简单分为以下三个部分：

(1) 首先它与 LinearLayout 布局一样，也分为水平和垂直两种方式，默认是水平布局，一个控件挨着一个控件从左到右依次排列，但是通过指定 android:columnCount 设置列数的属性后，控件会自动换行进行排列。另一方面，对于 GridLayout 布局中的子控件，默认按照 wrap_content 的方式设置其显示，这只需要在 GridLayout 布局中显式声明即可。

(2) 其次，若要指定某控件显示在固定的行或列，只需设置该子控件的 android:layout_row 和 android:layout_column 属性即可。但是需要注意：android:layout_row="0"表示从第一行开始，android:layout_column="0"表示从第一列开始，这与编程语言中一维数组的赋值情况类似。

(3) 最后，如果需要设置某控件跨越多行或多列，只需将该子控件的 android:layout_rowSpan 或者 layout_columnSpan 属性设置为数值，再设置其 layout_gravity 属性为 fill 即可，前一个设置表明该控件跨越的行数或列数，后一个设置表明该控件填满所跨越的整行或整列。

GridLayout 常用属性如下。

(1) 排列对齐。

① 设置组件的排列方式: android:orientation=""

```
vertical(竖直,默认)或者 horizontal(水平)
```

② 设置组件的对齐方式: android:layout_gravity=""

```
center,left,right,buttom,如果想同时用两种的话:eg: buttom|left
```

(2) 设置布局为几行几列。

① 设置有多少行：android:rowCount="4"　　　//设置网格布局有 4 行

② 设置有多少列：android:columnCount="4"　　　//设置网格布局有 4 列

(3) 设置某个组件位于几行几列都是从 0 开始算的。

① 组件在第几行：android:layout_row = "1"　　　//设置组件位于第二行

② 组件在第几列：android:layout_column = "2"　　　//设置该组件位于第三列

(4) 设置某个组件横跨几行几列。

① 横跨几行：android:layout_rowSpan = "2"　　　//纵向横跨 2 行

② 横跨几列：android:layout_columnSpan = "3"　　　//横向横跨 2 列

【例 2-12】计算器界面布局视图如图 2-19 所示。

图 2-19　计算器界面

布局代码如下：

```
<GridLayout xmlns:android="http://schemas.android.com/apk/res/android"
xmlns:tools="http://schemas.android.com/tools"
android:id="@+id/GridLayout1"
android:layout_width="wrap_content"
android:layout_height="wrap_content"
android:rowCount="6"
android:columnCount="4"
android:orientation="horizontal">
<TextView
    android:layout_columnSpan="4"
    android:text="0"
    android:textSize="50sp"
    android:layout_marginLeft="5dp"
    android:layout_marginRight="5dp" />
<Button
    android:text="回退"
    android:layout_columnSpan="2"
    android:layout_gravity="fill" />
<Button
    android:text="清空"
    android:layout_columnSpan="2"
    android:layout_gravity="fill"    />
<Button android:text="+"  />
<Button android:text="1" />
<Button android:text="2"  />
<Button android:text="3"   />
<Button android:text="-" />
<Button android:text="4" />
<Button android:text="5"   />
<Button android:text="6" />
<Button android:text="*"  />
<Button android:text="7" />
<Button android:text="8" />
<Button android:text="9" />
<Button android:text="/" />
<Button android:text="." />
<Button android:text="0" />
<Button android:text="="  />
</GridLayout>
```

2.2.5 帧布局 FrameLayout

FrameLayout 是五大布局中最简单的一个布局，可以说成是层布局方式，使用<FrameLayout>标签进行配置，对应的类是 android.widget.FrameLayout。在这个布局中，整个界面被当成一块空白备用区域，所有的子元素都不能被指定放置的位置，它们统统放在这块区域的左上角，并且后面的子元素直接覆盖在前面的子元素之上，将前面的子元素部分和全部遮挡。

【例 2-13】 FrameLayout 应用。布局视图如图 2-20 所示。

图 2-20 FrameLayout

布局代码如下：

```
<FrameLayout xmlns:android="http://schemas.android.com/apk/res/android"
xmlns:tools="http://schemas.android.com/tools"
android:id="@+id/FrameLayout1"
android:layout_width="match_parent"
android:layout_height="match_parent"
tools:context="com.example.ex02_13.MainActivity" >
<TextView
    android:layout_width="wrap_content"
    android:layout_height="wrap_content"
    android:text="快乐大本营"
    android:textSize="24sp" />
<ImageView
    android:id="@+id/imageView1"
    android:layout_width="wrap_content"
    android:layout_height="wrap_content"
    android:src="@drawable/img1" />
</FrameLayout>
```

帧布局中的子类布局 ScrollView 和 HorizontalScrollView 分别支持视图的垂直滚动和水平滚动。当内容过大屏幕无法完全显示时，我们可以滚动视图扩大显示区域。

(1) ScrollView 支持视图垂直滚动，只能拥有一个直接子类。通常用的子元素是垂直方向的 LinearLayout，展示一系列的垂直内容。在使用 ScrollView 时，需要将其他布局嵌套在 ScrollView 之内。

(2) HorizontalScrollView 支持视图水平滚动，也只能拥有一个直接子类。通常用的子元素是水平方向的 LinearLayout，展示一系列的水平内容。在使用 HorizontalScrollView 时，需要将其他布局嵌套在 ScrollView 之内。

2.2.6 布局优化

在 Android 开发中，常用的布局方式主要有 LinearLayout、RelativeLayout、FrameLayout

等，通过这些布局可以实现各种各样的界面。与此同时，如何正确、高效地使用这些布局方式来组织 UI 控件，是构建优秀 Android App 的主要前提之一。

1. 布局原则

通过一些惯用、有效的布局原则，我们可以制作出加载效率高并且复用性高的 UI。简单来说，在 Android UI 布局过程中，需要遵守的原则包括以下几点。

(1) 尽量多使用 RelativeLayout，不要使用绝对布局 AbsoluteLayout。

(2) 将可复用的组件抽取出来并通过< include />标签使用。

(3) 使用< ViewStub />标签来加载一些不常用的布局。

(4) 使用< merge />标签减少布局的嵌套层次。

由于 Android 的碎片化程度很高，屏幕尺寸也是各式各样，使用 RelativeLayout 能使构建的布局适应性更强，构建出来的 UI 布局对多屏幕的适配效果越好，通过指定 UI 控件间的相对位置，使在不同屏幕上布局的表现能基本保持一致。当然，也不是所有情况下都得使用相对布局，根据具体情况来选择和其他布局方式的搭配来实现最优布局。

2. < include />的使用

在实际开发中，经常会遇到一些共用的 UI 组件，比如带返回按钮的导航栏，如果为每一个 xml 文件都设置这部分布局，一是重复的工作量大，二是如果有变更，那么每一个 xml 文件都得修改。还好，Android 为我们提供了< include />标签，顾名思义，通过它，我们可以将这些共用的组件抽取出来单独放到一个 xml 文件中，然后使用< include />标签导入共用布局，这样，前面提到的两个问题都解决了。例如，新建一个 xml 布局文件 common_navitationbar.xml 作为顶部导航的共用布局，代码如下。

```
<RelativeLayout
xmlns:android="http://schemas.android.com/apk/res/android"
xmlns:tools="http://schemas.android.com/tools"
android:layout_width="match_parent"
android:layout_height="wrap_content"
android:background="@android:color/white"
android:padding="10dip" >
<Button
    android:layout_width="wrap_content"
    android:layout_height="wrap_content"
    android:layout_alignParentLeft="true"
    android:text="Back"
    android:textColor="@android:color/black" />
<TextView
    android:layout_width="wrap_content"
    android:layout_height="wrap_content"
    android:layout_centerInParent="true"
    android:text="Title"
    android:textColor="@android:color/black" />
</RelativeLayout>
```

然后我们在需要引入导航栏的布局文件 main.xml 中通过< include />导入这个共用布局。

```
<RelativeLayout
xmlns:android="http://schemas.android.com/apk/res/android"
xmlns:tools="http://schemas.android.com/tools"
android:layout_width="match_parent"
android:layout_height="match_parent" >
<include
   layout="@layout/common_navitationbar" />
</RelativeLayout>
```

通过这种方式，我们既能提高 UI 的制作和复用效率，也能保证制作的 UI 布局更加规整和易维护。布局完成后我们运行一下，可以看到如图 2-21 所示的布局效果，这就是我们刚才完成的带导航栏的界面。

图 2-21　< include />的使用效果

接着我们进入 sdk 目录下的 tools 文件夹，找到 Hierarchy Viewer 并运行(此时保持模拟器或真机正在运行需要进行分析的 App)，双击我们正在显示的这个 App 所代表的进程，如图 2-22 所示。

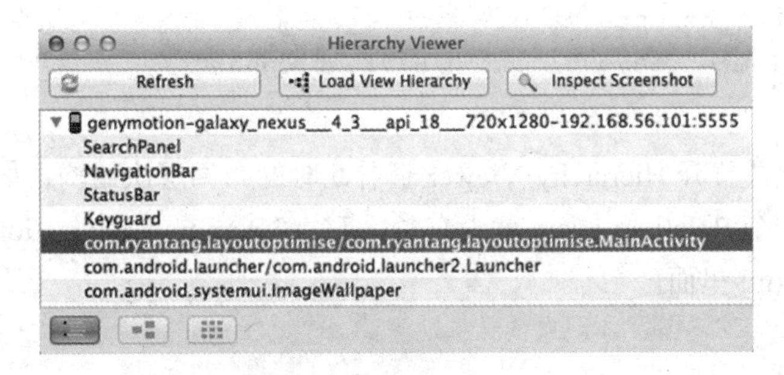

图 2-22　HierarchyViewer

接下来便会进入 Hierarchy Viewer 的界面，我们可以在这里很清晰地看到正在运行的 UI 的布局层次结构以及它们之间的关系。如图 2-23 所示，被 include 进来的 common_navitationbar.xml 根节点是一个 RelativeLayout，而包含它的主界面 main.xml 根节点也是一个 RelativeLayout，它前面还有一个 FrameLayout 等几个节点，FrameLayout 就是 Activity 布局中默认的父布局节点；再往上是一个 LinearLayout，这个 LinearLayout 就是包含 Activity 布局和状态栏的整个屏幕显示的布局父节点；这个 LinearLayout 还有一个子节点就是 ViewStub，关于这个节点我们在后面会详细介绍。

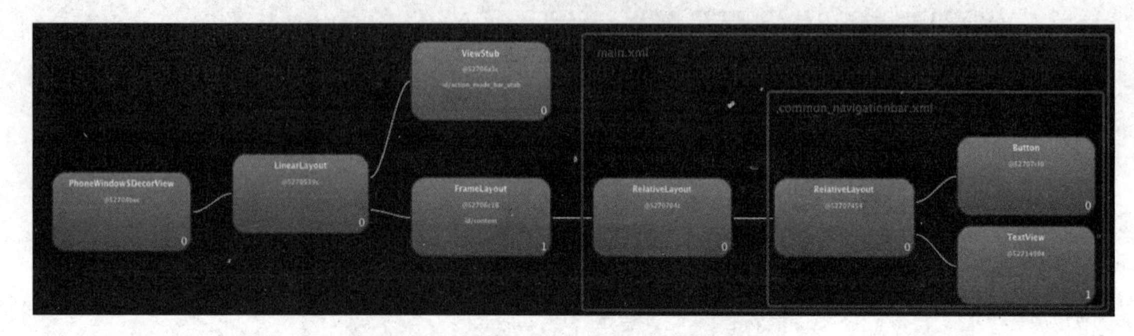

图 2-23　运行的 UI 的布局层次结构

3. < merge />的使用

标签的作用是合并 UI 布局，使用该标签能降低 UI 布局的嵌套层次。该标签的使用场景主要包括两个，第一是当 xml 文件的根布局是 FrameLayout 时，可以用 merge 作为根节点。理由是因为 Activity 的内容布局中，默认就用了一个 FrameLayout 作为 xml 布局根节点的父节点，这一点可以从图 2-23 中看到，main.xml 的根节点是一个 RelativeLayout，其父节点就是一个 FrameLayout，如果我们在 main.xml 里面使用 FrameLayout 作为根节点的话，这时就可以使用 merge 来合并成一个 FrameLayout，这样就降低了布局嵌套层次。

(1)　修改 main.xml 的内容，将根节点修改为 merge 标签。

```
<merge xmlns:android="http://schemas.android.com/apk/res/android"
xmlns:tools="http://schemas.android.com/tools"
android:layout_width="match_parent"
android:background="@android:color/darker_gray"
android:layout_height="match_parent" >
<include layout="@layout/common_navitationbar" />
</merge>
```

(2)　重新运行并打开 Hierarchy Viewer 查看此时的布局层次结构，如图 2-24 所示，发现之前多出来的一个 RelativeLayout 就没有了，直接将 common_navigationbar.xml 里面的内容合并到了 main.xml 里面。

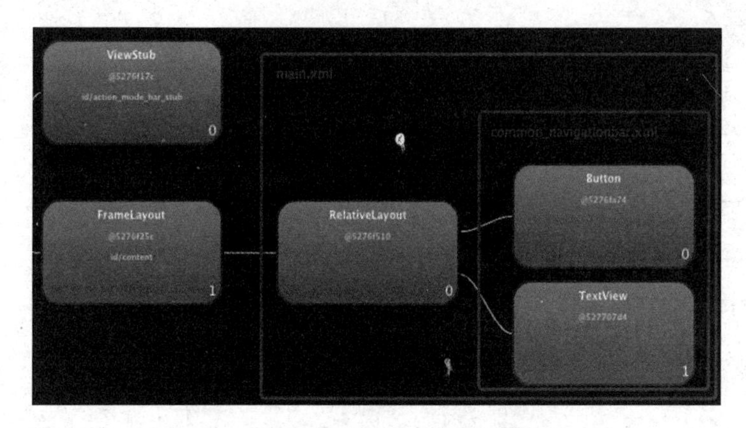

图 2-24　使用< merge />后 UI 的布局层次结构

(3)　使用< merge />的第二种情况是当用 include 标签导入一个共用布局时，如果父布局和子布局根节点为同一类型，可以使用 merge 将子节点布局的内容合并包含到父布局中，这样就可以减少一级嵌套层次。首先看看不使用 merge 的情况，即新建一个布局文件 common_navi_right.xml 用来构建一个在导航栏右边的按钮布局，代码如下：

```
<RelativeLayout
xmlns:android="http://schemas.android.com/apk/res/android"
xmlns:tools="http://schemas.android.com/tools"
android:layout_width="wrap_content"
android:layout_height="wrap_content" >
<Button
    android:layout_width="wrap_content"
    android:layout_height="wrap_content"
    android:layout_alignParentRight="true"
    android:text="Ok"
    android:textColor="@android:color/black" />
</RelativeLayout>
```

(4)　然后修改 common_navitationbar.xml 的内容，添加一个 include，将右侧按钮的布局导入。

```
<RelativeLayout xmlns:android="http://schemas.android.com/apk/res/android"
xmlns:tools="http://schemas.android.com/tools"
android:layout_width="match_parent"
android:layout_height="wrap_content"
android:background="@android:color/white"
android:padding="10dip" >
<Button
    android:id="@+id/button"
    android:layout_width="wrap_content"
    android:layout_height="wrap_content"
    android:layout_alignParentLeft="true"
    android:text="Back"
    android:textColor="@android:color/black" />
```

```
<TextView
    android:layout_width="wrap_content"
    android:layout_height="wrap_content"
    android:layout_centerInParent="true"
    android:text="Title"
    android:textColor="@android:color/black" />
<include layout="@layout/ common_navi_right " />
</RelativeLayout>
```

(5) 运行后的效果如图 2-25 所示，在导航栏右侧添加了一个按钮 Ok。

图 2-25　不使用 merge

(6) 然后再运行 Hierarchy Viewer 看看现在的布局结构，如图 2-26 所示，发现 common_navi_right.xml 作为一个布局子节点嵌套在了 common_navitationbar.xml 下面。

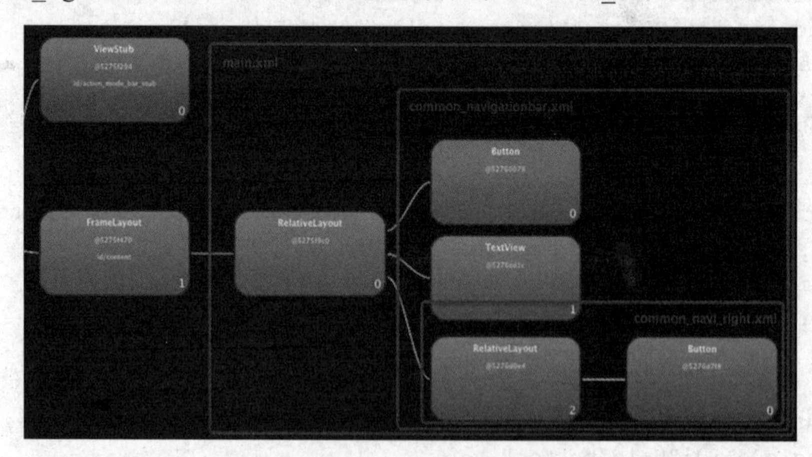

图 2-26　不使用 merge

(7) 这时我们再将 common_navi_right.xml 的根节点类型改为 merge：

```
<merge xmlns:android="http://schemas.android.com/apk/res/android"
xmlns:tools="http://schemas.android.com/tools"
```

```
android:layout_width="wrap_content"
android:layout_height="wrap_content" >
<Button
    android:id="@+id/leftbutton"
    android:layout_width="wrap_content"
    android:layout_height="wrap_content"
    android:layout_alignParentRight="true"
    android:text="Ok"
    android:textColor="@android:color/black" />
</merge>
```

(8)　重新运行并打开 Hierarchy Viewer 查看布局结构，如图 2-27 所示，发现之前嵌套的一个 RelativeLayout 没有了。这就是使用 merge 的效果，能降低布局的嵌套层次。

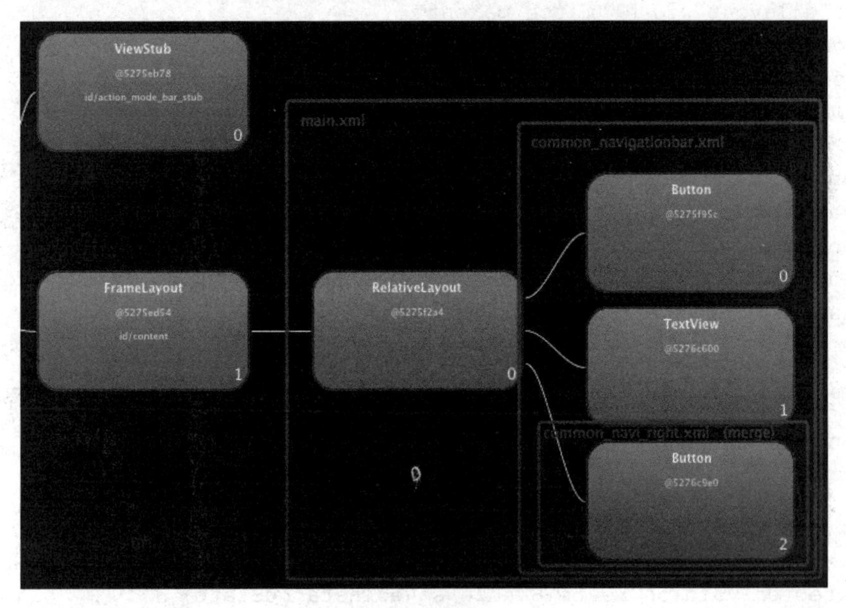

图 2-27　使用 merge

4. < ViewStub />的使用

ViewStub 是一个不可见的，能在运行期间延迟加载的大小为 0 的视图，它直接继承于 View。当对一个 ViewStub 调用 inflate()方法或设置它可见时，系统会加载在 ViewStub 标签中引入我们自己定义的视图，然后填充在父布局当中。也就是说，在对 ViewStub 调用 inflate()方法或设置为可见之前，它是不占用布局空间和系统资源的。它的使用场景可以是在我们需要加载并显示一些不常用的视图时，例如一些网络异常的提示信息等。

(1)　首先新建一个 xml 文件 common_msg.xml，用来显示一个提示信息：

```
<RelativeLayout
xmlns:android="http://schemas.android.com/apk/res/android"
xmlns:tools="http://schemas.android.com/tools"
android:layout_width="wrap_content"
android:layout_height="wrap_content" >
```

```
  <TextView
   android:layout_width="wrap_content"
   android:layout_height="wrap_content"
   android:layout_centerInParent="true"
   android:background="@android:color/white"
   android:padding="10dip"
   android:text="Message"
   android:textColor="@android:color/black" />
</RelativeLayout>
```

(2) 然后在 main.xml 里面加入 ViewStub 标签引入上面的布局：

```
<merge xmlns:android="http://schemas.android.com/apk/res/android"
xmlns:tools="http://schemas.android.com/tools"
android:layout_width="match_parent"
android:background="@android:color/darker_gray"
android:layout_height="match_parent" >
<include layout="@layout/common_navitationbar" />
<ViewStub
   android:id="@+id/msg_layout"
   android:layout_width="wrap_content"
   android:layout_height="wrap_content"
   android:layout_gravity="center"
   android:layout="@layout/common_msg" />
</merge>
```

(3) 修改 MainActivity.java 代码，我们这里设置为单击右上角按钮的时候显示自定义的 common_msg.xml 的内容：

```
public class MainActivity extends Activity {
  private View msgView;
  private boolean flag = true;
  protected void onCreate(Bundle savedInstanceState) {
    super.onCreate(savedInstanceState);
    setContentView(R.layout.activity_main);
    this.findViewById(R.id.rightButton).setOnClickListener
                    (new OnClickListener() {
     public void onClick(View arg0) {
          System.out.print("111");
          if(flag)  showMsgView();
              else   closeMsgView();
         flag = !flag;
       }
   });
   }
private void showMsgView(){
  if(msgView != null){
     msgView.setVisibility(View.VISIBLE);
     return;
 }
```

```
    ViewStub stub = (ViewStub)findViewById(R.id.msg_layout);
      msgView = stub.inflate();
   }
 private void closeMsgView(){
    if(msgView != null){
        msgView.setVisibility(View.GONE);
   }
  }
 }
```

(4) 代码中通过 flag 来切换显示和隐藏 common_msg.xml 的内容，然后运行代码并单击右上角按钮来切换，效果如图 2-28 所示。

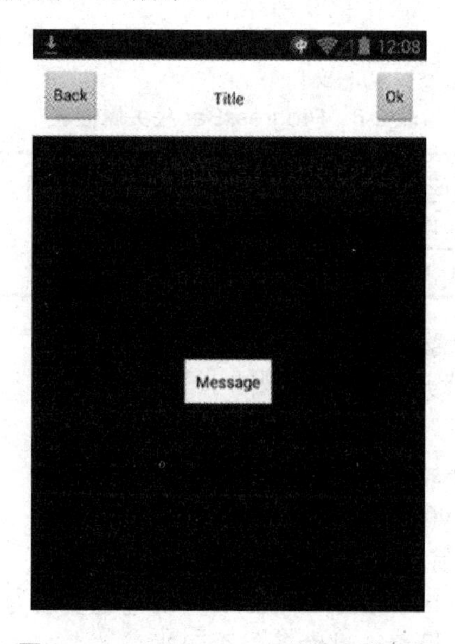

图 2-28　< ViewStub />的使用效果图

2.3　任务 3　Android 高级控件

任务描述

通过前面的学习，要实现复杂的用户界面还远远不够，如要实现人机交互等，Android 系统提供了一些高级控件来实现这些功能。本任务主要目的是实现复杂的用户界面。

任务目标

(1) 掌握 Android 的高级控件 ProgressBar、SeekBar、RatingBar；

(2) 掌握 Android 的自动完成文本控件；

(3) 掌握 Android 的高级控件 Spinner、Toast、TabHost、ImageSwitcher；

(4) 掌握 Android 的高级控件 ListView、GridView。

知识要点

2.3.1 进度条 ProgressBar

程序在处理某些大的数据时，在加载这些数据时会一直停在某一界面，此时最好使用进度条为用户呈现操作的进度。如在登录时，有可能比较慢，可以通过进度条进行提示，同时也可以对窗口设置进度条。进度条的用途很多，在 Palette 面板中，提供了 4 种样式的 ProgressBar，分别是 Large、Normal、Small 和 Horizontal，如图 2-29 所示。

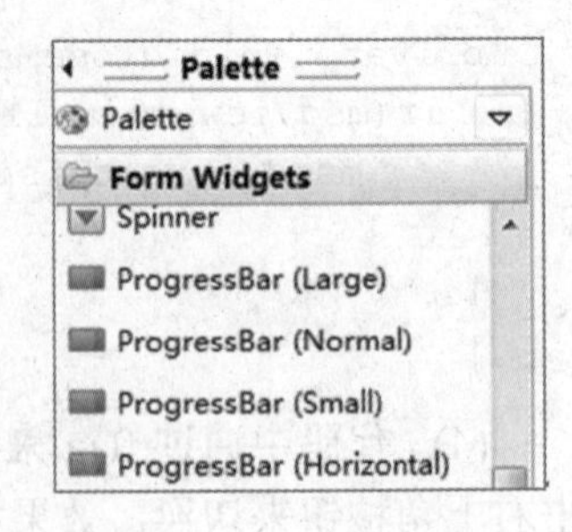

图 2-29　ProgressBar 样式

进度条 ProgressBar 的相关属性如表 2-6 所示。

表 2-6　ProgressBar 相关属性表

属性名称	属性说明	属性名称	属性说明
style	设置进度条的样式	progress	第一进度值
max	进度条的最大进度值	secordaryProgress	次要进度值

进度条 ProgressBar 的重要方法如下。

- getMax()：返回这个进度条的范围的上限。
- getProgress()：返回第一进度值。
- getSecondaryProgress()：返回次要进度值。
- incrementProgressBy(int diff)：指定增加的进度。
- isIndeterminate()：指示进度条是否在不确定模式下。
- setIndeterminate(boolean indeterminate)：设置进度条为不确定模式下。
- setVisibility(int v)：设置该进度条是否可视。

【例 2-14】 ProgressBar 应用。布局视图如图 2-30 所示。界面上放两个按钮(Button)和一个进度条(ProgressBar)。

图 2-30　ProgressBar 应用

(1) 布局代码如下：

```
<ProgressBar
android:id="@+id/progressBar1"
style="@android:style/Widget.ProgressBar.Horizontal"
```

```
        android:layout_width="fill_parent"
        android:layout_height="wrap_content"
        android:max="200"
        android:progress="50" />
    <Button
        android:id="@+id/button1"
        android:layout_width="wrap_content"
        android:layout_height="wrap_content"
        android:text="增加"
        android:textSize="24sp" />
    <Button
        android:id="@+id/button2"
        android:layout_width="wrap_content"
        android:layout_height="wrap_content"
        android:text="减少"
        android:textSize="24sp" />
```

(2) Java 代码如下：

```
public class MainActivity extends ActionBarActivity {
    ProgressBar progressBar;
    Button btn1, btn2;
    @Override
    protected void onCreate(Bundle savedInstanceState) {
        super.onCreate(savedInstanceState);
        setContentView(R.layout.activity_main);
        progressBar = (ProgressBar)findViewById(R.id.progressBar1);
        btn1 = (Button)findViewById(R.id.button1);
        btn2 = (Button)findViewById(R.id.button2);
        btn1.setOnClickListener(new mClick1());
        btn2.setOnClickListener(new mClick2());
    }
    class mClick1 implements OnClickListener  {
        public void onClick(View v) {
            progressBar.incrementProgressBy(5);
        }
    }
    class mClick2 implements OnClickListener  {
        public void onClick(View v) {
            progressBar.incrementProgressBy(-5);
        }
    }
```

运行时单击“增加”按钮，进度条的值增加度量值 5；单击“减少”按钮，进度条的值减少度量值 5。

Android 系统提供了水平进度条 ProgressBar 的样式，而我们在实际开发中，往往不使用默认的样式，如有时需要对其颜色进行自己定义，此时主要使用的是自定义样式文件。自定义 ProgressBar 的样式的方法如下：

首先在 drawable 文件夹下新增 progressbar.xml 文件，能够设置默认背景色和进度条的颜色。代码如下：

```
<?xml version="1.0" encoding="utf-8"?>
<layer-list xmlns:android="http://schemas.android.com/apk/res/android" >
<item android:id="@android:id/background">
    <shape>
        <corners android:radius="5dip" />
        <gradient
            android:angle="0"
            android:centerColor="#ff5a5d5a"
            android:centerY="0.75"
            android:endColor="#ff747674"
            android:startColor="#ff9d9e9d" />
    </shape>
</item>
<item android:id="@android:id/secondaryProgress">
    <clip>
        <shape>
            <corners android:radius="5dip" />
            <gradient
                android:angle="0"
                android:centerColor="#80ffb600"
                android:centerY="0.75"
                android:endColor="#a0ffcb00"
                android:startColor="#80ffd300" />
        </shape>
    </clip>
</item>
<item android:id="@android:id/progress">
    <clip>
        <shape>
            <corners android:radius="5dip" />
            <gradient
                android:angle="0"
                android:endColor="#8000ff00"
                android:startColor="#80ff0000" />
        </shape>
    </clip>
</item>
</layer-list>
```

其次修改 ProgressBar 的 ProgressDrawable 的属性值，代码如下：

```
<ProgressBar
    android:id="@+id/progressBar1"
    style="@android:style/Widget.ProgressBar.Horizontal"
    android:layout_width="fill_parent"
    android:layout_height="wrap_content"
    android:max="200"
    android:progress="50"
    android:progressDrawable="@drawable/progressbar"/>
```

运行效果如图 2-31 所示。

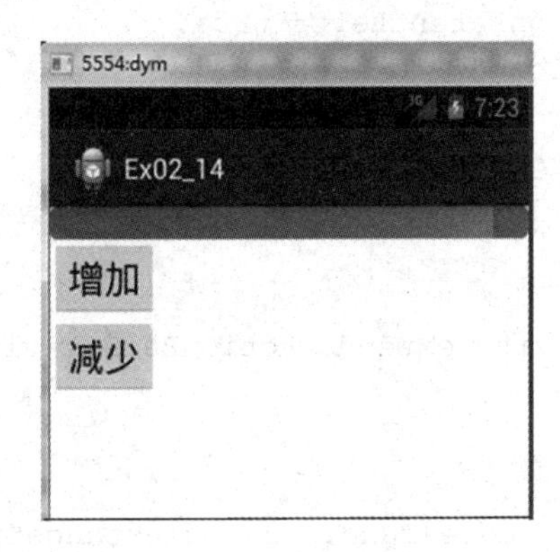

图 2-31　改变 ProgressBar 颜色

2.3.2　拖动条 SeekBar

在 Android 开发中，拖动条常用于对系统某种数值的设置，例如播放视频和音量等都会用到拖动条 SeekBar。SeekBar 和进度条十分相似，只是拖动条可以通过滑块的位置来标志数值，并且允许用户拖动滑块来改变值。

SeekBar 的常见属性如下。

- style="@android:style/Widget.SeekBar"：指定 seekbar 的样式。
- android:max="200"：指定 seekbar 的最大值为 200，默认是 100。
- android:progress="75"：指定 seekbar 的当前值为 75。
- android:thumb：设置 seekbar 的滑动块样式。
- android:progressDrawable：设置 seekbar 的进度条的样式。

其中指定 seekbar 的当前值，我们也可以通过代码设置，如 seekBar.setProgress(75)；当拖动滑块的位置的时候，为了监听 SeekBar 的拖动情况，我们可以为它绑定一个 onSeekBarChangeListener 监听器。

【例 2-15】 SeekBar 应用。布局视图如图 2-32 所示。界面上放一个拖动条(SeekBar)和一个文本框(TextView)。

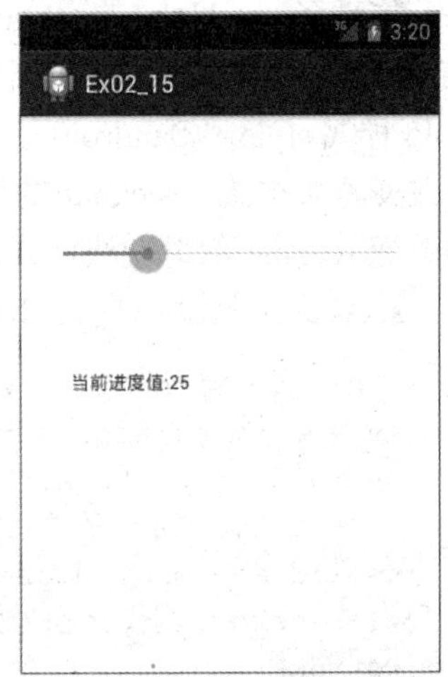

图 2-32　SeekBar 应用

(1) 布局代码如下：

```
<SeekBar
android:id="@+id/seekBar1"
android:layout_width="match_parent"
android:layout_height="wrap_content"
android:layout_alignParentLeft="true"
android:layout_alignParentTop="true"
android:layout_marginTop="93dp"
android:max="100"
android:progress="25"/>
<TextView
    android:id="@+id/textView1"
    android:layout_width="wrap_content"
```

```
    android:layout_height="wrap_content"
    android:layout_alignParentLeft="true"
    android:layout_below="@+id/seekBar1"
    android:layout_marginLeft="38dp"
    android:layout_marginTop="24dp"
    android:text="当前进度值:25" />
```

(2) Java 代码如下：

```
public class MainActivity extends ActionBarActivity {
    TextView tx;
    SeekBar sbar;
    @Override
    protected void onCreate(Bundle savedInstanceState) {
    super.onCreate(savedInstanceState);
    setContentView(R.layout.activity_main);
    tx=(TextView)this.findViewById(R.id.textView1);
    sbar=(SeekBar)this.findViewById(R.id.seekBar1);
    sbar.setOnSeekBarChangeListener(new OnSeekBarChangeListener(){
    @Override
    public void onProgressChanged(SeekBar seekBar, int progress,
                    boolean fromUser) {
        tx.setText("当前进度值:"+progress);
    }
    @Override
    public void onStartTrackingTouch(SeekBar seekBar) { }
    @Override
    public void onStopTrackingTouch(SeekBar seekBar) { }
      });
    }
}
```

拖动条 seekbar 的 style 属性值除了可以使用系统提供的样式值(普通样式 style="@android:style/Widget.SeekBar"; 默认样式 style="@android:style/Widget.DeviceDefault.SeekBar"; Holo 样式 style="@android:style/Widget.Holo.SeekBar")外，也可以自定义 SeekBar 的样式，如改变滑块样式、seekbar 的进度条样式等。在 drawable 文件夹下新增 shape_circle.xml 文件改变 seekbar 的滑动块样式，seekbar.xml 文件设置 seekbar 的进度条样式。

seekbar 的滑动块样式 shape_circle.xml 文件如下：

```
<?xml version="1.0" encoding="utf-8"?>
<shape xmlns:android="http://schemas.android.com/apk/res/android"
android:shape="oval">
<!-- solid 表示远的填充色 -->
<solid android:color="#16BC5C" />
<!-- stroke 则代表远的边框线 -->
<stroke
    android:width="1dp"
    android:color="#16BC5C" />
<!-- size 控制高宽 -->
```

```
<size
   android:height="20dp"
   android:width="20dp" />
</shape>
```

设置 SeekBar 的进度条样式 seekbar.xml 文件如下：

```
<?xml version="1.0" encoding="utf-8"?>
<layer-list
xmlns:android="http://schemas.android.com/apk/res/android">
<item android:id="@android:id/background">
   <shape>
      <corners android:radius="3dp" />
      <solid android:color="#ECF0F1" />
   </shape>
</item>
<item android:id="@android:id/secondaryProgress">
   <clip>
      <shape>
         <corners android:radius="3dp" />
         <solid android:color="#C6CACE" />
      </shape>
   </clip>
</item>
<item android:id="@android:id/progress">
   <clip>
      <shape>
         <corners android:radius="3dp" />
         <solid android:color="#16BC5C" />
      </shape>
   </clip>
</item>
</layer-list>
```

修改 SeekBar 的 ProgressDrawable 与 thumb 属性的值，代码如下：

```
<SeekBar
   android:id="@+id/seekBar1"
   android:layout_width="match_parent"
   android:layout_height="wrap_content"
   android:layout_alignParentLeft="true"
   android:layout_alignParentTop="true"
   android:layout_marginTop="92dp"
   android:max="100"
   android:progress="25"
   android:progressDrawable="@drawable/seekbar"
   android:thumb="@drawable/shape_circle"/>
```

运行效果如图 2-33 所示。

图 2-33　SeekBar 的样式

2.3.3　评分条 RatingBar

RatingBar 是我们浏览网页时经常遇到的一个控件，也就是评分控件。例如我们经常去豆瓣查看某部电影的评价时，最直观的第一印象就是这部电影的评分多少。RatingBar 控件就是网页中的那个五个五角星组成的完整控件。

RatingBar 是基于 SeekBar(拖动条)和 ProgressBar(状态条)的扩展，用星形来显示等级评定。在使用默认 RatingBar 时，用户可以通过触摸、拖动、按键(如遥控器)来设置评分。RatingBar 自带有两种模式：小风格 ratingBarStyleSmall，大风格 ratingBarStyleIndicator，大的只适合做指示，不适用与用户交互。RatingBar 的常用属性如表 2-7 所示。

表 2-7　RatingBar 的常用属性

属性名称	属性说明
style	RatingBar 样式
android:isIndicator	RatingBar 是否是一个指示器(值为 true 时，用户无法进行更改)
android:numStars	显示的星形数量，必须是一个整形值
android:rating	默认的评分，必须是浮点类型
android:stepSize	评分的步长，即一次增加或者减少的星星数目是这个数字的整数倍，必须是浮点类型

【例 2-16】RatingBar 应用。布局视图如图 2-34 所示。界面上放一个评分条(RatingBar)和一个文本框(TextView)。

图 2-34　RatingBar 应用

(1) 布局代码如下：

```
<RatingBar
  android:id="@+id/ratingBar1"
  android:layout_width="wrap_content"
  android:layout_height="wrap_content"
  android:layout_alignParentLeft="true"
  android:layout_alignParentTop="true"
  android:layout_marginTop="61dp"
  android:numStars="5"
  android:rating="4.0"
  android:stepSize="0.5"/>
<TextView
  android:id="@+id/textView1"
  android:layout_width="wrap_content"
  android:layout_height="wrap_content"
  android:layout_alignLeft="@+id/ratingBar1"
  android:layout_below="@+id/ratingBar1"
  android:layout_marginLeft="33dp"
  android:layout_marginTop="32dp"
  android:text="受欢迎度：4.0 颗星" />
```

(2) Java 代码如下：

```
public class MainActivity extends ActionBarActivity {
    RatingBar rb;
    TextView  tx;
    @Override
    protected void onCreate(Bundle savedInstanceState) {
        super.onCreate(savedInstanceState);
        setContentView(R.layout.activity_main);
```

```
        rb=(RatingBar)this.findViewById(R.id.ratingBar1);
    tx=(TextView)this.findViewById(R.id.textView1);
    rb.setOnRatingBarChangeListener(new OnRatingBarChangeListener(){
            @Override
            public void onRatingChanged(RatingBar ratingBar, float rating,
                    boolean fromUser) {
                tx.setText("受欢迎度："+rating+"颗星");
            }
    });
}
}
```

修改 RatingBar 星星的大小，只需在 RatingBar 的布局中添加这么一句代码：style="?android:attr/ratingBarStyleSmall"。

一般情况下，系统自带的 RatingBar 是远远无法满足开发需求的，我们可以根据图片自定义一个 RatingBar，自定义 RatingBar 的实现过程可分为如下 3 步完成。

第 1 步，根据图片自定一个 RatingBar 的背景条 myratingbar.xml 文件，和图片 img6.jpg 放到同一个目录下面(比如 drawable)：

```
myratingbar.xml
<?xml version="1.0" encoding="utf-8"?>
<layer-list xmlns:android="http://schemas.android.com/apk/res/android" >
  <item
    android:id="@+android:id/background"
  android:drawable="@drawable/img6" />
  <item
    android:id="@+android:id/progress"
  android:drawable="@drawable/img6" />
</layer-list>
```

其中 backgroud 是用来填充背景图片的，和进度条非常类似，当我们设置最高评分时(android:numStars)，系统就会根据我们的设置，来画出以图片 img6.jpg 为单位填充的背景；progress 用来在背景图片基础上进行填充的指示属性；secondaryProgress 同 progress 一样属于第二进度位置(如果不定义这个，每次拖动进度条，就画出一整颗星星(亮)，第二进度(暗)没有覆盖掉第一进度之后的位置，从左往右是拖不出来 N.5 颗星星的，这样评分效果就不完整)。

第 2 步，RatingBar 的样式是通过 style 来切换的，在 Android 中，可以在 styles.xml 文件中通过设置 style 属性来继承需要自定控件类型，styles.xml 如下所示：

```
<style name="myratingbar" parent="@android:style/Widget.RatingBar">
    <item name="android:progressDrawable">@drawable/myratingbar</item>
    <item name="android:minHeight">25dip</item>
    <item name="android:maxHeight">85dip</item>
 </style>
```

代码是通过 parent 属性来选择继承的父类，我们这里继承 RatingBar 类。然后重新定义 progressDrawable 属性，maxHeight 和 minHeight 可以根据我们图片像素或者其他参考值来设定。

第 3 步，在我们需要用到 RatingBar 的 xml 配置文件里面添加 RatingBar 控件。运行效果如图 2-35 所示。

图 2-35　自定义 RatingBar

```
<RatingBar
android:id="@+id/ratingBar1"
android:layout_width="wrap_content"
android:layout_height="wrap_content"
android:layout_alignParentLeft="true"
android:layout_centerVertical="true" android:layout_marginLeft="22dp"
android:numStars="5"
android:rating="3.0"
android:stepSize="0.5"
style="@style/myratingbar"/>
```

2.3.4　自动完成文本控件

在输入框中输入我们想要输入的信息，就会出现其他与其相关的提示信息，这种效果在 Android 中是用自动完成文本控件实现的。在 Android 中提供了两种智能输入框——AutoCompleteTextView 和 MultiAutoCompleteTextView。它们的功能大致相同，类似于百度或者 Google 在搜索栏输入信息的时候，弹出与输入信息接近的提示信息。然后用户选择需要的信息，自动完成文本输入。自动完成文本框是从 EditText 派生出来的，实际上也是一个文本编辑框，但它比普通的编辑框多一个功能：当用户输入一定字符之后，自动完成文本框会显示一个下拉菜单，供用户从中选择命令；当用户选择某个菜单项之后，自动完成文本控件按用户选择自动填写文本框。

AutoCompleteTextView 是一个可编辑的文本视图，继承于 EditText，拥有 EditText 的所有属性和方法,，实现动态匹配输入的内容。当用户输入信息后，弹出提示，提示列表显示在一个下拉菜单中，用户可以从中选择一项以完成输入。

MultiAutoCompleteTextView(多文本自动完成输入控件)也是一个可编辑的文本视图，能够对用户输入的文本进行有效的扩充提示，而不需要用户输入整个内容。用户必须提供一个 MultiAutoCompleteTextView.Tokenizer 用来区分不同的子串。与 AutoCompleteTextView 不同的是，MultiAutoCompleteTextView 可以在输入框中一直增加选择值，可用在发短信、发邮件时选择联系人这种应用当中。它们常用属性如表 2-8 所示。

表 2-8　常用属性

属性名称	对应方法	属性说明
android:completionThreshold	setThreshold(int)	定义需要用户输入的字符数
android:dropDownHeight	setDropDownHeight(int)	设置下拉菜单高度
android:dropDownWidth	setDropDownWidth(int)	设置下拉菜单宽度
android:completionHint		为弹出的下拉菜单指定提示标题
android:dropDownHorizontalOffset		指定下拉菜单与文本之间的水平间距
android:dropDownVerticalOffset		指定下拉菜单与文本之间的竖直间距
android:popupBackground		用于为下拉菜单设置背景

【例 2-17】自动完成文本控件应用，布局视图如图 2-36 所示。

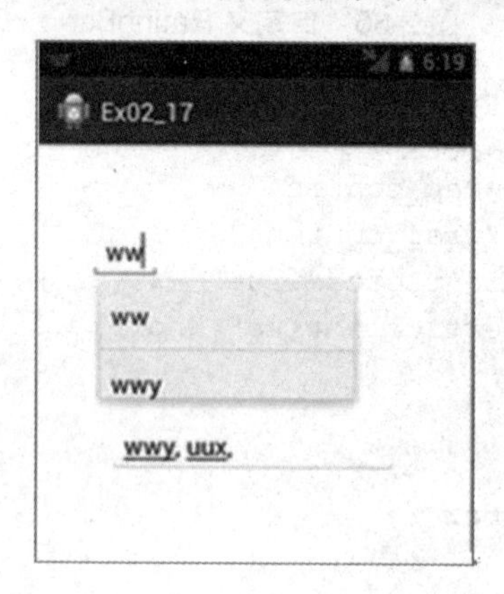

图 2-36　自动完成文本控件

(1) 布局代码如下：

```
<AutoCompleteTextView
  android:id="@+id/autoCompleteTextView1"
  android:layout_width="wrap_content"
  android:layout_height="wrap_content"
  android:layout_alignParentLeft="true"
  android:layout_below="@+id/textView1"
  android:layout_marginTop="40dp"
  android:completionThreshold="2"
   android:dropDownWidth="200dp"
   android:dropDownHeight="100dp"
   android:text="" >
 <requestFocus />
</AutoCompleteTextView>
<MultiAutoCompleteTextView
  android:id="@+id/multiAutoCompleteTextView1"
  android:layout_width="wrap_content"
  android:layout_height="wrap_content"
  android:layout_alignParentLeft="true"
```

```
  android:layout_below="@+id/autoCompleteTextView1"
  android:layout_marginTop="80dp"
  android:completionThreshold="2"
  android:dropDownWidth="200dp"
  android:dropDownHeight="100dp"
  android:text="" />
```

(2) Java 代码如下：

```
public class MainActivity extends ActionBarActivity {
  AutoCompleteTextView ac;
  MultiAutoCompleteTextView mac;
  String[] str=new String[]{"ww","uux","wwy"};
  @Override
  protected void onCreate(Bundle savedInstanceState) {
    super.onCreate(savedInstanceState);
    setContentView(R.layout.activity_main);

    ac=(AutoCompleteTextView)this.findViewById(R.id.autoCompleteTextView1);
    mac=(MultiAutoCompleteTextView)this.findViewById
         (R.id.multiAutoCompleteTextView1);
    ArrayAdapter<String> adapter=new
    ArrayAdapter<String>(this,android.R.layout.simple_list_item_1,str);
    ac.setAdapter(adapter);
    mac.setAdapter(adapter);
    mac.setTokenizer(new MultiAutoCompleteTextView.CommaTokenizer());
  }
}
```

需要注意的是，自动完成文本控件组件必须设置数据，如果每一行的内容是一个文本，用 ArrayAdapter 适配器就可以了；而如果要显示图像加文本或更加复杂的内容，就要使用 SimpleAdapter 或 BaseAdapter 适配器。

2.3.5　下拉列表 Spinner

下拉列表(Spinner)每次只显示用户选中的元素，当用户再次点击时，会弹出选择列表供用户选择，而选择列表中的元素有两种方式实现数据绑定：静态绑定下拉框数据和动态绑定下拉框数据。下拉列表(Spinner)的常用属性如表 2-9 所示。

表 2-9　下拉列表(Spinner)的常用属性

属性名称	对应方法	属性说明
android:spinnerMode		设置 Spinner 样式，有 dropdown 和 dialog 两种
android:dropDownVertical Offset	setDropDownVerticalOffset(int)	设置 Spinner 下拉菜单的水平偏移

续表

属性名称	对应方法	属性说明
android:dropDownHorizontalOffset	setDropDownHorizontalOffset(int)	设置 Spinner 下拉菜单的垂直偏移
android:dropDownWidth	setDropDownWidth(int)	设置 Spinner 下拉菜单的宽度
android:popupBackground	setPopupBackgroundResource()	设置下拉菜单的背景

【**例 2-18**】下拉列表 Spinner 应用，结果如图 2-37 所示。

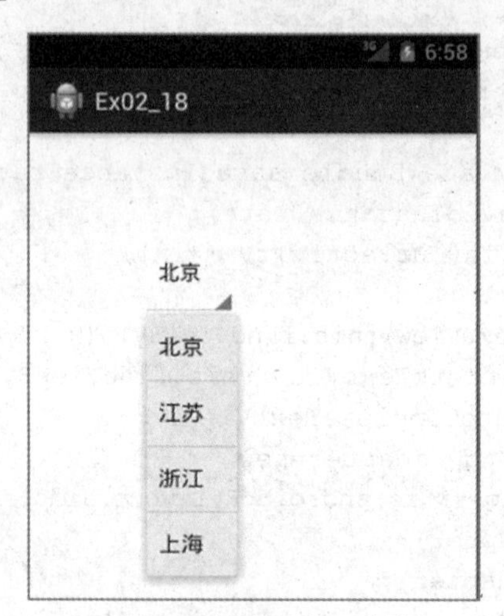

图 2-37　下拉列表 Spinner

(1)　静态绑定下拉框数据，需要将数据写在 xml 文件中，然后设置下拉框的 entries 属性，则数据自动加载到下拉框中。具体如下：

第 1 步：在 value 文件夹中新建 cityInfo.xml

```
<?xml version="1.0" encoding="utf-8"?>
<resources>
<string-array name="cityArray">
    <item>北京</item>
    <item>江苏</item>
    <item>浙江</item>
    <item>上海</item>
</string-array>
</resources>
```

第 2 步：设计页面控件代码，设置 entries 属性值

```
<Spinner android:id="@+id/spinnerCityStatic"
    android:layout_width="wrap_content"
    android:layout_height="wrap_content"
    android:entries="@array/cityArray"/>
```

(2)　动态绑定下拉框数据，此时不需要设置 entries 属性值，主要分三个步骤，第 1 步是获得数据列表；第 2 步是填充数据适配器；第 3 步是设置下拉框的适配器。代码如下：

```
public class MainActivity extends ActionBarActivity {
    private  String[] cityInfo={"北京","江苏","浙江","上海"};
    Spinner sp;
    List<String> list=new ArrayList<String>();
    @Override
    protected void onCreate(Bundle savedInstanceState) {
        super.onCreate(savedInstanceState);
        setContentView(R.layout.activity_main);
sp=(Spinner)this.findViewById(R.id.spinner1);
       for(int i=0;i<cityInfo.length;i++){ //第 1 步：获得数据列表
         list.add(cityInfo[i]);
       }
//第 2 步：填充数据适配器
       ArrayAdapter<String> adapter=new
 ArrayAdapter<String>(this,android.R.layout.simple_spinner_dropdown_item,list);
       sp.setAdapter(adapter);// 第 3 步：设置下拉框的适配器
       sp.setOnItemSelectedListener(new OnItemSelectedListener() {
             //选择时触发的事件
          public void onItemSelected(AdapterView<?> parent, View view,int
             position, long id) {
             //从 spinner 中获取被选择的数据
             String data = (String)sp.getItemAtPosition(position);
             Toast.makeText(MainActivity.this, data, Toast.LENGTH_SHORT).show();
             }
             public void onNothingSelected(AdapterView<?> parent) {        }
         });
       }
```

2.3.6　消息提示 Toast

Toast 是 Android 中用来显示信息的一种机制，该提示消息以浮于应用程序之上的形式显示在屏幕上。它并不获得焦点，不会影响用户的其他操作。使用消息提示组件 Toast 的目的就是为了尽可能不中断用户操作，并使用户看到提供的信息内容。Toast 类的常用方法如表 2-10 所示。

表 2-10　Toast 常用方法

对应方法	说　明
Toast(Context context)	Toast 的构造方法，构造一个空的 Toast 对象
makeText(Context context, CharSequence text, int duration)	以特定时长显示文本内容，参数 text 为显示的文本；参数 duration 为显示时间，较长时间取值 LENGTH_LONG，较短时间取值 LENGTH_SHORT
getView( )	返回视图
setDuration(int duration)	设置存续时间
setView(View view)	设置要显示的视图
setGravity(int gravity, int xOffset, int yOffset)	设置提示信息在屏幕上的显示位置

续表

对应方法	说　明
setText(int resId)	更新 makeText()方法所设置的文本内容
show( )	显示提示信息
LENGTH_LONG	提示信息显示较长时间的常量
LENGTH_SHORT	提示信息显示较短时间的常量

Toast 消息提示有系统默认效果和自定义效果，它们的使用方法如下。

1. 默认效果

```
Toast.makeText(getApplicationContext(), "默认 Toast 样式",
                Toast.LENGTH_SHORT).show();
```

2. 自定义显示位置效果

```
Toast.makeText(getApplicationContext(), "自定义位置 Toast",
                Toast.LENGTH_LONG);
toast.setGravity(Gravity.CENTER, 0, 0).show();
```

3. 带图标方式

```
toast = Toast.makeText(getApplicationContext(),
                "带图标的 Toast", Toast.LENGTH_LONG);
toast.setGravity(Gravity.CENTER, 0, 0);
LinearLayout toastView = (LinearLayout) toast.getView();
ImageView imageCodeProject = new ImageView(getApplicationContext());
imageCodeProject.setImageResource(R.drawable.icon);
toastView.addView(imageCodeProject, 0);
toast.show();
```

4. 完全自定义效果

```
LayoutInflater inflater = getLayoutInflater();
View layout = inflater.inflate(R.layout.custom,
               (ViewGroup) findViewById(R.id.llToast));
ImageView image = (ImageView) layout.findViewById(R.id.tvImageToast);
image.setImageResource(R.drawable.icon);
TextView title = (TextView) layout.findViewById(R.id.tvTitleToast);
title.setText("Attention");
TextView text = (TextView) layout.findViewById(R.id.tvTextToast);
text.setText("完全自定义 Toast");
toast = new Toast(getApplicationContext());
toast.setGravity(Gravity.RIGHT | Gravity.TOP, 12, 40);
toast.setDuration(Toast.LENGTH_LONG);
toast.setView(layout);
toast.show();
```

【例 2-19】 消息提示 Toast 应用。布局上有 3 个按钮，分别用来显示默认方式的 Toast、自定义方式的 Toast 以及带图标方式的 Toast。

(1) 布局代码如下：

```
<LinearLayout xmlns:android="http://schemas.android.com/apk/res/android"
android:layout_width="fill_parent"
android:layout_height="fill_parent"
android:orientation="vertical" >
<TextView
    android:textSize="24sp"
    android:layout_width="fill_parent"
    android:layout_height="wrap_content"
    android:gravity="center"
    android:text="消息提示 Toast"  />
<Button
    android:id="@+id/btn1"
    android:layout_height="wrap_content"
    android:layout_width="fill_parent"
    android:text="默认方式"
    android:textSize="20sp" />
<Button
    android:id="@+id/btn2"
    android:layout_height="wrap_content"
    android:layout_width="fill_parent"
    android:text="自定义方式"
    android:textSize="20sp" />
<Button
    android:id="@+id/btn3"
    android:layout_height="wrap_content"
    android:layout_width="fill_parent"
    android:text="带图标方式"
    android:textSize="20sp" />
</LinearLayout>
```

(2) Java 代码如下：

```
public class MainActivity extends ActionBarActivity {
    Button btn1,btn2,btn3;
    @Override
    protected void onCreate(Bundle savedInstanceState) {
        super.onCreate(savedInstanceState);
        setContentView(R.layout.activity_main);
        btn1=(Button)findViewById(R.id.btn1);
        btn2=(Button)findViewById(R.id.btn2);
        btn3=(Button)findViewById(R.id.btn3);
        btn1.setOnClickListener(new mItemClick());//为 Button 注册事件监听器
        btn2.setOnClickListener(new mItemClick());
        btn3.setOnClickListener(new mItemClick());
    }
```

```
class mItemClick implements OnClickListener  {
        Toast toast;
        LinearLayout toastView;
        ImageView imageCodeProject;
      @Override
        public void onClick(View v) {
            if(v==btn1) {
                Toast.makeText(getApplicationContext(),"默认 Toast 样式",
                        Toast.LENGTH_SHORT).show();
            }
            else if(v==btn2)   {
                toast = Toast.makeText(MainActivity.this, "自定义Toast 的位置",
                        Toast.LENGTH_SHORT);
                toast.setGravity(Gravity.CENTER, 0, 0);
                toast.show();
            }
            else if(v==btn3) {
                toast = Toast.makeText(MainActivity.this,"带图标的 Toast",
                        Toast.LENGTH_SHORT);
                toast.setGravity(Gravity.CENTER, 0, 80);
                toastView = (LinearLayout) toast.getView();
                imageCodeProject = new ImageView(MainActivity.this);
                imageCodeProject.setImageResource(R.drawable.img1);
                toastView.addView(imageCodeProject, 0);
                toast.show();
            }
        }
    }
```

单击每个按钮会显示相对应模式的消息提示，运行结果如图 2-38 所示。

图 2-38　消息提示 Toast 应用

2.3.7　选项卡 TabHost

选项卡控件(TabHost)可以在一个屏幕间进行不同版面的切换。单击每个选项卡，打开其对应的内容界面，TabHost 是整个 Tab 的容器，包括 TabWidget 和 FrameLayout 两部分：TabWidget 就是每个 Tab 的标签页中上部或者下部的按钮，单击按钮可以切换选项卡；

FrameLayout 则是 Tab 内容。TabHost 语法格式如下：

```
<TabHost
xmlns:android="http://schemas.android.com/apk/res/android"
    android:id="@android:id/tabhost"
    android:layout_width="match_parent"
    android:layout_height="match_parent">
    <TabWidget                          <!-- Tab 标签固定 ID -->
        android:id="@android:id/tabs"
        android:layout_width=" "
        android:layout_height=" " >
    </TabWidget>
    <FrameLayout                         <!-- Tab 内容-->
        android:id="@android:id/tabhost"
        android:layout_width="match_parent"
        android:layout_height="match_parent" >
        …
    </FrameLayout>
</TabHost>
```

【例 2-20】选项卡(TabHost)应用。新建项目 Ex02_20，将默认布局修改为 TabHost，然后并列添加 TabWidget 和 FrameLayout，TabWidget 用来显示标签，FrameLayout 用来显示内容。

(1) 布局代码如下：

```
<TabHost xmlns:android="http://schemas.android.com/apk/res/android"
    android:id="@android:id/tabhost"
    android:layout_width="match_parent"
    android:layout_height="match_parent" >
   <LinearLayout
    android:id="@+id/tab11"
    android:layout_width="match_parent"
    android:layout_height="match_parent"
    android:orientation="vertical" >
    <TabWidget
        android:id="@android:id/tabs"
        android:layout_width="match_parent"
        android:layout_height="wrap_content" >
    </TabWidget>
    <FrameLayout
      android:id="@android:id/tabhost"
      android:layout_width="match_parent"
       android:layout_height="match_parent" >
       <TextView
          android:id="@+id/tv11"
          android:layout_width="wrap_content"
          android:layout_height="wrap_content"
          android:text="TAB1" />
```

```
        <TextView
            android:id="@+id/tv22"
            android:layout_width="wrap_content"
            android:layout_height="wrap_content"
            android:text="TAB2"  />
         <TextView
            android:id="@+id/tv33"
            android:layout_width="wrap_content"
            android:layout_height="wrap_content"
            android:text="TAB3"  />
    </FrameLayout>
</LinearLayout>
</TabHost>
```

(2) Java 代码如下：

```
public class MainActivity extends ActionBarActivity {
    TabHost tb;
    @Override
    protected void onCreate(Bundle savedInstanceState) {
        super.onCreate(savedInstanceState);
        setContentView(R.layout.activity_main);
        tb=(TabHost)this.findViewById(android.R.id.tabhost);
        tb.setup();  //必须调用该方法，才能设置 Tab 样式
        tb.addTab(tb.newTabSpec("tab1")   //添加标签 tab1
        .setIndicator(null,getResources().getDrawable(R.drawable.img1))
        //设置 tab1 标签图片
        .setContent(R.id.tv11));  //设置 tab1 标签内容
        tb.addTab(tb.newTabSpec("tab2")
        .setIndicator(null,getResources().getDrawable(R.drawable.img2))
        .setContent(R.id.tv22));
        tb.addTab(tb.newTabSpec("tab3")
        .setIndicator(null,getResources().getDrawable(R.drawable.img3))
        .setContent(R.id.tv33));
        tb.setCurrentTab(0);  //设置当前显示第一个 tab
    }
}
```

运行程序，效果如图 2-39 所示，单击 Tab 标签切换不同版面。

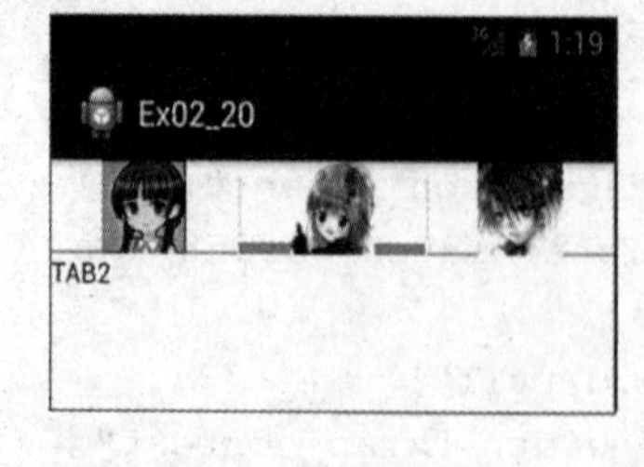

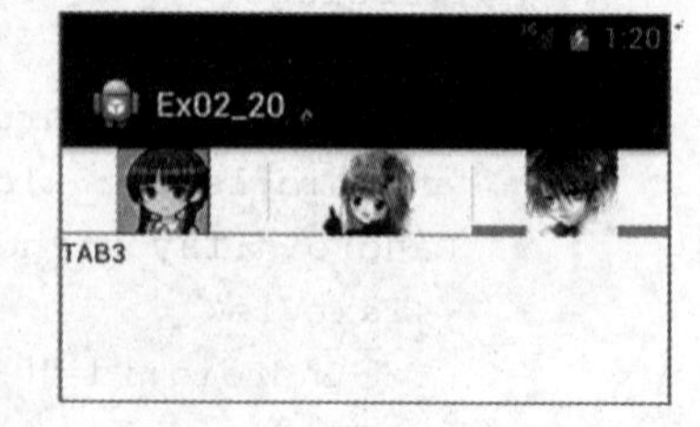

图 2-39　TabHost

添加 Tab 方法有以下 3 种。

方法 1：动态设置 Tab 按钮图片。

```
tb.addTab(tb.newTabSpec("tab3").setIndicator(null,getResources()
          .getDrawable(R.drawable.img3)).setContent(R.id.tv33));
```

方法 2：调用 R.layout.setting 里的 view　R.id.tab_feedback。

```
tabHost.addTab(_tabHost.newTabSpec("0").setIndicator("反馈")
.setContent(R.id.tab_ feedback));
```

方法 3：调用另外的 Activity inviteActivity.class。

```
tabHost.addTab(_tabHost.newTabSpec("1").setContent(new Intent(this,
               inviteActivity.class)));
```

例 2-20 里采用的是动态设置 Tab 按钮图片，其他两种方法在这里就不再举例了。

2.3.8　图片切换 ImageSwitcher

ImageSwitcher 是 Android 中控制图片展示效果的控件，类似于 Windows 图片和传真查看器，在“下一张”和“上一张”之间切换显示图片。

要使用这个控件需要以下两个步骤。

第 1 步，为 ImageSwitcher 控件提供一个 ViewFactory 接口，用来将显示的图片和父窗口区分开来，可以通过：mImageSwitcher.setFactory()方法来实现；该 ViewFactory 生成的 View 组件必须是 ImageView。

第 2 步，需要切换的时候，只需要用 ImageSwitcher 的 setImageDrawable()、setImageResource()、setImageURL()方法实现切换。

【例 2-21】图片切换控件 ImageSwitcher 应用。在界面的顶端设置了一个水平居中的 ImageSwitcher 控件，用来显示多张图片。在 ImageSwitcher 控件的下面使用 LinearLayout(水平布局)控件设置两个 ImageButton 按钮，在单击这些按钮时分别用于实现显示上一张图片、显示下一张图片。

(1)　布局代码如下：

```
<ImageSwitcher
   android:id="@+id/imageSwitcher1"
   android:layout_width="wrap_content"
   android:layout_height="wrap_content"
   android:layout_alignParentLeft="true"
   android:layout_alignParentTop="true"
   android:layout_marginLeft="80dp"
   android:layout_marginTop="81dp"
   android:animateFirstView="true"
   android:inAnimation="@android:anim/fade_in"
   android:outAnimation="@android:anim/fade_out">
</ImageSwitcher>
<Button
   android:id="@+id/button1"
```

```
    android:layout_width="wrap_content"
    android:layout_height="wrap_content"
    android:layout_alignParentBottom="true"
    android:layout_alignRight="@+id/imageSwitcher1"
    android:layout_marginBottom="129dp"
    android:text="上一张" />
<Button
    android:id="@+id/button2"
    android:layout_width="wrap_content"
    android:layout_height="wrap_content"
    android:layout_alignBottom="@+id/button1"
    android:layout_marginLeft="58dp"
    android:layout_toRightOf="@+id/button1"
    android:text="下一张" />
```

(2) Java 代码如下：

```
public class MainActivity extends ActionBarActivity {
    Button btn1,btn2;
    ImageSwitcher is;
    int[] images={R.drawable.img1,R.drawable.img2,R.drawable.img3,
                  R.drawable.img4,R.drawable.img5};
    int index=0;
    @Override
    protected void onCreate(Bundle savedInstanceState) {
        super.onCreate(savedInstanceState);
        setContentView(R.layout.activity_main);
        is=(ImageSwitcher)this.findViewById(R.id.imageSwitcher1);
        btn1=(Button)this.findViewById(R.id.button1);
        btn2=(Button)this.findViewById(R.id.button2);
        is.setFactory(new ViewFactory(){
          public View makeView() {
              ImageView imagev=new ImageView(MainActivity.this);
              imagev.setBackgroundColor(0xff0000);
              imagev.setScaleType(ImageView.ScaleType.FIT_CENTER);
              return imagev;          }
          });
       is.setBackgroundResource(images[index]);
       btn1.setOnClickListener(new mClick());
       btn2.setOnClickListener(new mClick());
    }
    class mClick implements OnClickListener{
        @Override
        public void onClick(View v) {
            if(v==btn1){
               index++;
               if(index>images.length-1)
                  index=0;
                 is.setBackgroundResource(images[index]);
               }
```

```
            if(v==btn2){
                index--;
                if(index<0)
                    index=images.length-1;
                   is.setBackgroundResource(images[index]);
            }
        }
    }
}
```

运行程序，效果如图 2-40 所示。

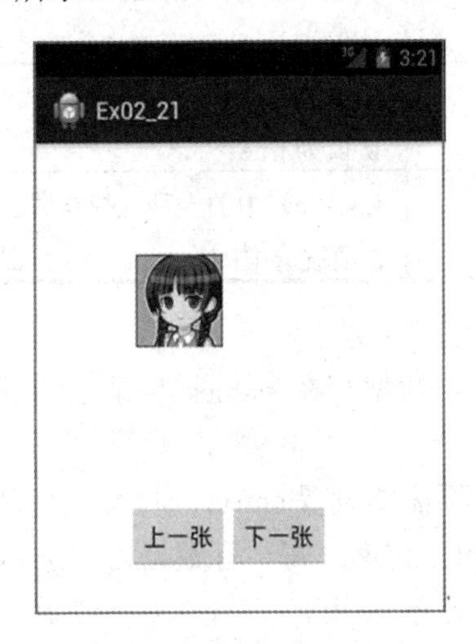

图 2-40　ImageSwitcher

其中，变量 index 用于对图片进行索引，实现图片的循环显示，即当显示到最后一张图片时，再次单击“下一张”按钮，则将图片索引号重置为 0，然后重新显示第一张图片；当显示第一张图片时，再次单击“上一张”按钮，则将图片的索引号重置为最大，然后显示最后一张图片。

向 ImageSwitcher 加载图片有以下 3 种方式。

(1) 通过 Drawable 对象来获取图片资源：

```
public void setImageDrawable(Drawable drawable)
```

(2) 通过图片资源 ID 来获取图片资源：

```
public void setImageResource(int resid)
```

(3) 通过图片的 Uri 路径来获取图片资源：

```
public void setImageURI(Uri uri)
```

2.3.9　列表视图 ListView

列表视图 ListView 是 Android 中最常用的一种视图组件，它是将数据显示在一个垂直且可滚动的列表中的一种控件。ListView 的重要属性如表 2-11 所示。

表 2-11 ListView 的重要属性

属性名称	属性说明
android:divider	每条 item 之间的分割线，参数值可引用一张 drawable 图片，也可以是 color
android:dividerHeight	分割线的高度
android:entries	引用一个将使用在 ListView 里的数组，该数组定义在 value 目录下的 arrays.xml 文件中
android:footerDividersEnabled	设成 flase 时，此 ListView 将不会在页脚视图前画分隔符，默认值为 true
android:headerDividersEnabled	设成 flase 时，此 ListView 将不会在页眉视图后画分隔符，默认值为 true
android:choiceMode	ListView 中的一种选择模式。SingleChoice 值为 1，表示最多有 5 项被选中；multipleChoice 值为 2，表示最多可选 2 项

ListView 中的数据有两种绑定方法。

(1) 静态绑定数据。需要将数据写在 values 目录下的 xml 文件中，然后设置 entries 属性。

(2) 动态绑定数据。此时不需要设置 entries 属性值，引用代码中自定义的数据元素，由与 ListView 绑定的 ListAdapter 传递。每一行数据为一条 item。

【例 2-22】列表视图 ListView 应用。

布局代码如下：

```
<LinearLayout xmlns:android="http://schemas.android.com/apk/res/android"
android:layout_width="fill_parent"
android:layout_height="fill_parent"
android:orientation="vertical" >
   <TextView
    android:layout_width="fill_parent"
    android:layout_height="wrap_content"
    android:text="凤凰传奇"
    android:textSize="24sp" />
<ListView
    android:id="@+id/ListView01"
    android:layout_height="wrap_content"
    android:layout_width="fill_parent"
    android:entries="@array/feed_names"/>
</LinearLayout>
```

在 values 目录下的 array .xml 文件内容如下：

```
<?xml version="1.0" encoding="utf-8"?>
<resources>
 <string-array name="feed_names">
          <item>新闻</item>
```

```
        <item>视频</item>
        <item>国际新闻</item>
        <item>体育</item>
        <item>艺术</item>
        <item>餐饮</item>
    </string-array>
</resources>
```

(1) 静态绑定数据：设置 entries 属性，**android:entries="@array/feed_names"**。运行程序，效果如图 2-41 所示。由于 ListView 没有注册监听器，所以单击 ListView 的每一个 item 没有任何事件发生。

(2) 动态绑定数据：不需要设置 entries 属性。

Java 代码：

```
public class MainActivity extends ActionBarActivity {
    ListView list;
    @Override
    protected void onCreate(Bundle savedInstanceState) {
        super.onCreate(savedInstanceState);
        setContentView(R.layout.activity_main);
        list= (ListView)findViewById(R.id.ListView01);
        //定义数组
        String[] data ={  "(1)荷塘月色",      "(2)最炫民族风",  "(3)天蓝蓝",
            "(4)最美天下",  "(5)自由飞翔",            };
        //为 ListView 提供数组适配器
        list.setAdapter(new ArrayAdapter<String>
           (this,android.R.layout.simple_list_item_1, data));
           //为 ListView 设置列表选项监听器
        list.setOnItemClickListener(new mItemClick());
    }
       //定义列表选项监听器
        class mItemClick implements OnItemClickListener   {
        @Override
        public void onItemClick(AdapterView<?> arg0, View arg1, int arg2,
                                long arg3) {
            Toast.makeText(getApplicationContext(),
                   "您选择的项目是："+((TextView)arg1).getText(),
                   Toast.LENGTH_SHORT).show();
         }
    }
 }
```

运行程序，效果如图 2-41 所示。单击 ListView 的每一个 item 均会弹出 Toast，显示选中 item 的内容。

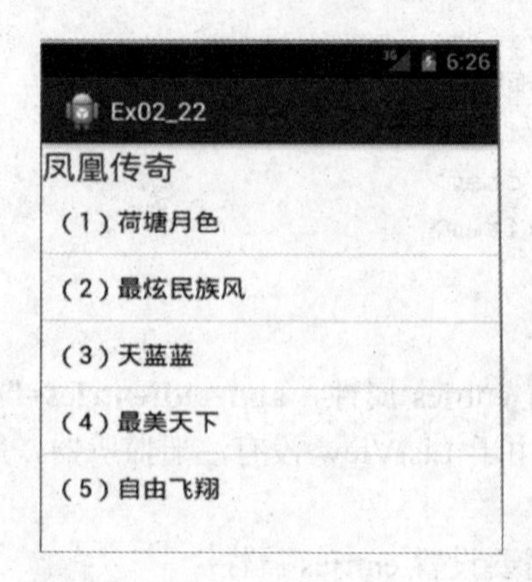

图 2-41 ListView

很多时候需要在列表中展示一些除了文字以外的东西，比如图片等。这时候可以使用 SimpleAdapter。使用 SimpleAdapter 的数据一般都是用 HashMap 构成的列表，列表的每一节对应 ListView 的每一行。通过 SimpleAdapter 的构造函数，将 HashMap 的每个键的数据映射到布局文件中对应控件上。这个布局文件一般根据自己的需要来自己定义。

```
SimpleAdapter mSimpleAdapter = new SimpleAdapter(this,
listItem,//需要绑定的数据
R.layout.item,//每一行的布局
new String[] {"ItemImage","ItemTitle", "ItemText"},  //动态数组中的数据源的键对应到定义布局的 View 中
newint[] {R.id.ItemImage,R.id.ItemTitle,R.id.ItemText}  );
```

【例 2-23】简单通讯录。实现一个简单的通讯录，其中包括照片、姓名和电话号码。将照片文件存放在 drawable 目录下。

(1) 布局代码 activity_main.xml 的代码如下：

```
<?xml version="1.0" encoding="utf-8"?>
<LinearLayout xmlns:android="http://schemas.android.com/apk/res/android"
android:layout_width="fill_parent"
android:layout_height="fill_parent"
android:orientation="vertical" >
   <ListView
    android:id="@+id/ListView01"
    android:layout_height="wrap_content"
    android:layout_width="fill_parent"
    android:divider="#87cEFF"
    android:dividerHeight="3dp"/>
</LinearLayout>
```

(2) 在 Layout 目录下新建一个 xml 文件，定义每一行的布局 another_layout.xml，每一行有 1 张图片 ImageView，2 个文本 TextView。

```
<?xml version="1.0" encoding="utf-8"?>
<ScrollView xmlns:android="http://schemas.android.com/apk/res/android"
```

```
android:id="@+id/ScrollView1"
android:layout_width="match_parent"
android:layout_height="match_parent" >
<TableLayout
   android:layout_width="match_parent"
   android:layout_height="match_parent"
   android:stretchColumns="1"       >
   <TableRow
     android:id="@+id/tableRow1"
     android:layout_width="wrap_content"
     android:layout_height="wrap_content" >
     <ImageView
       android:id="@+id/imageView1"
       android:layout_width="wrap_content"
       android:layout_height="wrap_content"
       android:src="@drawable/ic_con" />
      <TextView
        android:id="@+id/name"
        android:layout_width="wrap_content"
        android:layout_height="wrap_content"
        android:text="" />
      <TextView
        android:id="@+id/qq"
        android:layout_width="wrap_content"
        android:layout_height="wrap_content"
        android:text="" />
   </TableRow>
</TableLayout>
</ScrollView>
```

(3) 编写 Java 代码。照片、姓名与电话号码之间存在着一一对应的关系，可以使用 HashMap 分别对照片、姓名以及电话号码进行存储，然后再将 HashMap 添加到 ArrayList 中，便可以完成资源的储存了。

```
public class MainActivity extends Activity{
    List<Map<String,Object>> slist=new ArrayList<Map<String,Object>>();
    String name[]={"aa","bb","cc","dd"};
    String num[]={"11111","22222","33333","44444"};
    int img[]={R.drawable.img1,R.drawable.img2,R.drawable.img3,
    R.drawable.img4,R.drawable.img5};
    public void onCreate(Bundle savedInstanceState)    {
    super.onCreate(savedInstanceState);
    setContentView(R.layout.activity_main);
    for(int i=0;i<name.length;i++){
    Map<String,Object> map=new HashMap<String,Object>();
    map.put("usepic",img[i]);
    map.put("usename",name[i]);
    map.put("usenum",num[i]);
    slist.add(map);        }
```

```
    ListView list= (ListView)findViewById(R.id.ListView01);
    SimpleAdapter adapter=new SimpleAdapter(this,slist,
        R.layout.another_layout, new String[]{"usepic","usename","usenum"},
          new int[]{R.id.imageView1,R.id.name,R.id.qq});
    list.setAdapter(adapter);
    }
}
```

(4) 运行程序，效果如图 2-42 所示。

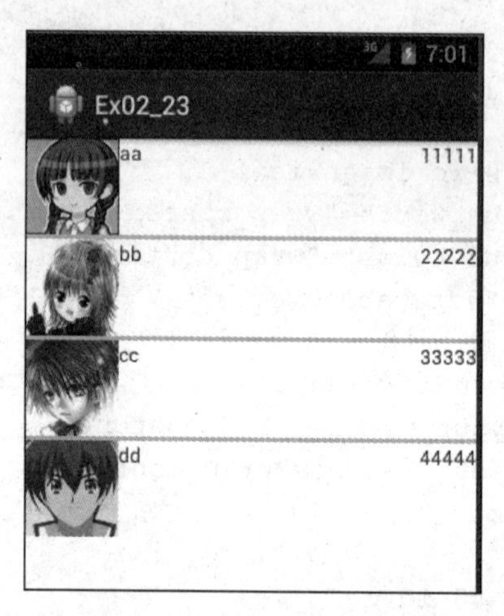

图 2-42　ListView 通讯录

2.3.10　网格视图 GridView

网格视图(GridView)是 Android 中比较常用到的多控件视图。该视图将其他多个控件以二维格式显示在界面表格中。网格视图 GridView 的排列方式与矩阵类似，当屏幕上有很多元素(文字、图片或其他元素)需要按矩阵格式进行显示时，就可以使用 GridView 控件来实现。GridView 常用属性如表 2-12 所示。

表 2-12　GridView 常用属性表

属性名称	对应方法	属性说明
android:columnWidth	setColumnWidth(int)	设置列的宽度
android:gravity	setGravity(int)	设置对齐方式
android:horizontalSpacing	setHorizontalSpacing(int)	设置各个元素之间的水平距离
android:numColumns	setNumColumns(int)	设置列数
android:verticalSpacing	setVerticalSpacing(int)	设置各个元素之间的竖直距离
android:stretchMode	android:stretchMode[int]	设置列应该以何种方式填充可用空间

如果在每个网格内都需要显示两项或以上的内容，那么就还需要对网格内元素进行相应的布局。在项目的 layout 目录下可以新建一个 xml 布局文件，完成对网格内元素的布局。

GridView 与 ListView 类似，都需要通过 Adapter 来提供显示的数据。但是，ListView

可以通过 android:entries 来提供资源文件的数据源，GridView 没有这些属性，所以必须通过适配器来为其添加数据。

在实际的应用当中，我们需要对用户的操作进行监听，即需要知道用户选择了哪一个选项。在网格控件 GridView 中，常用的事件监听器有两个：OnItemSelectedListener 和 OnItemClickListener。其中，OnItemSelectedListener 用于项目选择事件监听，OnItemClickListener 用于项目点击事件监听。要实现这两个事件监听很简单，继承 OnItemSelectedListener 和 OnItemClickListener 接口，并实现其抽象方法即可。

【例 2-24】显示扑克牌游戏。在界面上有一个“开始发牌”的按钮和一个 GridView，GridView 里每行有 5 张背面朝上的扑克牌，GridView 刚开始不可见。

(1)　布局代码如下：

```
<LinearLayout xmlns:android="http://schemas.android.com/apk/res/android"
xmlns:tools="http://schemas.android.com/tools"
android:layout_width="match_parent"
android:layout_height="match_parent"
 android:orientation="vertical"    >
<Button
    android:id="@+id/button1"
    android:layout_width="wrap_content"
    android:layout_height="wrap_content"
    android:text="开始发牌"
    android:onClick="click"/>
<GridView
    android:id="@+id/gridView1"
    android:layout_width="match_parent"
    android:layout_height="wrap_content"
    android:numColumns="5" >
</GridView>
</LinearLayout>
```

(2)　在 Layout 目录下新建一个 xml 文件，定义每个单元格的布局 another_layout.xml，每个单元格有 1 张图片 ImageView。

```
<?xml version="1.0" encoding="utf-8"?>
<RelativeLayout
xmlns:android="http://schemas.android.com/apk/res/android"
android:id="@+id/RelativeLayout1"
android:layout_width="match_parent"
android:layout_height="match_parent" >
<ImageView
    android:id="@+id/image"
    android:layout_width="wrap_content"
    android:layout_height="wrap_content"
    android:src="@drawable/blueflip"
    android:onClick="click" />
</RelativeLayout>
```

(3) Java 代码如下：

```
public class MainActivity extends ActionBarActivity {
   GridView gridview;
   Button btn;
   List<Map<String,Object>> slist=new ArrayList<Map<String,Object>>();
   SimpleAdapter adapter;
   int[] a={R.drawable.clubs1,R.drawable.clubs2,
          R.drawable.clubs3,R.drawable.clubs4,
          R.drawable.clubs5,R.drawable.clubs6,
          R.drawable.clubs7,R.drawable.clubs8,
          R.drawable.clubs9,R.drawable.clubs10,
          R.drawable.clubs11,R.drawable.clubs12,
          R.drawable.clubs13,R.drawable.hearts1,
          R.drawable.hearts2,R.drawable.hearts3,
          R.drawable.hearts4,R.drawable.hearts5,
          R.drawable.hearts6,R.drawable.hearts7,
          R.drawable.hearts8,R.drawable.hearts9,
          R.drawable.hearts10,R.drawable.hearts11,
          R.drawable.hearts12,R.drawable.hearts13};
   int[] arr;
   @Override
   protected void onCreate(Bundle savedInstanceState) {
      super.onCreate(savedInstanceState);
      setContentView(R.layout.activity_main);
       btn= (Button)findViewById(R.id.button1);
        gridview= (GridView)findViewById(R.id.gridView1);
        gridview.setVisibility(View.GONE);
        for(int i=0;i<a.length;i++){
         Map<String,Object> map=new HashMap<String,Object>();
         int s=new Random().nextInt(26);
         map.put("image",R.drawable.blueflip);
         slist.add(map);
        }
        //为 GridView 提供数组适配器
        adapter=new SimpleAdapter(this,slist,R.layout.another_layout,
            new String[]{"image"},new int[]{R.id.image});
        gridview.setAdapter(adapter);
        btn.setOnClickListener(new OnClickListener(){
            @Override
            public void onClick(View v) {
                gridview.setVisibility(View.VISIBLE);
                btn.setVisibility(View.GONE);
            }
        });
   }
      public void click(View v){
      int s=new Random().nextInt(26);
      ImageView image=(ImageView)v;
```

```
            image.setImageResource(a[s]);//这里写新图片资源名称
        }
    }
```

运行程序，效果如图 2-43 所示。单击“开始发牌”按钮，“开始发牌”按钮消失，GridView 出现。单击每张扑克牌能将扑克牌翻转过来看看扑克牌的花色与点数。

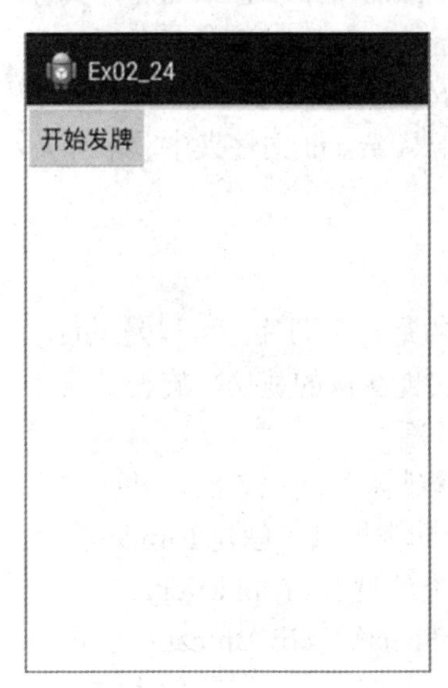

图 2-43　扑克牌游戏

2.4　任务 4　自定义控件

任务描述

如果想要做出绚丽的界面效果，仅仅靠系统提供的控件是远远不够的，这时候就必须通过自定义控件来实现这些绚丽的效果。本任务主要是根据个人需要定义一些控件。

任务目标

(1) 掌握 Android 获取图形图像资源的方法；
(2) 掌握 Android 绘图的方法；
(3) 掌握 Android 自定义控件的方法；
(4) 了解 Android 线程的使用。

知识要点

2.4.1　获取图形图像资源

Android 资源文件大致可以分为两种。

第 1 种是 res 目录下存放的可编译的资源文件。这种资源文件系统会在 R.java 里面自动生成该资源文件的 ID，所以访问这种资源文件比较简单，通过 R.XXX.ID 即可；在之前的应用程序中，我们使用的几乎都是存储在 drawable 文件夹中的图片资源。

第 2 种是 assets 目录下存放的原生资源文件。因为系统在编译的时候不会编译 assets 下的资源文件，所以我们不能通过 R.XXX.ID 的方式访问它们。那么能不能通过该资源的绝对路径去访问它们呢？因为 apk 安装之后会放在/data/App/**.apk 目录下，以 apk 形式存在，asset/res 也被绑定在 apk 里，并不会解压到/data/data/YourApp 目录下去，所以无法直接获取到 assets 的绝对路径，因为它们根本就没有。Android 系统为我们提供了一个 AssetManager 工具类、Bitmap 类和 BitmapFactory 接口，用于从 assets 文件夹中获取图片资源。

1. Bitmap 类与 BitmapFactory 接口

Bitmap 是 Android 系统中图像处理的最重要类之一，指的是一张图片，可以是 png，也可以是 jpg 等其他图片格式。Bitmap 可以和 Matrix 结合，实现图像的剪切、旋转、缩放等操作，并可以指定格式保存图像文件。

Bitmap 实现在 android.graphics 包中。但是 Bitmap 类的构造函数是私有的，外面并不能实例化对象，只能是通过 JNI 实例化对象。这必然是某个辅助类提供了创建 Bitmap 的接口，而这个类的实现通过 JNI 接口来实例化 Bitmap 的，这个类就是 BitmapFactory。

利用 BitmapFactory 可以从一个指定文件中，利用 decodeFile()解析出 Bitmap；也可以从定义的图片资源中，利用 decodeResource()解析出 Bitmap。在使用方法 decodeFile()/decodeResource()时，都可以指定一个 BitmapFacotry.Options。BitmapFactory 接口的常用方法如表 2-13 所示。

表 2-13 BitmapFactory 接口

方法名称	方法说明
public static BitmapdecodeByteArray(byte[] data, int offset, int length)	从指定字节数组的 offset 位置开始，解析长度为 length 的字节数据为 Bitmap 对象
public static BitmapdecodeFile(String pathName)	从 pathName 指定的文件中解析创建 Bitmap 对象
public static BitmapdecodeResource(Resources res, int id)	根据 id 指定的资源解析创建 Bitmap 对象
public static BitmapdecodeStream(InputStream is)	从指定的输入流中解析创建 Bitmap 对象

2. AssetManager 类

assets 文件夹里面的文件都是保持原始的文件格式，需要用 AssetManager 以字节流的形式读取文件。AssetManager 用于对应用程序的原始资源文件进行访问；这个类提供了一个低级别的 API，它允许以简单的字节流的形式打开和读取与应用程序绑定在一起的原始资源文件。利用 getAssets()方法获取 AssetManager 对象。AssetManager 类常用方法如表 2-14 所示。

表 2-14　AssetManager 类常用方法

方法名称	方法说明
public void close()	关闭 AssetManager
public final InputStreamopen(String fileName)	打开指定资源对应的输入流
public final String[] list(String path)	返回指定路径下的所有文件及目录名
public final InputStream open(String fileName, int accessMode)	使用显示的访问模式打开 assets 下的指定文件

(1) 加载 assets 目录下的网页。

```
webView.loadUrl("file:///android_asset/工程名/index.html");
```

这种方式可以加载 assets 目录下的网页，并且与网页有关的 css、js、图片等文件也会被加载。

(2) 访问 assets 目录下的资源文件。

```
AssetManager.open(String filename);
```

返回的是一个 InputSteam 类型的字节流，这里的 filename 必须是文件(如 aa.txt，img/semll.jpg)，而不能是文件夹。

(3) 获取 assets 的文件及目录名。

获取 assets 目录下的所有文件及目录名。

```
String fileNames[] =context.getAssets().list(path);
```

【例 2-25】 访问 assets 文件中的图片文件。新建 Ex02_25 项目，在 assets 文件夹下新建 logo 文件夹，保存一组图片。在布局文件中添加 ImageView 控件用于显示图片；再添加一个按钮(Button)，单击按钮显示下一张图片。

(1) 布局代码如下：

```
<ImageView
    android:id="@+id/imageView1"
    android:layout_width="wrap_content"
    android:layout_height="wrap_content"
    android:layout_alignParentLeft="true"
    android:layout_alignParentTop="true"
    android:layout_marginLeft="102dp"
    android:layout_marginTop="99dp"
    android:src="@drawable/ic_launcher" />
<Button
    android:id="@+id/button1"
    android:layout_width="wrap_content"
    android:layout_height="wrap_content"
    android:layout_alignLeft="@+id/imageView1"
    android:layout_centerVertical="true"
    android:text="下一张" />
```

(2) Java 代码如下：

```
public class MainActivity extends ActionBarActivity {
    ImageView imageview;
    Button btn;
    String[] files;//存放图片资源的数组
    AssetManager amanager;
    Bitmap bitmap;
    int index=0;//数组下标
    @Override
    protected void onCreate(Bundle savedInstanceState) {
        super.onCreate(savedInstanceState);
        setContentView(R.layout.activity_main);
        imageview=(ImageView)this.findViewById(R.id.imageView1);
        btn=(Button)this.findViewById(R.id.button1);
        amanager=this.getAssets();//获取 AssetManager 引用
        try {
            files=amanager.list("logo");//返回 logo 文件夹下所有图片
        } catch (IOException e) {
            e.printStackTrace();
        }
        btn.setOnClickListener(new OnClickListener(){
            @Override
            public void onClick(View v) {
                index++;
                if(index>files.length-1)
                    index=0;
                InputStream input=null;
                try {
                    input=amanager.open("logo/"+files[index]);
                    bitmap=BitmapFactory.decodeStream(input);
                    imageview.setImageBitmap(bitmap);
                } catch (IOException e) {
                    // TODO Auto-generated catch block
                    e.printStackTrace();
                }
            }
        });
    }
```

运行程序，效果如图 2-44 所示。单击“下一张”按钮，ImageView 里会循环显示每一张图片。

图 2-44　访问 assets 文件夹中的图片文件

2.4.2　绘图

在 Android 中，如果想绘制复杂的自定义 View，就需要熟悉绘图 API。Android 通过 Canvas 类提供了很多 drawXXX 方法，可以通过这些方法绘制各种各样的图形。Canvas 绘图有三个基本要素：绘图坐标系、Canvas 及 Paint。Canvas 是画布，通过 Canvas 的各种 drawXXX 方法将图形绘制到 Canvas 上面。在 drawXXX 方法中，需要传入要绘制的图形的坐标形状，还要传入一个画笔 Paint。drawXXX 方法以及传入其中的坐标决定了要绘制的图形的形状，如 drawCircle 方法用来绘制圆形，需要我们传入圆心的 X 和 Y 坐标，以及圆的半径。drawXXX 方法中传入的画笔 Paint 决定了绘制图形的外观，比如绘制的图形的颜色，再比如是绘制圆面还是圆的轮廓线等。

1. Android 系统坐标系

若把 Android 绘画当成现实中的画家作画，Canvas 自然就是画家笔下的画板，而画家自然就是 Android 系统本身。在现实生活中，画家可以自主决定从哪个点开始起笔，又延伸到哪点；而在机器世界里，这些都是需要进行一系列逻辑计算的，所以坐标系应运而生。在 Android 中，主要有两大坐标系：Android 坐标系和视图坐标系，如图 2-45 所示。

1)　Android 坐标系

Android 坐标系可以看成是物理存在的坐标系，也可以理解为绝对坐标。它以屏幕为参照物，就是以屏幕的左上角是坐标系统原点(0,0)，原点向右延伸是 X 轴正方向，原点向下延伸是 Y 轴正方向。系统的 getLocationOnScreen(int[] location)方法获取 Android 坐标系中位置(即该 View 左上角在 Android 坐标系中的坐标)，getRawX()、getRawY()方法获取的坐标也是 Android 坐标系的坐标。

2)　视图坐标系

视图坐标系是相对坐标系，是以子视图为参照物，以子视图的左上角为坐标原点(0,0)，原点向右延伸是 X 轴正方向，原点向下延伸是 Y 轴正方向，getX()、getY()就是获取视图坐标系下的坐标。

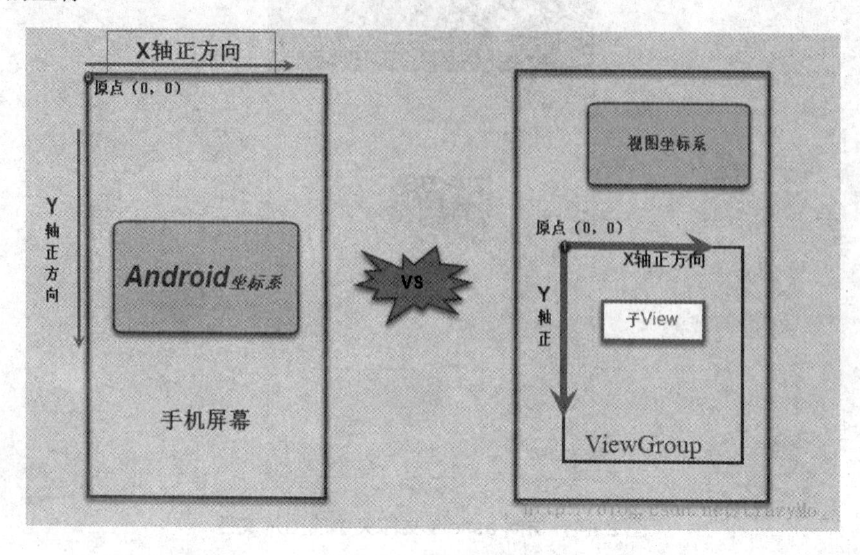

图 2-45　两种坐标系

2. 画布 Canvas 类

Canvas 类主要实现了屏幕的绘制过程，其中包含很多实用的方法，如绘制一条路径、区域、贴图、画点、画线、渲染文本等。Canvas 类常用方法如表 2-15 所示。

表 2-15　Canvas 类常用方法

方　法	功　能
Canvas()	创建一个空的画布，可以使用 setBitmap()方法来设置绘制具体的画布
Canvas(Bitmap bitmap)	用 bitmap 对象创建一个画布，即将内容都绘制在 bitmap 上。bitmap 不得为 null
drawColor()	设置 Canvas 的背景颜色
setBitmap()	设置具体画布
clipRect()	设置显示区域，即设置裁剪区
rotate()	旋转画布
skew()	设置偏移量
drawLine(float x1, float y1, float x2, float y2)	绘制从点(x1, y1)到点(x2, y2)的直线
drawCircle(float x, float y, float radius, Paint paint)	绘制以(x, y)为圆心，radius 为半径画圆
drawRect(float x1, float y1, float x2, float y2, Paint paint)	绘制从左上角(x1, y1)到右下角(x2, y2)的矩形
drawText(String text, float x, float y ,Paint paint)	写文字
drawPath(Path path, Paint paint)	绘制从一点到另一点的连接路径线段

3. 画笔 Paint 类

Paint 即画笔，在绘图过程中起到了极其重要的作用。画笔主要保存了颜色、样式等绘制信息，指定了如何绘制文本和图形。画笔对象有很多设置方法，大体上可以分为两类，一类与图形绘制相关，一类与文本绘制相关。Paint 类常用方法如表 2-16 所示。

表 2-16 Paint 类常用方法

方 法	功 能
Paint()	构造方法，创建一个辅助画笔对象
setColor(int color)	设置颜色
setStrokeWidth(float width)	设置画笔宽度
setTextSize(float textSize)	设置文字尺寸
setAlpha(int a)	设置透明度 alpha 值
setAntiAlias(boolean b)	除去边缘锯齿，取 true 值
paint.setStyle(Paint.Style style)	设置图形为空心(Paint.Style.STROKE)或实心(Paint.Style.FILL)

4. 点到点的连线路径 Path 类

当绘制由一些线段组成的图形(如三角形、四边形等)，需要用 Path 类来描述线段路径。Path 类常用方法如表 2-17 所示。

表 2-17 Path 类常用方法

方 法	功 能
lineTo(float x, float y)	从当前点到指定点画连线
moveTo(float x, float y)	移动到指定点
close()	关闭绘制连线路径

【例 2-26】基本图形绘制。

(1) 新建一个类 MyView，使其继承 View 类。

```
public class MyView extends View {
    public MyView(Context context) {
        super(context);
        // TODO Auto-generated constructor stub
    }
    protected void onDraw(Canvas canvas){ // 重写 onDraw()方法
        canvas.drawColor(Color.CYAN);  //设置背景为青色
        Paint paint=new Paint();        //定义画笔
        paint.setStrokeWidth(3);        //设置画笔宽度
        paint.setStyle(Paint.Style.STROKE); //设置画空心图形
        paint.setAntiAlias(true);      //去锯齿
        canvas.drawRect(10,10,70,70,paint);// 画空心矩形(正方形)
        paint.setStyle(Paint.Style.FILL); //设置画实心图形
        canvas.drawRect(100,10,170,70,paint); //画实心矩形(正方形)
```

```
        paint.setColor(Color.BLUE); //设置画笔颜色为蓝色
        canvas.drawCircle(100,120,30,paint);//画圆心为(100, 120),
                                            //半径为 30 的实心圆
        paint.setColor(Color.WHITE);//在上面的实心圆上画一个小白点
        canvas.drawCircle(91,111,6,paint); //设置画笔颜色为红色
        paint.setColor(Color.RED);
        //画三角形
        Path path=new Path();
        path.moveTo(100, 170);
        path.lineTo(70, 230);
        path.lineTo(130,230);
        path.close();
        canvas.drawPath(path,paint);
        //用画笔书写文字
        paint.setTextSize(28);
        paint.setColor(Color.BLUE);
        canvas.drawText(getResources().getString(R.string.hello_world),
            30,270,paint);
    }
}
```

(2) 显示绘制的基本图形。若类 MyView 只重写了一个参数的构造方法，Java 代码如下：

```
public class MainActivity extends ActionBarActivity {
    @Override
    protected void onCreate(Bundle savedInstanceState) {
        super.onCreate(savedInstanceState);
        MyView tView = new MyView(this);
        setContentView(tView);
    }
}
```

运行程序，效果如图 2-46 所示。这时整个界面就只有一个自己定义的 View。

图 2-46　绘制的基本图形

若类 MyView 重写了两个参数的构造方法，按下面的方法来显示绘图。

布局代码如下：

```
<RelativeLayout xmlns:android="http://schemas.android.com/apk/res/android"
xmlns:tools="http://schemas.android.com/tools"
android:layout_width="match_parent"
android:layout_height="match_parent"
tools:context="com.example.ex02_26.MainActivity" >
<Button
   android:id="@+id/button1"
   android:layout_width="wrap_content"
   android:layout_height="wrap_content"
   android:layout_alignParentLeft="true"
   android:layout_alignParentTop="true"
   android:layout_marginLeft="24dp"
   android:layout_marginTop="14dp"
   android:text="Button" />
<com.example.ex02_26.MyView
   android:id="@+id/view1"
   android:layout_width="wrap_content"
   android:layout_height="wrap_content"
   android:layout_alignLeft="@+id/button1"
   android:layout_below="@+id/button1" />
</RelativeLayout>
```

Java 代码如下：

```
public class MainActivity extends ActionBarActivity {
    @Override
    protected void onCreate(Bundle savedInstanceState) {
        super.onCreate(savedInstanceState);
        setContentView(R.layout.activity_main);
    }
}
```

运行程序，效果如图 2-47 所示。这时整个界面除了自己定义的 View 外，还可以添加系统其他控件。

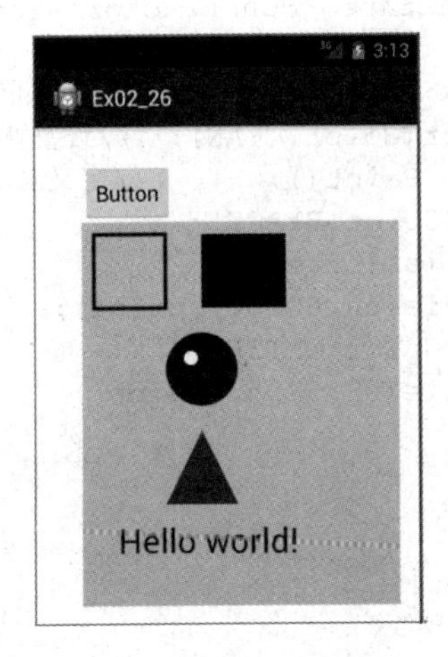

图 2-47　绘制的基本图形

5. 绘制优化

绘制优化是指 View 的 onDraw 方法要避免执行大量的操作，这主要体现在两个方面。

首先，onDraw 中不要创建新的局部对象，这是因为 onDraw 方法可能会被频繁调用，这样就会在一瞬间产生大量的临时对象，这不仅占用了过多的内存，而且还会导致系统更加频繁，降低了程序的执行效率。

另一方面，onDraw 方法中不要做耗时的任务，也不能执行成千上万的循环操作。尽管每次循环都很轻量级，但是大量的循环仍然十分抢占 CPU 的时间片，这会造成 View 的绘制过程不流畅。按照 Google 官方给出的性能优化典范中的标准，View 的绘制帧率在 60fps 是最佳的，这就要求每帧的绘制时间不超过 16ms(16ms=1000/60)，虽然程序很难保证 16ms 这个时间，但是尽量降低 onDraw 方法的复杂度总是切实有效的。

2.4.3 自定义控件

我们平时用的 Button、TextView 等都是 Android 系统中自带的控件。但是，如果想要做出绚丽的界面效果，仅仅靠系统提供的控件是远远不够的，这时候就必须通过自定义控件来实现这些绚丽的效果。

自定义控件有两种方式：继承 ViewGroup，如 ViewGroup、LinearLayout、FrameLayout、RelativeLayout 等；继承 View，如 View、TextView、ImageView、Button 等。本书只简单介绍第二种方法，即通过继承 View 类并重写 onDraw 方法来实现自定义控件。

自定义控件要求遵守 Android 标准的规范(命名、可配置、事件处理等)；在 XML 布局中，可配置控件的属性；对交互应当有合适的反馈，比如按下、点击等；具有兼容性，因 Android 版本很多，要有广泛的适用性。

【例 2-27】自定义控件。

(1) 新建一个类 MyView，使其继承 View 类。

```
public class MyView extends View {
    public MyView(Context context, AttributeSet attrs) {
        super(context, attrs);
        // TODO Auto-generated constructor stub
    }
    protected void onDraw(Canvas canvas){ // 重写 onDraw()方法
         canvas.drawColor(Color.CYAN);  //设置背景为青色
         Paint paint=new Paint();       //定义画笔
         paint.setColor(Color.BLACK);
         paint.setAntiAlias(true);
         canvas.drawCircle(60,60,30, paint);
         paint.setColor(Color.WHITE);
         canvas.drawCircle(52,52,5, paint);
     }
}
```

(2) 显示绘制的基本图形。

```
<TextView
    android:id="@+id/textView1"
```

```
        android:layout_width="wrap_content"
        android:layout_height="wrap_content"
        android:text="自定义控件" />
    <com.example.ex02_27.MyView
        android:id="@+id/view1"
        android:layout_width="80dp"
        android:layout_height="80dp"
        android:layout_alignLeft="@+id/textView1"
        android:layout_below="@+id/textView1"
        android:layout_margin="10dp"
        android:layout_marginTop="68dp" />
```

在 Graphical Layout 视图即可看到效果，如图 2-48 所示。这时整个界面除了自己定义的 View 外，还可以添加系统其他控件。

图 2-48　自定义控件

注意： View 类不能使用 3D 图形。如果要使用 3D 图形，必须继承 SurfaceView 类，而不是 View 类，并且要在一个独立的线程中描画。

Android 的绘图 API 非常强大，能够绘制出任何图形，执行任何动画。

2.4.4　线程

线程在 Android 中是一个很重要的概念。从用途上来说，线程分为主线程和子线程。主线程主要处理和界面相关的事情，而子线程则往往用于执行耗时操作。根据 Android 的特性，如果在主线程中执行耗时操作，那么就会导致程序无法及时响应，因此耗时操作必须在子线程中去执行。

在 Android 中实现线程(Thread)的方法与 Java 中一样，有两种：一种是扩展 java.lang.Thread 类；另一种是实现 Runnable 接口。

Android 提供了 4 种常用的操作多线程的方式，分别是 Handler+Thread、AsyncTask、ThreadPoolExecutor 和 IntentService。本书只对 Handler+Thread 方式进行简单介绍。

Android 主线程包含一个消息队列(MessageQueue)，该消息队列里面可以存入一系列的 Message 或 Runnable 对象。通过一个 Handler，可以向这个消息队列发送 Message 或者 Runnable 对象，并且处理这些对象。每次创建一个 Handler 对象，它会绑定于创建它的线程(也就是 UI 线程)以及该线程的消息队列，从这时起，这个 Handler 就开始把 Message 或 Runnable 对象传递到消息队列中，并在它们出队列的时候执行它们。

如图 2-49 所示，Looper 依赖于 MessageQueue 和 Thread，因为每个 Thread 只对应一个 Looper，每个 Looper 只对应一个 MessageQueue。MessageQueue 依赖于 Message，每个 MessageQueue 对应多个 Message。即 Message 被压入 MessageQueue 中，形成一个 Message 集合。Message 依赖于 Handler 进行处理，且每个 Message 最多指定一个 Handler 来处理。Handler 依赖于 MessageQueue、Looper 及 Callback。

从运行机制来看，Handler 将 Message 压入 MessageQueue，Looper 不断从 MessageQueue 中取出 Message(当 MessageQueue 为空时，进入休眠状态)，其目标则进行消息处理。

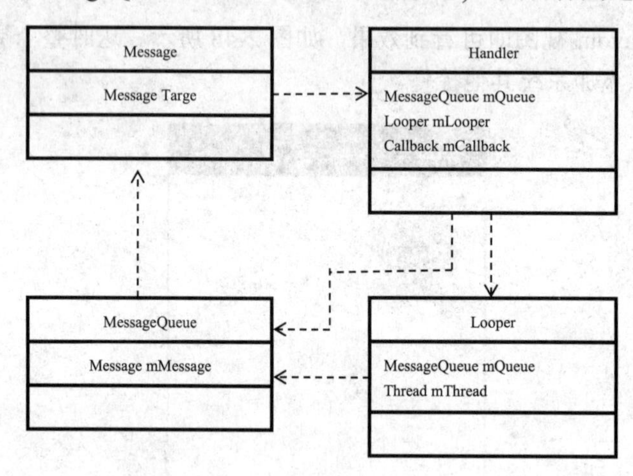

图 2-49　Handler、Message 及 Looper 关系图

1. Message

在 Android 的多线程中，把需要传递的数据称为消息 Message。Message 是一个描述消息数据结构的 final 类，常用方法如表 2-18 所示。

表 2-18　Message 的常用方法

方　法	说　明
Message()	创建 Message 消息对象的构造方法
getTarget()	获取将接收此消息的 Handler 对象。此对象必须要实现 Handler.handleMessage()方法
setTarget(Handler target)	设置接收此消息的 Handler 对象
sendToTarget()	向 Handler 对象发送消息
int arg1	用于当仅需要存储几个整型数据消息
int arg2	用于当仅需要存储几个整型数据消息
int what	用户自定义消息标识，避免各线程的消息冲突

2. Handler

Android.os.Handler 直接继承自 Object，是 Android 中多个线程间消息传递和定时执行任务的“工具”类。一个 Handler 允许发送和处理一个 Message 或者 Runnable 对象，并且会关联到主线程的 MessageQueue 中。每个 Handler 具有一个单独的线程，并且关联到一个消息队列的线程，就是说一个 Handler 有一个固有的消息队列。当实例化一个 Handler 的时候，它就承载在一个线程和消息队列的线程，这个 Handler 可以把 Message 或 Runnable 压入到消息队列，并且从消息队列中取出 Message 或 Runnable，进而操作它们。

Handler 如果使用 sendMessage 的方式把消息入队到消息队列中，需要传递一个 Message 对象；而在 Handler 中，需要重写 handleMessage()方法，用于获取工作线程传递过来的消息，此方法运行在 UI 线程上。Handler 类的常用方法如表 2-19 所示。

表 2-19 Handler 类的常用方法

方 法	说 明
Handler()	Handler 对象的构造方法
handleMessage(Message msg)	Handler 的子类，必须使用该方法接收消息
sendEmptyMessage(int)	发送一个空的消息
sendMessage(Message)	发送消息，消息中可携带参数
sendMessageAtTime(Message,long)	未来某一时间点发送消息
sendMessageDelayed(Message,long)	延时 N 毫秒发送消息
post(Runnable)	提交计划任务马上执行
postAtTime(Runnable,long)	提交计划在未来的时间点执行
postDelayed(Runnable,long)	提交计划任务延时 N 毫秒执行

一个线程只能有一个 Handler 对象，通过该对象向所在线程发送消息。Handler 除了给别的线程发送消息外，还可以给本线程发送消息。

应用 Handler 对象处理线程发送的消息一般过程如下。

(1) 在线程的 run()方法中发送消息。

```
public void run() {
  Message msg = new Message();
  msg.what = 1; //消息标志
  handler.sendMessage(msg); //由 Handler 对象发送这个消息
}
```

(2) Handler 对象处理消息。

```
private class mHandler extends Handler  {
    public void handleMessage(Message msg)      {
       switch(msg.what) {
         case 1: …
         case 2: …
        }
    }
}
```

其中 handleMessage(Message msg)的参数 msg 是接收到多线程 run()方法中发送的

Message 对象，msg.what 为消息标志。

【例 2-28】自由运动的小球。

(1) 新建一个类 MyView，使其继承 View 类。

```
public class MyView extends View {
    int x,y;
    public MyView(Context context, AttributeSet attrs) {
        super(context, attrs);
    }
    protected void onDraw(Canvas canvas){ // 重写 onDraw()方法
         canvas.drawColor(Color.CYAN);  //设置背景为青色
         Paint paint=new Paint();       //定义画笔
         paint.setColor(Color.BLACK);
         paint.setAntiAlias(true);
         canvas.drawCircle(x,y,20, paint);
         paint.setColor(Color.WHITE);
         canvas.drawCircle(x-6,y-6,3, paint);
    }
    public void setXY(int _x,int _y){
           x=_x;
           y=_y;
    }
}
```

(2) 布局代码如下：

```
<Button
    android:id="@+id/button1"
    android:layout_width="wrap_content"
    android:layout_height="wrap_content"
    android:text="开始" />
<com.example.ex02_28.MyView
     android:id="@+id/view1"
     android:layout_width="wrap_content"
     android:layout_height="wrap_content"
     android:layout_alignParentLeft="true"
     android:layout_below="@+id/button1" />
```

(3) 让小球自由运动。Java 代码如下：

```
public class MainActivity extends ActionBarActivity {
    Button btn;
    int i=80,j=10,dx=10,dy=10;
    MyView view;
    Handler handler;
    Thread thread;
    boolean stop=false;
    @Override
    protected void onCreate(Bundle savedInstanceState) {
        super.onCreate(savedInstanceState);
```

```
        setContentView(R.layout.activity_main);
        btn=(Button)this.findViewById(R.id.button1);
        view=(MyView)this.findViewById(R.id.view1);
        handler=new mHandler();
        thread=new mThread();
        view.setXY(i, j);
        btn.setOnClickListener(new OnClickListener(){
            @Override
            public void onClick(View v) {
                thread.start();
            }
        });
    }
    class mHandler extends Handler{
        @Override
        public void handleMessage(Message msg) {//处理消息
            switch(msg.what){
            case 1:{
                if(i-10+dx<0||i+10+dx>view.getWidth()) dx=-dx;//碰壁检测
                if(j-10+dy<0||j+10+dy>view.getHeight()) dy=-dy; //碰壁检测
                i=i+dx;
                j=j+dy;
                break;
                }
            }
            view.setXY(i, j);
            view.invalidate();//刷新
            }
        }
    class mThread extends Thread{
        public void run(){
            while(!stop){
                Message msg=new Message();
                msg.what=1;//设置消息的标志
                handler.sendMessage(msg);// handler发送消息
                try {
                    sleep(500);
                } catch (InterruptedException e) {
                    // TODO Auto-generated catch block
                    e.printStackTrace();
                    }
                }
            }
        }
}
```

运行程序，效果如图 2-50 所示。单击“开始”按钮，小球会开始自由地运动。

图 2-50　自由运动的小球

3. 线程优化

线程优化的思想是采用线程池，避免程序中存在大量的 Thread。线程池可以重用内部的线程，从而避免了线程的创建和销毁所带来的性能开销，同时线程池还能有效地控制线程池的最大并发数，避免大量的线程因相互抢占系统资源而导致阻塞现象的发生。因此在实际开发中，我们要尽量采用线程池，而不是每次都要创建一个 Thread 对象。

2.4.5　手势识别(Android Gesture)

Android SDK 给我们提供了 GestureDetector(Gesture：手势，Detector：识别)类。通过这个类，我们可以识别很多的手势。

```
public class GestureDetector extends Object
android.view.GestureDetector
```

GestureDetector 属于 android.view 包，它对外提供了两个接口：OnGestureListener，OnDoubleTapListener，还有一个内部类 SimpleOnGestureListener。SimpleOnGestureListener 类是 GestureDetector 提供的一个更方便的响应不同手势的类，它实现了上述两个接口，该类是静态类，也就是说它实际上是一个外部类，我们可以在外部继承这个类，重写里面的手势处理方法。因此实现手势识别有两种方法：一种是实现 OnGestureListener 接口，另一种是使用 SimpleOnGestureListener 类。

OnGestureListener 有下面几个动作。

- 按下(onDown)：刚刚手指接触到触摸屏的那一刹那，就是触的那一下。
- 抛掷(onFling)：手指在触摸屏上迅速移动，并松开的动作。
- 长按(onLongPress)：手指按住持续一段时间，并且没有松开。
- 滚动(onScroll)：手指在触摸屏上滑动。
- 按住(onShowPress)：手指按在触摸屏上，它的时间范围在按下生效、在长按之前。
- 抬起(onSingleTapUp)：手指离开触摸屏的那一刹那。

使用 OnGestureListener 接口，需要重载 OnGestureListener 接口所有的方法，适合监听所有的手势，这样会造成有些手势动作我们用不到，但是还要重载。SimpleOnGestureListener 类的出现为我们解决了这个问题，如果你想“Detecting a Subset of Supported Gestures”，SimpleOnGestureListener 是最好的选择。

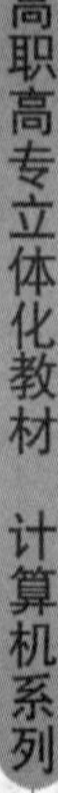

在 Android 应用层上，主要有两个层面的触摸事件监听，一个是 Activity 层，另一个是 View 层，方法主要有三种。

(1) 第 1 种方法是在 Activity 中重写父类中的 public boolean onTouchEvent(MotionEvent event)方法。

```
public boolean onTouchEvent(MotionEvent event) {
   return super.onTouchEvent(event);
}
```

(2) 第 2 种方法是重写 View 类 GestDetector.OnGestureListener 接口中定义的 boolean onTouch(View v, MotionEvent event)方法。

```
public boolean onTouch(View v, MotionEvent event) {
   return false;
}
```

(3) 第 3 种方法是利用 GestureDetector.onTouchEvent(event)在 View.onTouch 方法中接管事件处理。

```
public boolean onTouch(View v, MotionEvent event) {
   return mGestureDetector.onTouchEvent(event);
}
```

当 view 上的事件被分发到 view 上时触发 onTouch 方法的回调，如果这个方法返回 false 时，表示事件处理失败，该事件就会被传递给相应的 Activity 中的 onTouchEvent 方法来处理。如果该方法返回 true 时，表示该事件已经被 onTouch 函数处理完，不会上传到 activity 中处理。

【例 2-29】随着手指移动的小球。

(1) 新建一个类 MyView，使其继承 View 类。

```
public class MyView extends View {
    public MyView(Context context) {
        super(context);
        }
    int x,y;
    protected void onDraw(Canvas canvas){ // 重写 onDraw()方法
         canvas.drawColor(Color.CYAN); //设置背景为青色
         Paint paint=new Paint();      //定义画笔
         paint.setColor(Color.BLACK);
            paint.setAntiAlias(true);
            canvas.drawCircle(x,y,20, paint);
            paint.setColor(Color.WHITE);
            canvas.drawCircle(x-6,y-6,3, paint);
    }
    void getXY(int _x, int _y) {
        x = _x;
        y = _y;
    }

}
```

(2) 让小球随着手指移动而移动。Java 代码如下：

```
public class MainActivity extends ActionBarActivity {
    int x1=150,y1=50;
    MyView testView;
    @Override
    protected void onCreate(Bundle savedInstanceState) {
        super.onCreate(savedInstanceState);
        testView = new MyView(this);
    testView.setOnTouchListener(new mOnTouch());
    testView.getXY(x1, y1);
    setContentView(testView);
}
private class mOnTouch implements OnTouchListener   {
        public boolean onTouch(View v, MotionEvent event)  {
            if (event.getAction() == MotionEvent.ACTION_MOVE)  {
            //在屏幕上滑动(拖动)
                x1 = (int) event.getX();
                y1 = (int) event.getY();
          testView.getXY(x1, y1);
          setContentView(testView);
            }
            if (event.getAction() == MotionEvent.ACTION_DOWN)    {  //单击
                x1 = (int) event.getX();
                y1 = (int) event.getY();
                testView.getXY(x1, y1);
          setContentView(testView);
            }
            return true;
        }
 }
```

运行程序，效果如图 2-51 所示。若在模拟器上，小球会随着鼠标的拖动而移动；若在真机上，小球会随着手指的移动而移动。

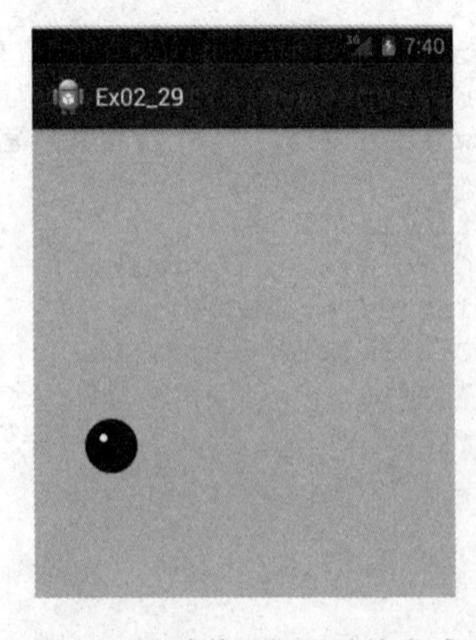

图 2-51　随着手指运动的小球

2.5　任务 5　动画

任务描述

本任务主要是学习并掌握实现 Android 动画的两种方法。

任务目标

掌握 Android 的两种动画使用方法。

知识要点

Android 的动画可以分为 3 种：补间动画(Tween Animation)、帧动画(Frame Animation)和属性动画(Property Animation)。补间动画主要实现对图片进行移动、放大、缩小以及透明度变化的功能；而帧动画则比较简单，就是将一张张图片连续播放以产生动画效果；属性动画通过动态地改变对象的属性从而达到动画效果。属性动画为 API 11 的新特性，在低版本无法直接使用属性动画，所以本书中不涉及属性动画。

2.5.1　补间动画

补间动画(Tween Animation)通过对 View 的内容进行一系列的图形变换(包括平移、缩放、旋转、改变透明度)来实现动画效果。Android 的 Tween Animation 由 4 种类型组成：set、alpha、scale、translate、rotate，如表 2-20 所示。

Tween Animation 的使用方式是，在 res/anim 目录中定义 XML 资源文件 Animation，使用 AnimationUtils 中的 loadAnimation()函数加载动画。

表 2-20　Tween Animation 的四种类型

标记名称	属 性 值	说　明
<set>	shareInterpolator：是否在子元素中共享插入器	可以包含其他动画变换的容器，同时也可以包含<set>标记
<alpha> 透明变化	fromAlpha：变换的起始透明度。 toAlpha：变换的终止透明度，取值为 0.0～1.0	实现透明度变换效果
<scale> 缩放	fromXScale：起始的 X 方向上的尺寸。 toXScale：终止的 X 方向上的尺寸。 fromYScale：起始的 Y 方向上的尺寸。 toYScale：终止的 Y 方向上的尺寸；其中 1.0 代表原始大小。 pivotX：进行尺寸变换的中心 X 坐标。 pivotY：进行尺寸变换的中心 Y 坐标	实现尺寸变换效果，可以指定一个变换中心，例如指定 pivotX 和 pivotY 为(0,0)，则尺寸的拉伸或收缩均从左上角的位置开始

续表

标记名称	属 性 值	说 明
<translate> 位置移动	fromXDelta：起始 X 位置。 toXDelta：终止 X 位置。 fromYDelta：起始 Y 位置。 toYDelta：终止 Y 位置	实现水平或竖直方向上的移动效果。如果属性值以"%"结尾，代表相对于自身的比例；如果以"%p"结尾，代表相对于父控件的比例；如果不以任何后缀结尾，代表绝对的值
<rotate> 旋转	fromDegree：开始旋转位置。 toDegree：结束旋转位置；以角度为单位。 pivotX：旋转中心点的 X 坐标。 pivotY：旋转中心点的 Y 坐标	实现旋转效果，可以指定旋转定位点

【例 2-30】 Tween 动画。在界面上添加一个 ImageView 控件用来存放图片，一个按钮(Button)。

(1) 在 res 目录下新建文件夹 anim，在 anim 文件夹里新建 xml 文件 tween.xml。

```
<?xml version="1.0" encoding="utf-8"?>
<set xmlns:android="http://schemas.android.com/apk/res/android">
 <alpha
     android:fromAlpha="1.0"
     android:toAlpha="0.0"
     android:duration="10000"/>
 <scale
     android:fromXScale="1.0"
     android:toXScale="0.0"
     android:fromYScale="1.0"
     android:toYScale="0.0"
     android:pivotX="50%"
     android:pivotY="50%"
     android:duration="10000"/>
 <translate
     android:fromXDelta="30"
     android:toXDelta="0"
     android:fromYDelta="30"
     android:toYDelta="0"
     android:duration="10000"/>
 <rotate
     android:fromDegrees="0"
     android:toDegrees="+360"
     android:pivotX="50%"
     android:pivotY="50"
     android:duration="10000"/>
</set>
```

(2) Java 代码如下：

```
public class MainActivity extends ActionBarActivity {
    ImageView imageview;
    Button btn;
    @Override
    protected void onCreate(Bundle savedInstanceState) {
        super.onCreate(savedInstanceState);
        setContentView(R.layout.activity_main);
        imageview=(ImageView)this.findViewById(R.id.imageView1);
        btn=(Button)this.findViewById(R.id.button1);
        btn.setOnClickListener(new OnClickListener(){
            @Override
            public void onClick(View v) {
                Animation
animation=AnimationUtils.loadAnimation(MainActivity.this, R.anim.tween);
                imageview.startAnimation(animation);
            }
        });
    }
}
```

运行程序，效果如图 2-52 所示。单击 Button 按钮，图片会出现平移、缩放、旋转、改变透明度等效果。

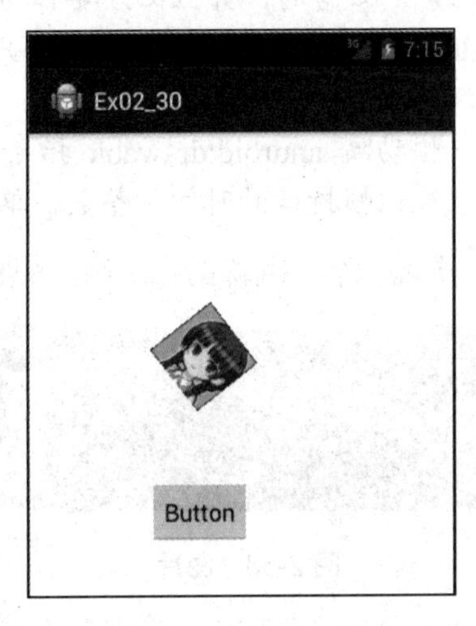

图 2-52　运行效果

2.5.2　帧动画

帧动画(Frame Animation)顺序播放一系列事先加载好的静态图片产生动画效果，就如同电影一样。帧动画的 XML 文件中主要用到的标签及其属性如表 2-21 所示。

表 2-21　帧动画的 XML 文件中主要用到的标签

标签名称	属 性 值	说　明
<animation-list>	android:oneshot：如果设置为 true，则该动画只播放一次，然后停止在最后一帧	Frame Animation 的根标记，包含若干<item>标记
<item>	android:drawable：图片帧的引用； android:duration：图片帧的停留时间； android:visible：图片帧是否可见	每个<item>标记定义了一个图片帧，其中包含图片资源的引用等属性

帧动画主要是通过 AnimationDrawable 类来实现的，它有 start()和 stop()两个重要的方法来启动和停止动画。帧动画一般通过 XML 文件配置，在工程的 res/anim 目录下创建一个 XML 配置文件，该配置文件有一个<animation-list>根元素和若干个<item>子元素。每个 item 元素定义一帧动画，设置当前帧的 drawable 资源和当前帧持续的时间。语法如下：

```
<?xml version="1.0" encoding="utf-8"?>
<animation-list xmlns:android="http://schemas.android.com/apk/res/android"
                   android:oneshot=["true" | "false"] >
<item  android:drawable="@[package:]drawable/drawable_resource_name"
        android:duration="integer" />
</animation-list>
```

注意： <animation-list>元素是必需的，并且必须要作为根元素，可以包含一或多个<item>元素；android:onshot 如果定义为 true，此动画只会执行一次；如果为 false，则一直循环。

<item>元素代表一帧动画，android:drawable 指定此帧动画所对应的图片资源，android:druation 代表此帧持续的时间，整数，单位为毫秒。

【例 2-31】 Frame 动画。实现一个人跳舞的帧动画，6 张图片如图 2-53 所示。

图 2-53　图片

把这 6 张图片放到 res/drawable 目录下，分别取名为 dance1.png、dance2.png、dance3.png、dance4.png、dance5.png、dance6.png。在界面上添加一个 ImageView 控件，用来存放图片，不需要设置 ImageView 的 android:src 属性值，添加两个按钮 Button。

(1) 在 res 目录下新建文件夹 anim，在 anim 文件夹里新建 xml 文件 frame.xml。

```
<?xml version="1.0" encoding="utf-8"?>
<animation-list xmlns:android="http://schemas.android.com/apk/res/android"
        android:oneshot="false">
 <item android:duration="500"  android:drawable="@drawable/dance1"/>
 <item android:duration="500"  android:drawable="@drawable/dance2"/>
 <item android:duration="500"  android:drawable="@drawable/dance3"/>
```

```
 <item android:duration="500"   android:drawable="@drawable/dance4"/>
 <item android:duration="500"   android:drawable="@drawable/dance5"/>
 <item android:duration="500"   android:drawable="@drawable/dance6"/>
</animation-list>
```

(2) Java 代码如下：

```
public class MainActivity extends ActionBarActivity {
    ImageView imageview;
    Button btn,btn1;
    AnimationDrawable aDrawable;
    Animation animation;
    @Override
    protected void onCreate(Bundle savedInstanceState) {
        super.onCreate(savedInstanceState);
        setContentView(R.layout.activity_main);
        imageview=(ImageView)this.findViewById(R.id.imageView1);
        imageview.setBackgroundResource(R.anim.frame);
        aDrawable=(AnimationDrawable)imageview.getBackground();
        btn=(Button)this.findViewById(R.id.button1);
        btn.setOnClickListener(new OnClickListener(){
            @Override
            public void onClick(View v) {
                aDrawable.start();
            }
        });
        btn1=(Button)this.findViewById(R.id.button2);
        btn1.setOnClickListener(new OnClickListener(){
            @Override
            public void onClick(View v) {
                aDrawable.stop();
            }
        });
    }
```

运行程序，效果如图 2-54 所示。单击“开始”按钮后，动画一直不停地播放，直到单击“停止”按钮为止。

图 2-54　Frame 动画

2.6 项目实现——电子词典翻译 App 软件用户界面

(1) 电子词典翻译 App 软件主界面的实现效果如图 2-55 所示。

图 2-55 主界面

```
<TabHost xmlns:android="http://schemas.android.com/apk/res/android"
android:id="@android:id/tabhost"
android:layout_width="fill_parent"
android:layout_height="fill_parent"
android:orientation="vertical" >
<LinearLayout
    android:layout_width="fill_parent"
    android:layout_height="fill_parent"
    android:orientation="vertical" >
    <FrameLayout
        android:id="@android:id/tabcontent"
        android:layout_width="fill_parent"
        android:layout_height="0.0dip"
        android:layout_weight="1.0" >
    </FrameLayout>
    <TabWidget
        android:id="@android:id/tabs"
        android:layout_width="fill_parent"
        android:layout_height="wrap_content"
        android:layout_weight="0.0"
        android:visibility="gone" >
    </TabWidget>
    <RadioGroup
        android:id="@+id/main_radio"
        android:layout_width="fill_parent"
```

```
        android:layout_height="wrap_content"
        android:orientation="horizontal"
        android:layout_gravity="bottom"
        android:background="@drawable/tabwidget_background"
        android:gravity="center_vertical" >
        <RadioButton
            android:id="@+id/radio_button0"
            android:drawableTop="@drawable/menu_search"
            android:tag="radio_button0"
            style="@style/main_tab_bottom"
            android:text="词典" />
        <RadioButton
            android:id="@+id/radio_button1"
            android:layout_marginTop="2.0dip"
            android:drawableTop="@drawable/menu_book"
            android:tag="radio_button1"
            style="@style/main_tab_bottom"
            android:text="生词" />
        <RadioButton
            android:id="@+id/radio_button2"
            android:layout_marginTop="2.0dip"
            android:drawableTop="@drawable/menu_tran"
            android:tag="radio_button2"
            style="@style/main_tab_bottom"
            android:text="翻译" />
        <RadioButton
            android:id="@+id/radio_button3"
            android:layout_marginTop="2.0dip"
            android:drawableTop="@drawable/menu_test"
            android:tag="radio_button3"
            style="@style/main_tab_bottom"
            android:text="测试" />
        <RadioButton
            android:id="@+id/radio_button4"
            android:layout_marginTop="2.0dip"
            android:drawableTop="@drawable/menu_more"
            android:tag="radio_button4"
            style="@style/main_tab_bottom"
            android:text="更多" />
    </RadioGroup>
</LinearLayout>
</TabHost>
```

(2) 电子词典翻译 App 软件注册界面与登录界面的实现效果如图 2-56 和图 2-57 所示。

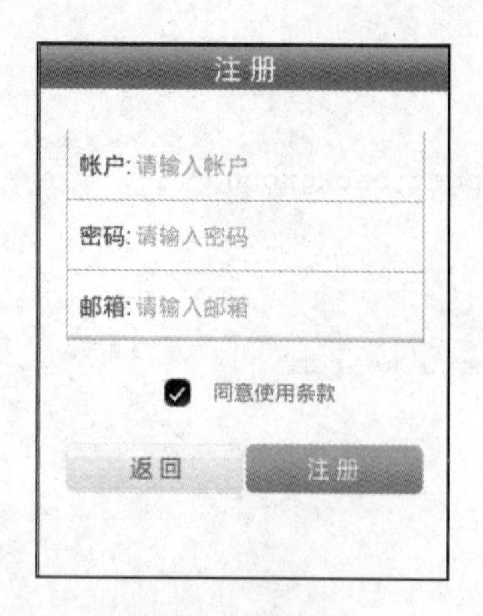

图 2-56　注册界面

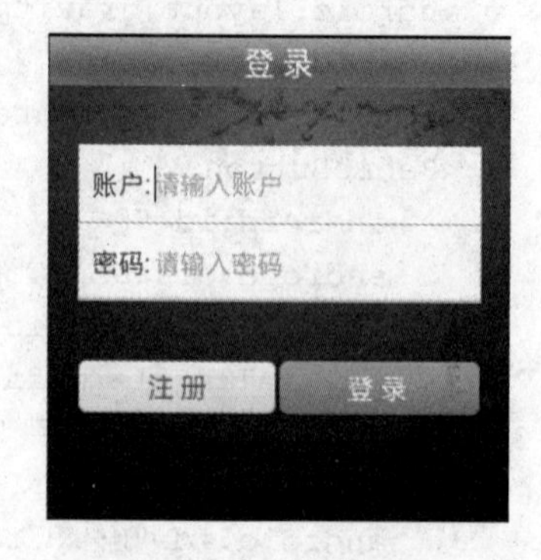

图 2-57　登录界面

习　　题

1.　编写程序，如图 2-58 所示，单击“按钮”按钮，在“文本编辑框”中输入文字内容，显示到“文本标签”中。

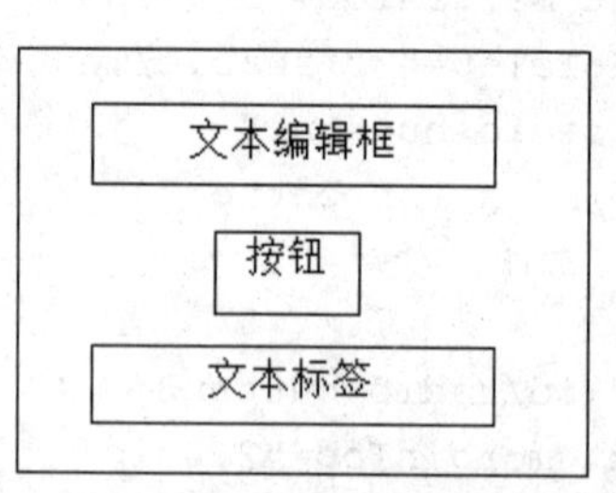

图 2-58　习题 1 效果图

2.　设计一个加法计算器，如图 2-59 所示，在前两个文本编辑框中输入整数，单击“＝”按钮时，在第三个文本编辑框中显示这两个数之和。

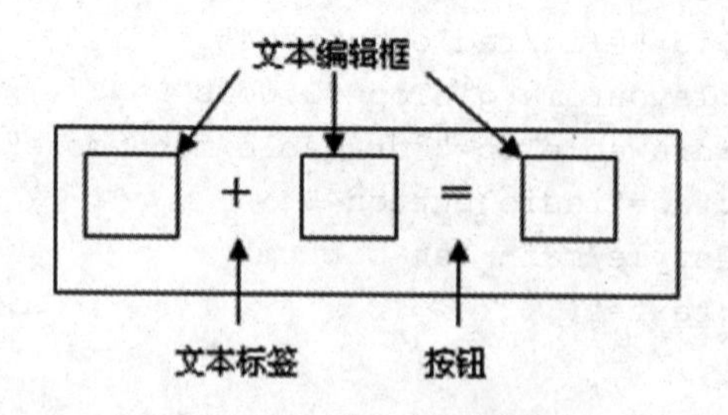

图 2-59　习题 2 效果图

3.　设计如图 2-60 所示的用户界面布局。

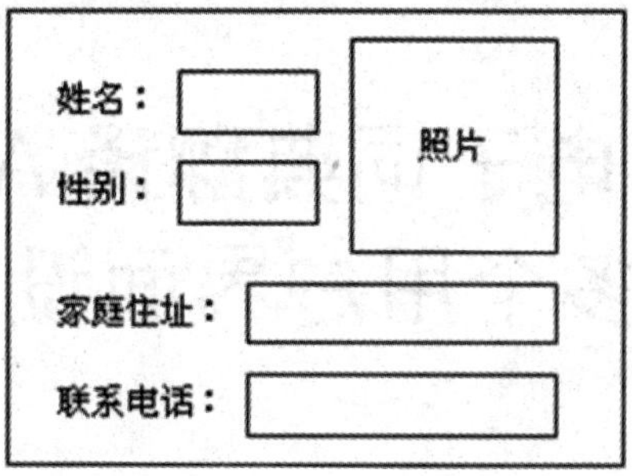

姓名：
性别：
照片
家庭住址：
联系电话：

图 2-60　习题 3 效果图

4.　设计两个独立线程，分别计数，如图 2-61 所示。

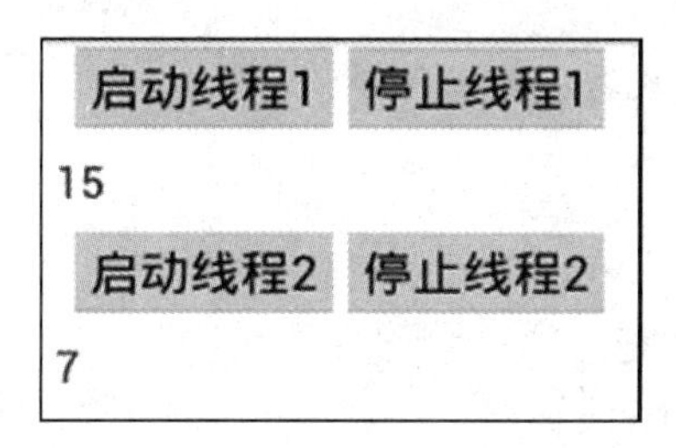

图 2-61　习题 4 效果图

5.　设计一个可以移动的小球，当小球被拖到一个小矩形块中时，则退出程序。

项目 3　电子词典翻译 App 软件多个用户界面设计

技能目标

★　掌握创建选项菜单和上下文菜单的方法；
★　掌握各种对话框的创建；
★　掌握 Activity 的创建；
★　掌握 Activity 之间的跳转及数据传递；
★　掌握 Intent 的使用方法。

知识目标

★　掌握菜单的概念和分类；
★　掌握对话框的概念和分类；
★　理解 Activity 的作用、生命周期；
★　掌握 Activity 的创建和跳转；
★　掌握 Intent 的功能及用法。

项目任务

在本项目中，我们完成在电子词典翻译 App 软件中添加菜单、对话框、创建 Activity 及实现 Activity 之间的数据传递，从而掌握菜单、对话框及 Activity 的相关知识。

3.1　任务 1　选项菜单和子菜单的创建

任务描述

菜单在 Android 应用程序中是一个非常重要的功能，通过菜单完成功能往往会使用户的操作变得非常简单快捷。通过本次任务的讲解，大家可以掌握菜单的基本知识和创建方法。

任务目标

(1)　了解 Android 中菜单的分类；
(2)　掌握选项菜单 Options Menu 的创建；
(3)　掌握子菜单 SubMenu 的创建；
(4)　掌握上下文菜单 ContextMenu 的创建。

知识要点

3.1.1　菜单概述

要想让 Android 应用程序更加完善，除了界面之外，给程序添加菜单会使程序应用效果更加完美，使用更加方便。Android 平台提供的菜单主要分为选项菜单、子菜单和上下文菜单三类。

3.1.2　选项菜单 Options Menu 和子菜单 SubMenu

当按下手机或模拟器上的 Menu 键时，会在屏幕的底部弹出一个菜单，这个菜单就是选项菜单。选项菜单可以有图标和文字。Android 通过回调方法来创建菜单并处理菜单项的事件。这些回调方法如表 3-1 所示。

表 3-1　选项菜单有关的方法

方 法 名	作　用
onCreateOptionsMenu(Menu menu)	初始化选项菜单，这个方法只在第一次显示菜单时调用，如果需要每次显示菜单时更新菜单项，则需重写 onPrepareOptionMenu(Menu)方法
public boolean onOptionsItemSelected (MenuItem item)	当选项菜单中某个选项被选中时调用该方法，默认返回一个布尔值
public void onOptionsMenuClosed (Menu menu)	当选项菜单关闭时(用户按下了返回键，或者选择了某个菜单选项)调用该方法
Public boolean onPrepareOptionsMenu (Menu menu)	为程序准备选项菜单，每次选项菜单显示前会调用该方法。可以通过该方法设置某些菜单项可用或不可用，或者修改菜单项的内容。重写该方法时需要返回 true，否则选项菜单将不会显示

开发选项菜单主要涉及 Menu、MenuItem 和 Submenu 三个类，下面对这几个类进行介绍。

(1)　Menu 类。

一个 Menu 类对象表示一个菜单，可以向 Menu 对象中添加 MenuItem 或 Submenu。

(2)　MenuItem 类。

一个 MenuItem 类对象表示一个菜单项，通过调用 Menu 对象的 add()方法可以把 MenuItem 对象添加到 Menu 对象中。

(3)　Submenu 类。

一个 Submenu 类对象表示一个子菜单，通过调用 Menu 菜单的 add()方法可以向 Menu 对象中添加 Submenu 对象。

创建选项菜单的方法有两种。

1)　使用 xml 文件创建菜单

(1)　打开 res\menu\main.xml 文件，创建菜单选项，该文件用来创建菜单所包含的菜单项，在该文件中使用<item>…</item>标记创建菜单项。

(2) 重写 onCreateOptionsMenu()，使用 getMenuInflater().inflate(R.menu.main, menu)方法映射菜单。getMenuInflater().inflate(R.menu.main, menu)方法的作用是把一个资源文件映射为一个菜单，它有两个参数：R.menu.main 是菜单资源文件对应的名称，menu 参数代表系统菜单。

(3) 重写 onOptionsItemSelected(Menu item)方法。

2) 使用代码动态添加菜单

使用代码动态添加菜单，步骤如下。

(1) 重写 onCreateOptionsMenu()方法。

(2) 在 onCreateOptionsMenu()中调用 Menu.add()方法添加菜单项。

(3) 重写 onOptionsItemSelected(Menu item)方法，参数 item 表示用户所点击的菜单项。

【例 3-1】使用 xml 文件创建菜单。

(1) 在 Eclipse 中创建 Android 项目，名称为“例 3.1”。

(2) 打开 res\menu\main.xml 文件并修改。main.xml 用来创建选项菜单所包含的菜单项，本例中 main.xml 创建了包含两个菜单项的菜单，具体代码如下：

```
<menu xmlns:android="http://schemas.android.com/apk/res/android" >
<item
android:id="@+id/menu1"
android:orderInCategory="100"
android:showAsAction="never"
android:title="菜单一"/>
<item
android:id="@+id/menu2"
android:orderInCategory="100"
android:showAsAction="never"
android:title="菜单二"/>
</menu>
```

(3) 重写 onCreateOptionsMenu()方法，并加入“getMenuInflater().inflate(R.menu.main, menu)”这句代码，其中 R.menu.main 是我们第一步创建的菜单文件。由于创建工具时 Eclispe 自动重写了 onCreateOptionsMenu()方法并自动添加了代码，所以这步我们可以省略。

(4) 重写 onOptionsItemSelected(Menu item)方法，给菜单添加事件，关键代码如下：

```
public boolean onMenuItemSelected(int featureId, MenuItem item) {
// TODO Auto-generated method stub
    switch(item.getItemId())
    {
    case  R.id.menu1:
        Toast.makeText(MainActivity.this,"你点击了菜单一", 1).show();
        break;
    case  R.id.menu2:
        Toast.makeText(MainActivity.this,"你点击了菜单二", 1).show();
        break;
    }
    return super.onMenuItemSelected(featureId, item);
}
```

运行程序，效果如图 3-1 所示，当点击某个菜单项后会显示相应菜单上的文字，效果如图 3-2 和图 3-3 所示。

图 3-1　程序运行效果

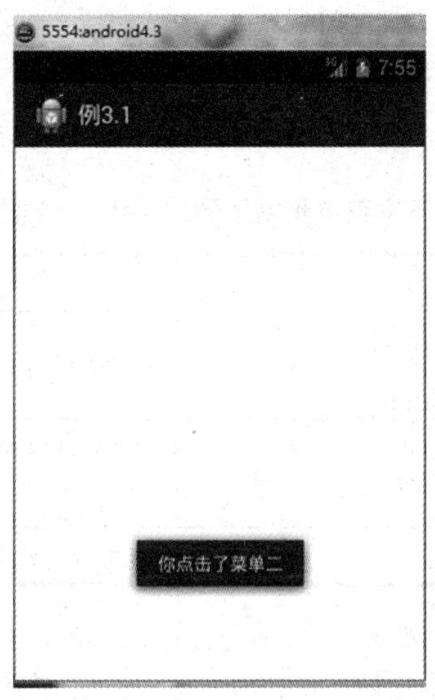

图 3-2　点击“菜单一”效果

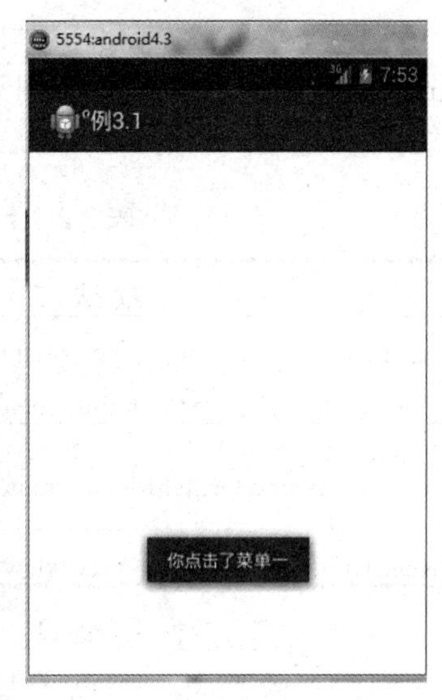

图 3-3　点击“菜单二”效果

【例 3-2】新建项目“例 3.2”，使用动态代码的方法创建包含两个菜单项“菜单一”“菜单二”的菜单，单击某个菜单弹出相应的文字。

(1)　在 onCreateOptionsMenu()方法中调用 Menu.add()方法添加菜单项，代码如下：

```
public boolean onCreateOptionsMenu(Menu menu) {
    menu.add(0,1,1,"菜单一");
    menu.add(0,2,2,"菜单二");
    return true;
}
```

menu.add(0,1,1,"菜单一")的参数中，0 表示菜单所在的组；第一个 1 表示菜单的 ID；第二个 1 表示菜单顺序，显示时按照这个数字从小到大显示。

(2)　重写 onOptionsItemSelected(Menu item)方法，给菜单添加事件。

```
public boolean onMenuItemSelected(int featureId, MenuItem item) {
// TODO Auto-generated method stub
    switch(item.getItemId())
    {
    case  1:
        Toast.makeText(MainActivity.this,"你点击了菜单一", 1).show();
        break;
    case  2:
        Toast.makeText(MainActivity.this,"你点击了菜单二", 1).show();
        break;
    }
}
```

运行效果见例 3-1。

3.1.3 上下文菜单 ContextMenu

上下文菜单在 Windows 中又叫属性菜单，在 Windows 中右击可以弹出属性菜单。在 Android 设备中，长按某个视图元素则会弹出上下文菜单。使用上下文菜单类常用到 Activity 类的成员方法，如表 3-2 所示。

表 3-2 上下文菜单类常用到的 Activity 类的成员方法

方 法 名	方法说明
onCreateContextMenu(ContextMenu menu,View v, ContextMenu.ContextMenuInfo menuInfo)	每次为 View 对象呼出上下文菜单
onContextItemSelected(MenuItem item)	当用户选择了上下文菜单选项后调用该方法进行处理
RegisterForContextMenu(View view)	为指定的 View 对象注册一个上下文菜单

【例 3-3】新建一个项目“例 3.3”，在项目中创建上下文菜单。

(1) 修改 MainActivity 布局文件，activity_main.xml 文件代码如下：

```
<RelativeLayout
xmlns:android="http://schemas.android.com/apk/res/android"
xmlns:tools="http://schemas.android.com/tools"
android:layout_width="match_parent"
android:layout_height="match_parent"
android:paddingBottom="@dimen/activity_vertical_margin"
android:paddingLeft="@dimen/activity_horizontal_margin"
android:paddingRight="@dimen/activity_horizontal_margin"
android:paddingTop="@dimen/activity_vertical_margin"
tools:context=".MainActivity" >
<TextView
android:id="@+id/tv1"
android:layout_width="wrap_content"
android:layout_height="wrap_content"
android:text="请选择一种联系方式" />
</RelativeLayout>
```

(2) 修改类文件 MainActivity.java 的代码：

```
package com.example;
import android.App.Activity;
import android.os.Bundle;
import android.view.ContextMenu;
import android.view.Menu;
import android.view.MenuItem;
import android.view.View;
import android.view.ContextMenu.ContextMenuInfo;
import android.widget.TextView;
import android.widget.Toast;
public class MainActivity extends Activity {
```

```
    TextView  tv;
@Override
protected void onCreate(Bundle savedInstanceState) {
    super.onCreate(savedInstanceState);
    setContentView(R.layout.activity_main);
    tv=(TextView) findViewById(R.id.tv1);
    registerForContextMenu(tv);
}
public void onCreateContextMenu(ContextMenu menu, View v,
        ContextMenuInfo menuInfo) {
    if(v==tv)
    {
        menu.setHeaderTitle("请选择一种联系方式");
        menu.add(0,1,1,"电话");
        menu.add(0,2,2,"微信");      }
        super.onCreateContextMenu(menu, v, menuInfo);
    }
@Override
public boolean onContextItemSelected(MenuItem item) {
// TODO Auto-generated method stub
    if(item.getItemId()==1)
    {
        Toast.makeText(MainActivity.this,"你选择的是电话", 1).show();
    }else if(item.getItemId()==2){
        Toast.makeText(MainActivity.this,"你选择的是电话", 1).show();}
        return super.onContextItemSelected(item);
    }
}
```

程序运行后，长按界面上的 TextView 则显示一个菜单，包含“电话”和“微信”两个菜单项，点击某个菜单项则显示对应菜单上的文字，效果如图 3-4～图 3-7 所示。

图 3-4　运行效果

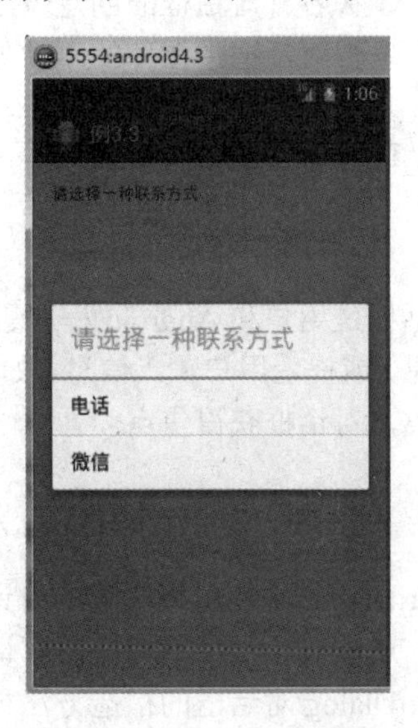

图 3-5　上下文菜单效果

图 3-6　选择微信效果

图 3-7　选择电话效果

3.2　任务 2　对话框

任务描述

本任务主要是掌握各种对话框的创建。

任务目标

(1)　掌握对话框的作用及概念；
(2)　掌握各种对话框的创建方法；
(3)　掌握对话框中控件的事件处理方法。

知识要点

3.2.1　对话框概述

对话框是用户和 Android 程序进行交互出现在 Activity 上的一个小窗口，用于显示重要提示信息，或提示用户输入信息，如下载进度、是否退出程序等。当显示对话框时，Activity 失去焦点，对话框获得焦点。

3.2.2　AlertDialog 弹出式对话框

AlertDialog 是使用最广泛的对话框，它的功能非常强大。AlertDialog 对话框包含消息对话框、选项对话框、单选按钮对话框和多选按钮对话框。

AlertDialog 对话框的构造方法被声明为 protected，所以不能用 AlertDialog 类创建弹出式对话框，而要使用 AlertDialog.Builder 中的 create 方法创建。AlertDialog.Builder 类的常

用方法如表 3-3 所示。

表 3-3　AlertDailog.Builder 类的常用方法

方　法	功　能
setTitle(CharSequence title)	设置对话框的标题
setIcon(Drawable icon)	设置对话框的图标
setMessage()	设置对话框上显示的信息
setView()	设置对话框的布局文件
setItems()	设置对话框中要显示的列表项
setSingleChoiceItems()	设置对话框要显示的单选按钮列表
setMultiChoiceItems()	设置对话框要显示的多选按钮列表
SetNegativeButton()	为对话框添加取消按钮
SetPositiveButton()	为对话框设置确定按钮
setNeutralButton()	为对话框添加中立按钮

创建 AlertDialog 对话框的步骤如下。

(1) 创建 AlertDialog.Builder 对象。

(2) 调用 AlertDialog.Builder 对象的 setTitle 方法设置对话框的标题。

(3) 调用 AlertDialog.Builder 对象的 setIcon 方法设置对话框的图标。

(4) 根据创建对话框的不同调用相应的方法。

- 如果要创建消息对话框，调用 setMessage()方法；
- 如果要创建选项对话框，调用 setItems()方法；
- 如果要创建单选按钮对话框，调用 setSingleChoiceItems()方法；
- 如果要创建多选按钮对话框，调用 setMultiChoiceItems()方法。

(5) 调用 setPositiveButton()/setNegativeButton()/setNeutralButton()方法设置确定/取消或中立按钮。

(6) 调用 AlertDialog.Builder 对象的 create()方法创建对话框，再调用对话框的 show()方法显示对话框。

【例 3-4】在 Eclispe 中创建一个项目“例 3.4”，包含 4 个按钮，单击某个按钮弹出相应的对话框。

(1) 修改项目的布局文件 activity_main.xml，把默认添加的 TextView 组件删除，然后添加 4 个命令按钮。Activity_main.xml 的代码如下：

```
<RelativeLayout
    xmlns:android="http://schemas.android.com/apk/res/android"
    xmlns:tools="http://schemas.android.com/tools"
    android:layout_width="match_parent"
    android:layout_height="match_parent"
    android:paddingBottom="@dimen/activity_vertical_margin"
    android:paddingLeft="@dimen/activity_horizontal_margin"
    android:paddingRight="@dimen/activity_horizontal_margin"
    android:paddingTop="@dimen/activity_vertical_margin"
```

```
        tools:context=".MainActivity" >
    <Button
        android:id="@+id/button1"
        android:layout_width="wrap_content"
        android:layout_height="wrap_content"
        android:layout_alignParentLeft="true"
        android:layout_alignParentTop="true"
        android:text="确认对话框" />
    <Button
        android:id="@+id/button2"
        android:layout_width="wrap_content"
        android:layout_height="wrap_content"
        android:layout_alignLeft="@+id/button1"
        android:layout_below="@+id/button1"
        android:text="单选对话框" />
    <Button
        android:id="@+id/button3"
        android:layout_width="wrap_content"
        android:layout_height="wrap_content"
        android:layout_alignLeft="@+id/button2"
        android:layout_below="@+id/button2"
        android:text="多选对话框" />
    <Button
        android:id="@+id/button4"
        android:layout_width="wrap_content"
        android:layout_height="wrap_content"
        android:layout_alignLeft="@+id/button3"
        android:layout_below="@+id/button3"
        android:text="选项对话框" />
    </RelativeLayout>
```

(2) 在主活动 MainActivity.java 的 onCreate()方法中获取布局文件中的 4 个按钮，并为其添加监听器 MainActivity.java 文件的代码如下：

```
package com.example;
import android.R.anim;
import android.App.Activity;
import android.App.AlertDialog;
import android.App.AlertDialog.Builder;
import android.content.DialogInterface;
import android.os.Bundle;
import android.view.Menu;
import android.view.View;
import android.view.View.OnClickListener;
import android.widget.Button;
public class MainActivity extends Activity {
    Button btn1,btn2,btn3,btn4;
    @Override
    protected void onCreate(Bundle savedInstanceState) {
```

```
super.onCreate(savedInstanceState);
setContentView(R.layout.activity_main);
btn1=(Button) findViewById(R.id.button1);
btn2=(Button) findViewById(R.id.button2);
btn3=(Button) findViewById(R.id.button3);
btn4=(Button) findViewById(R.id.button4);
//给 btn1 添加监听器
btn1.setOnClickListener(new OnClickListener() {
public void onClick(View v) {//创建消息对话框
    // TODO Auto-generated method stub
    //创建 Builder 对象
    AlertDialog.Builder  b1=new AlertDialog.Builder(MainActivity.this);
    //设置对话框标题
    b1.setTitle("消息对话框");
    //设置对话框图标
    b1.setIcon(R.drawable.ic_launcher);
    //调用 setMessage()方法创建消息
    b1.setMessage("你确定要退出吗?");
    //添加确定按钮并给确定按钮添加监听器
b1.setPositiveButton("你确定要退出吗？",
    new DialogInterface.OnClickListener() {
@Override
public void onClick(DialogInterface dialog, int which) {
    // TODO Auto-generated method stub
    }
    });
    //添加确定按钮并给确定按钮添加监听器
b1.setNegativeButton("取消",new DialogInterface.OnClickListener() {
    @Override
    public void onClick(DialogInterface dialog, int which) {
    // TODO Auto-generated method stub
    }
});
//显示对话框
b1.show();  //也可以调用 b1.create().show();显示对话框
});
//给 btn2 添加监听器
btn2.setOnClickListener(new OnClickListener() {
    public void onClick(View v) {       //创建选项对话框
        // TODO Auto-generated method stub
        AlertDialog.Builder  b2=new AlertDialog.Builder(MainActivity.this);
        //创建 Builder 对象
        //设置对话框标题
        b2.setTitle("选项对话框");
        //设置对话框图标
        b2.setIcon(R.drawable.ic_launcher);
            //调用 setItems()方法，调用 setItems 方法前要创建一个数组，用来
            //保存要在选项对话框中显示的选项
```

```
        String [] item={"本科","专科","中专"};
    b2.setItems(item, new DialogInterface.OnClickListener() {
    @Override
    public void onClick(DialogInterface dialog, int which) {
    // TODO Auto-generated method stub
        //which 表示选项对话框中用户所点击的选项的索引，如果用户点击的是第一个
        //则 which 为 0，点击第二个则为 1
    switch(which)
    {
        case 0:  //点击了第一个选项
        break;
        case 1://表示用户点击了第二个选项
        break;
    }
}
});
//显示对话框
b2.show();  //也可以调用 b2.create().show();显示对话框
}
});
//给 btn3 添加监听器
btn3.setOnClickListener(new OnClickListener() {
    public void onClick(View v) {//创建单选对话框
        // TODO Auto-generated method stub
            //创建 Builder 对象
    AlertDialog.Builder  b3=new AlertDialog.Builder(MainActivity.this);
        //设置对话框标题
        b3.setTitle("单选对话框");
        //设置对话框图标
        b3.setIcon(R.drawable.ic_launcher);
            //创建单选对话框要调用 setSingleChoiceItems,调用 setSingleChoiceItems
            //方法前要创建一个数组，用来保存要在选项对话框中显示的选项
        String [] item={"本科","专科","中专"};
        b3.setSingleChoiceItems(item,0, new
            DialogInterface.OnClickListener() {
    @Override
    public void onClick(DialogInterface dialog, int which) {
        // TODO Auto-generated method stub
        //which 表示选项对话框中用户所点击的选项的索引，如果用户点击的是第一个
        //则 which 为 0，点击第二个则为 1
        switch(which)
        {
        case 0:  //点击了第一个选项
        break;
        case 1://表示用户点击了第二个选项
        break;
        case 2://表示点击了第三个选项
        break;
    }
```

```
    }
    });
            //显示对话框
            b3.show();  //也可以调用 b3.create().show();显示对话框
            }
        });
    //给 btn4 添加监听器
    btn4.setOnClickListener(new OnClickListener() {
        public void onClick(View v) {//创建多选对话框
            // TODO Auto-generated method stub
            //创建 Builder 对象
            AlertDialog.Builder b4=new AlertDialog.Builder(MainActivity.this);
            //设置对话框标题
            b4.setTitle("多选对话框");
            //设置对话框图标
            b4.setIcon(R.drawable.ic_launcher);
                /*创建单选对话框要调用 setMultiChoiceItems,调用
    setMultiChoiceItems 方法前要创建一个数组，用来保存要在选项对话框中显示的选项*/
            String [] item={"本科","专科","中专"};
            b4.setMultiChoiceItems(item,null,null);
            //显示对话框
            b4.show();  //也可以调用 b4.create().show();显示对话框
            }
        });
    }
}
```

上面代码的运行程序效果如图 3-8 所示，点击第 1～4 个按钮，效果分别如图 3-9～图 3-12 所示。

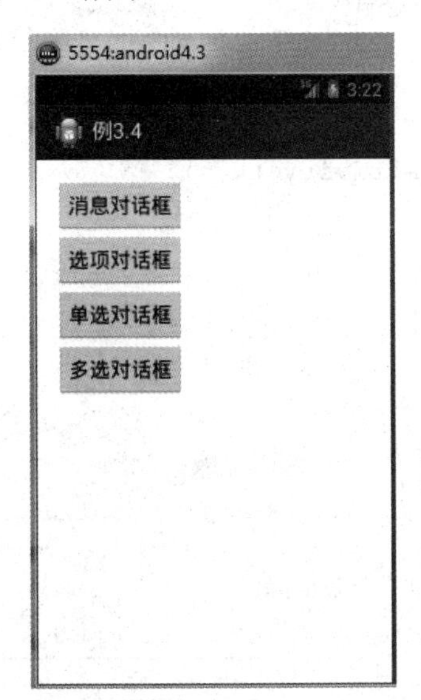

图 3-8　程序运行效果

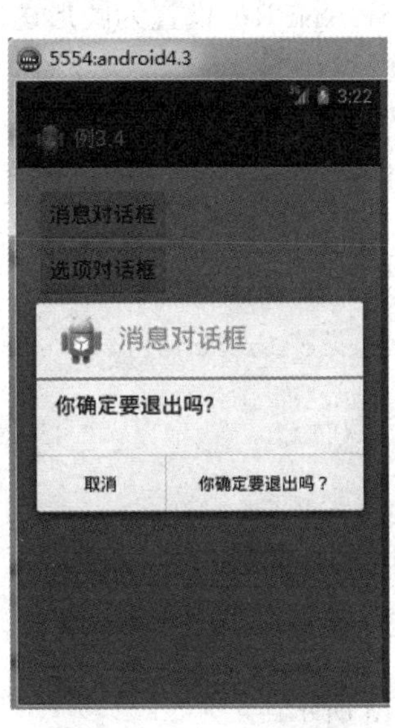

图 3-9　消息对话框效果

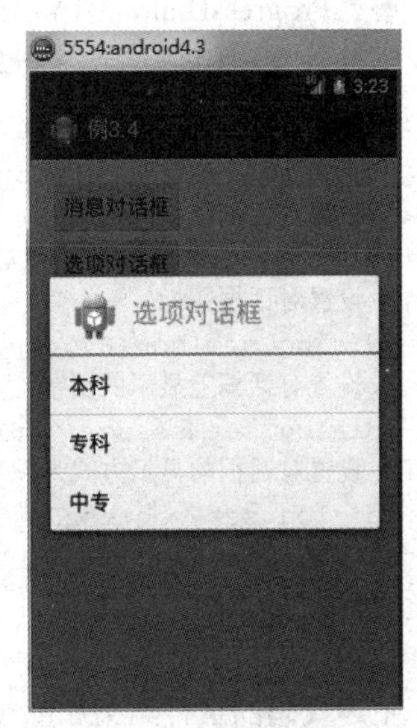

图 3-10　选项对话框效果

图 3-11　单选对话框效果

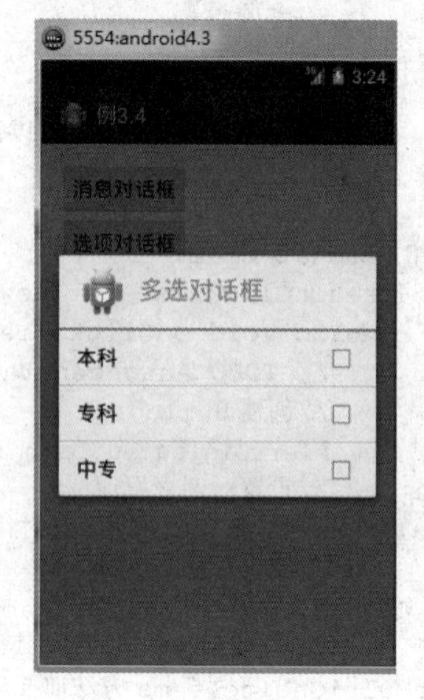

图 3-12　多选对话框效果

3.2.3　进度条对话框

进度条对话框(ProgressDialog)可以给用户一个进度提示，提示用户任务进度到达多少，让用户安心等待，如下载时可以显示下载进度。进度条对话框实际就是一个装载了 ProgressBar 的对话框。可以通过 setProgressStyle(int style)方法设置进度条对话框的显示方式，参数 style 的取值有以下两个。

- ProgressDialog.STYLE_HORIZONTAL：设置为水平进度样式。
- ProgressDialog.STYLE_SPINNER：设置为圆形进度样式。

下面的代码用来显示一个进度对话框。

```
//创建进度对话框对象
ProgressDialog  pdialog=new ProgressDialog(MainActivity.this);
//设置对话框标题
pdialog.setTitle("进度对话框");
//设置对话框图标
pdialog.setIcon(R.drawable.ic_launcher);
//设置对话框上显示的文字
pdialog.setMessage("正在下载");
//设置对话框的显示方式为圆形
pdialog.setProgressStyle
    (ProgressDialog.STYLE_SPINNER);
//显示对话框
pdialog.show();
```

上述代码的运行结果如图 3-13 所示。

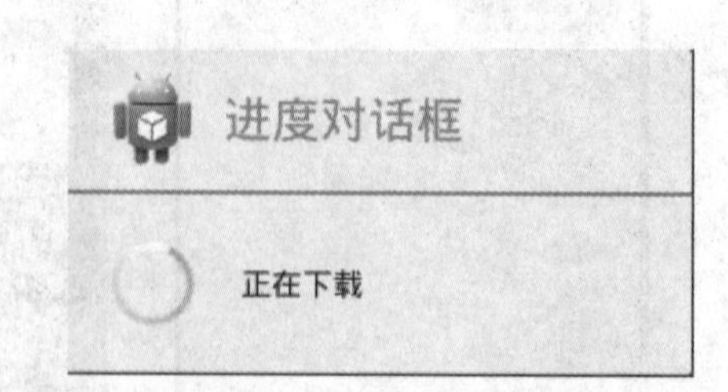

图 3-13　进度条对话框效果

3.2.4　日期时间选择对话框

1. 日期对话框 DatePickerDialog

日期对话框 DatePickerDialog 就是在对话框中显示日期，用户可以修改日期。下面的代码将展示如何显示日期对话框。

```
//初始化 Calendar 对象
Calendar  cal=Calendar.getInstance();
int year=cal.get(Calendar.YEAR);//获取年份
int month=cal.get(Calendar.MONTH);//获取月份
int day=cal.get(Calendar.DAY_OF_MONTH);//获取当月的日
//创建日期对话框
DatePickerDialog dialog=new DatePickerDialog(MainActivity.this, null,
   year,month, day);
//显示日期对话框
dialog.show();
```

运行上面的代码，显示效果如图 3-14 所示。

2. 时间对话框 TimePickerDialog

时间对话框 TimePickerDialog 就是在对话框中显示时间，供用户修改和选择。下面的代码将展示如何显示时间对话框。

```
Calendar  cal=Calendar.getInstance();
int hour=cal.get(Calendar.HOUR_OF_DAY);//获取小时
int minute=cal.get(Calendar.MINUTE);//获取分钟
    TimePickerDialog  dialog=new
    TimePickerDialog(MainActivity.this,null,
                        hour,minute,//设置几点几分
                        true//设置显示格式为 24 小时制);
    dialog.show();//显示对话框
    }
});
```

上面代码的运行效果如图 3-15 所示。

Mon, Apr 9, 2018		
Mar	08	2017
Apr	09	2018
May	10	2019
Done		

图 3-14　日期对话框效果

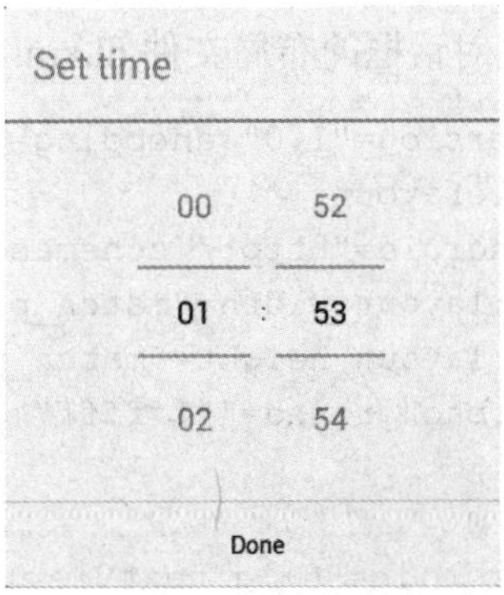

Set time	
00	52
01 :	53
02	54
Done	

图 3-15　时间对话框效果

3.2.5 自定义对话框

程序设计中经常要按照自己的意图在对话框上显示内容，这个时候要用到自定义对话框。创建自定义对话框的步骤如下。

(1) 创建对话框的布局文件。

(2) 创建 AlertDialog.Builder 对象。

(3) 调用 AlertDialog.Builder 加载布局文件。

(4) 调用 AlertDialog.Builder 对象的 create()方法创建对话框对象。

(5) 调用对话框对象 show()方法显示对话框。

(6) 给对话框上的控件添加监听器。

【例 3-5】在 Eclispe 中创建一个项目“例 3.5”，启动后单击主界面上的“自定义对话框”按钮，弹出一个登录对话框。单击“登录”按钮，如果用户输入的用户名和密码为 aaa 和 123，则显示“用户名和密码正确”，否则显示“用户名和密码错误”。

(1) 修改项目的布局文件 activity_main.xml，代码如下：

```
<RelativeLayout
xmlns:android="http://schemas.android.com/apk/res/android"
xmlns:tools="http://schemas.android.com/tools"
android:layout_width="match_parent"
android:layout_height="match_parent"
android:paddingBottom="@dimen/activity_vertical_margin"
android:paddingLeft="@dimen/activity_horizontal_margin"
android:paddingRight="@dimen/activity_horizontal_margin"
android:paddingTop="@dimen/activity_vertical_margin"
tools:context=".MainActivity" >
<Button
    android:id="@+id/button1"
    android:layout_width="match_parent"
    android:layout_height="wrap_content"
    android:layout_alignParentLeft="true"
    android:layout_alignParentTop="true"
    android:text="自定义对话框" />
</RelativeLayout>
```

(2) 创建对话框的布局文件 dl.xml，代码如下：

```
<?xml version="1.0" encoding="utf-8"?>
<RelativeLayout
xmlns:android="http://schemas.android.com/apk/res/android"
android:layout_width="match_parent"
android:layout_height="match_parent"
android:background="#ffffff"
>
<TextView
    android:id="@+id/textView1"
    android:layout_width="match_parent"
```

```
        android:layout_height="50dp"
        android:background="#00ff00"
        android:textSize="20sp"
        android:gravity="center"
        android:layout_alignParentLeft="true"
        android:layout_alignParentTop="true"
        android:text="请输入用户名和密码" />
    <TextView
        android:id="@+id/textView2"
        android:layout_width="wrap_content"
        android:layout_height="wrap_content"
        android:layout_alignParentLeft="true"
        android:layout_below="@+id/textView1"
        android:layout_marginTop="26dp"
        android:text="用户名"
        android:layout_marginLeft="10dp"
        />
    <TextView
        android:id="@+id/textView3"
        android:layout_width="wrap_content"
        android:layout_height="wrap_content"
        android:layout_alignParentLeft="true"
        android:layout_below="@+id/textView2"
        android:layout_marginTop="23dp"
        android:text="密码"
        android:layout_marginLeft="10dp"
        />
    <EditText
        android:id="@+id/editText1"
        android:layout_width="wrap_content"
        android:layout_height="wrap_content"
        android:layout_alignBaseline="@+id/textView2"
        android:layout_alignBottom="@+id/textView2"
        android:layout_alignParentRight="true"
        android:layout_marginRight="23dp"
        android:ems="10" />

    <EditText
        android:id="@+id/editText2"
        android:layout_width="wrap_content"
        android:layout_height="wrap_content"
        android:layout_alignBaseline="@+id/textView3"
        android:layout_alignBottom="@+id/textView3"
        android:layout_alignLeft="@+id/editText1"
        android:ems="10" >
        <requestFocus />
    </EditText>
    <Button
        android:id="@+id/button1"
```

```
    android:layout_width="wrap_content"
    android:layout_height="wrap_content"
    android:layout_alignParentLeft="true"
    android:layout_below="@+id/editText2"
    android:layout_marginLeft="34dp"
    android:layout_marginTop="36dp"
    android:text="登录" />
<Button
    android:id="@+id/button2"
    android:layout_width="wrap_content"
    android:layout_height="wrap_content"
    android:layout_alignBaseline="@+id/button1"
    android:layout_alignBottom="@+id/button1"
    android:layout_marginLeft="23dp"
    android:layout_toRightOf="@+id/button1"
    android:text="取消" />
</RelativeLayout>
```

(3) 修改 MainActivity.java 文件，代码如下：

```
package com.example;
import android.App.Activity;
import android.App.AlertDialog;
import android.os.Bundle;
import android.view.View;
import android.view.View.OnClickListener;
import android.widget.Button;
import android.widget.EditText;
import android.widget.Toast;
public class MainActivity extends Activity {
//定义对象
    Button btn;
    AlertDialog dialog;
    @Override
    protected void onCreate(Bundle savedInstanceState) {
    super.onCreate(savedInstanceState);
    setContentView(R.layout.activity_main);
    btn=(Button) findViewById(R.id.button1);
    btn.setOnClickListener(new OnClickListener() {
            @Override
            public void onClick(View v) {
                //TODO Auto-generated method stub
                //创建 Builder 对象
              AlertDialog.Builder  builder=new
               AlertDialog.Builder(MainActivity.this);
              //调用 setView 方法加载对话框的布局
                //说明：setView 的作用是给对话框加载布局
                View view= View.inflate
                        (MainActivity.this, R.layout.dl,null);
                dialog=builder.create();
```

```
            dialog.setView(view, 0, 0, 0, 0);
                //后面四个参数用来设置上下左右边距
          dialog.show();
      //给对话框上的按钮添加监听器
        //定义对象
        Button  bt1,bt2;
        final EditText  e1,e2;
        //获取对象
        bt1=(Button)
                view.findViewById(R.id.button1);
        bt2=(Button)
                view.findViewById(R.id.button2);
        e1=(EditText)
                view.findViewById(R.id.editText1);
        e2=(EditText)
                view.findViewById(R.id.editText2);
        //添加监听器
      bt1.setOnClickListener(new OnClickListener() {
            @Override
            public void onClick(View v) {
                //TODO Auto-generated method stub
             //判断用户名和密码
            String  yhm=e1.getText().toString();
            String  mima=e2.getText().toString();
            if("aaa".equals(yhm)&&"123".equals(mima))
            {
                show("用户名和密码正确");
                dialog.dismiss();
            }
            else
            {
                show("用户名和密码错误");
                e1.setText("");
                e2.setText("");
            }
            }
        });
        bt2.setOnClickListener(new OnClickListener() {
            @Override
            public void onClick(View v) {
                //TODO Auto-generated method stub
                dialog.dismiss();
            }
        });          }
    });
}
/*
 * 改造版的 Toast
 */
```

```
    public void show(String s)
    {
    Toast.makeText(this,s, 1).show();
    }
}
```

(4) 运行程序，界面如图 3-16 所示。当用户点击“自定义对话框”按钮时，弹出对话框，效果如图 3-17 所示。当用户在对话框中输入用户名和密码为 aaa 和 123 后，点击“登录”按钮，效果如图 3-18 所示；输入其他用户名和密码后，点击“登录”按钮，效果如图 3-19 所示。如果点击“取消”按钮，对话框消失，效果如图 3-16 所示。

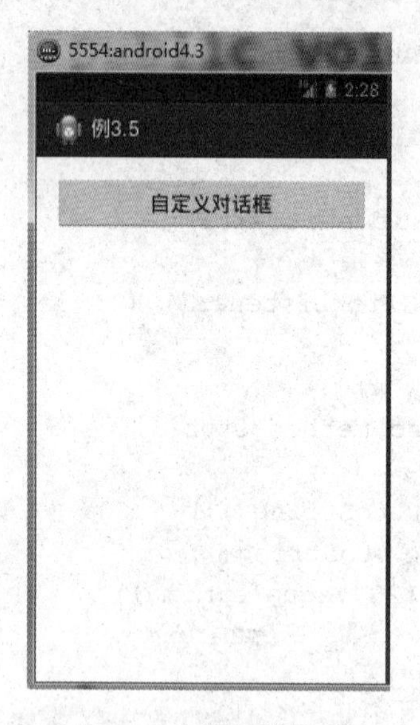

图 3-16　运行效果

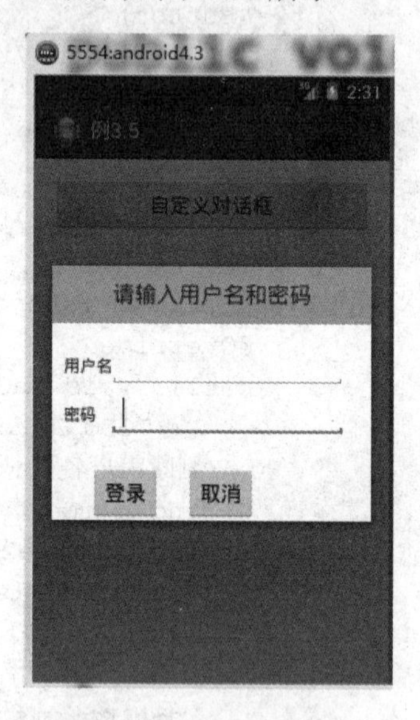

图 3-17　对话框效果

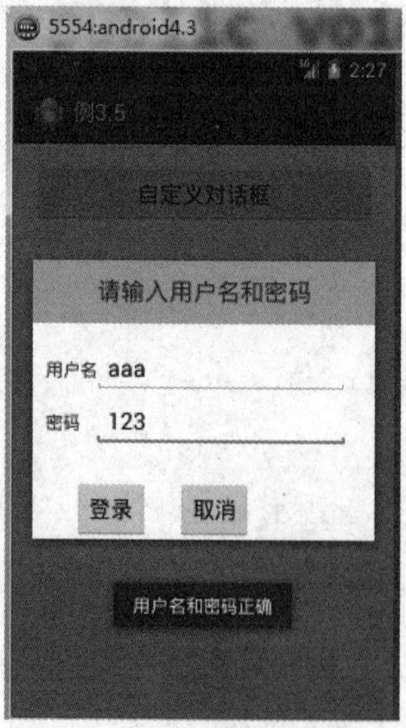

图 3-18　密码正确效果

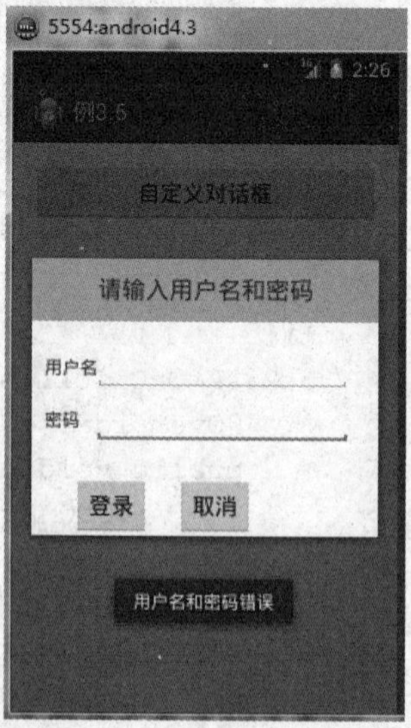

图 3-19　密码错误效果

3.3 任务 3 Activity 与 Intent

任务描述

Activity 是 Android 中的四大组件之一，也是 Android 中最重要的组件，本次任务主要是掌握 Activity 组件及 Intent 的用法。

任务目标

(1) 掌握 Activity 的作用；
(2) 掌握 Activity 的创建方法；
(3) 理解 Activity 的生命周期；
(4) 掌握 Activity 的跳转及数据传递。

知识要点

3.3.1 Activity 的生命周期

Activity 翻译成中文是“活动”的意思，它是一个 Android 应用程序的窗口或界面，是用户和 Android 设备交互的桥梁。应用程序的一个界面就是一个 Activity，Android 程序中每个界面的组件都是放在 Activity 中的。

Activity 的生命周期是指 Activity 从产生到消亡的过程。Activity 的生命周期是通过下面 7 个生命周期方法来实现的。

(1) onCreate()：当 Activity 第一次打开时调用。

(2) onStart()：当一个 Activity 可以被用户看到时调用。

(3) onRestart()：当重新激活 Activity 时调用，即当一个 Activity 从暂停状态重新回到活动状态时调用。

(4) onResume()：当 Activity 获得焦点时调用。

(5) onPause()：当暂停一个 Activity 时调用，如一个 Activity 启动另一个 Activity 时调用这个方法。

(6) onStop()：当停止 Activity 时被调用。

(7) onDestory()：当销毁 Activity 时调用该方法。

图 3-20 详细给出了 Activity 整个生命周期的过程，以及在不同的状态期间相应的回调方法。

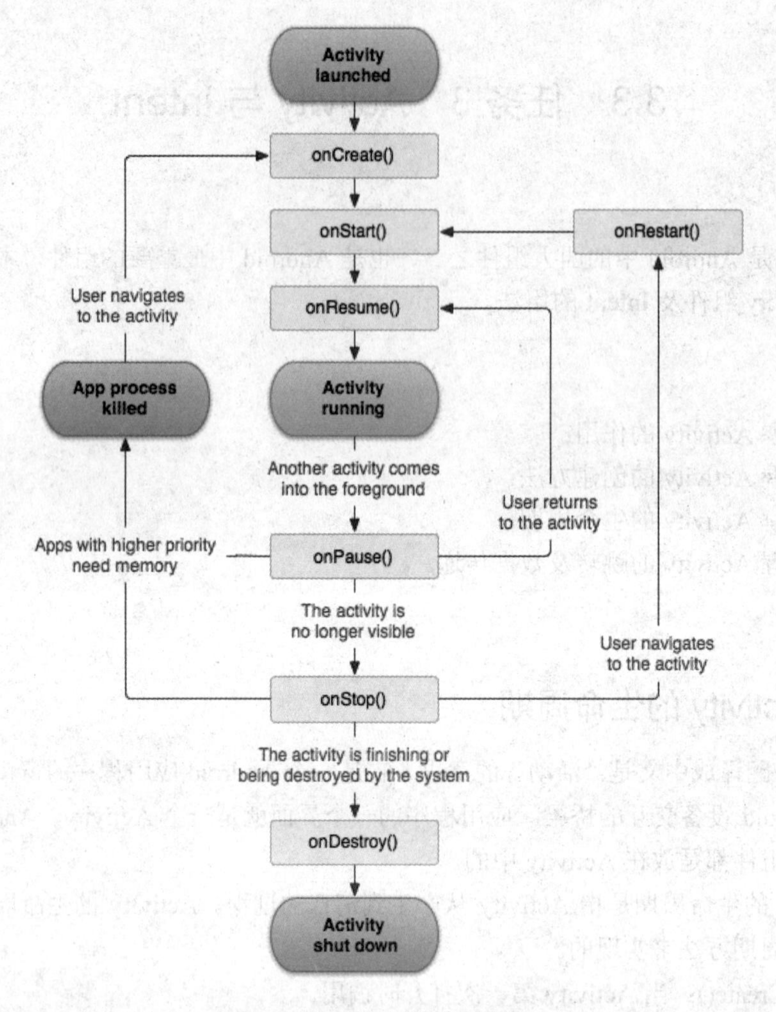

图 3-20　Activity 生命周期图

3.3.2　创建和关闭 Activity

1. 创建 Activity

创建 Activity 有 4 个步骤。

(1)　创建一个类继承 Activity，如创建一个名为 OneActivity 的 Activity。

```
public class OneActivity extends Activity {
}
```

(2)　重写回调的方法，一般必须重写 onCreate()方法，如在步骤(1)中创建的 Activity 重写 onCreate()方法。

```
public class OneActivity  extends Activity {
    @Override protected void onCreate(Bundle savedInstanceState) {
    super.onCreate(savedInstanceState);
    }
}
```

(3) 在 onCreate()方法中调用 setContentView()方法加载布局文件，代码如下：

```
public class OneActivity  extends Activity {
    @Override protected void onCreate(Bundle savedInstanceState) {
    super.onCreate(savedInstanceState);
    setContentView(R.layou.one);
    }
}
```

(4) 在 AndroidManifest.xml 文件中配置该 Activity。每个 Activity 必须注册，否则无法使用。具体注册方法是在<Application>…</Application>标记中添加<activity>…</activity>标记实现。<activity>…</activity>标记的语法如下：

```
<activity
Android:icon="@drawable/图标文件的名称"
Android:name="Activity 的名称"
Android:label="说明性文字"
…
></activity>
```

在<activity>…</activity>标记中，android:icon 属性用于设置 Activity 的图标，android:name 用于设置要注册的 Activity 的名称；android:label 属性用于为该 Activity 指定标签。其中 android:name 属性是必需的，其他属性可以省略。例如在 AndroidManifest.xml 文件中配置名称为 OneActivity 的 Activity，该 Activity 保存在 com.example 包中，关键代码如下：

```
<activity
Android:name="com.example.OneActivity">
</activity>
```

2. 关闭 Activity

如果要关闭 Activity，只需调用 Activity 类提供的方法 finish()方法。finish()方法的格式如下：

```
public  void  finish();
```

例如要单击按钮是关闭当前 Activity，可以使用如下方法：

```
Button b1=(Button)findViewByID(R.id.button1);
b1.setOnClickListener(new View.OnClickListener(){
public  void onClick(View v)
{
finish();
}});
```

3.3.3 启动另一个 Activity

在一个 Activity 中可以使用系统提供的 startActivity()方法打开新的 Activity。startActivity()方法的格式如下：

```
public  void  startActivity(Intent intent)
```

该方法没有返回值，要求一个 Intent 类型的参数。Intent 是在 Android 各个组件之间进行跳转的通信工具。创建 Intent 时，需要指定第一个参数为当前 Activity，第二个参数为要被启动的 Activity。

例如在 MainActivity 的 Activity 中启动另一个名称为 OneActivity 的代码如下：

```
//创建一个 Intent 对象
Intent  intent=new Intent(MainActivity.this,OneActivity.class)
    startActivity(intent);
```

3.3.4　在两个 Activity 之间传递数据

从一个 Activity 启动另一个 Activity 通常需要传递数据。两个 Activity 之间传递数据可以用 Intent 来实现。通常的做法是把要传递的数据放在 Bundle 对象中，然后再通过 Intent 提供的 putExtras()方法把 Bundle 对象放入 Intent 中来传递数据。

Bundle 类的作用是携带数据，用于存放键值对形式的值。它提供了各种常用类型的 putXxx()/getXxx()方法，如 putString()/getString()和 putInt()/getInt()。putXxx()用于向 Bundle 对象放入不同类型的数据，getXxx()方法用于从 Bundle 对象里获取数据；Xxx 表示要放入的数据的类型。

【例 3-6】从 MainActivity 启动 OneActivity 并传递一个字符型数据“张三”和一个数字 10，并在 OneActivity 中接收数据。

(1)　从 MainActivity 启动 OneActivity 并传递数据的代码如下：

```
//创建一个 intent 对象
Intent intent=new Intent(MainActivity.this,OneActivity);
//创建 Bundle 对象
Bundle bundle = new Bundle();//该类用作携带数据
//调用 Bundle 对象的 putString 方法把字符串"张三"放入，键名为 name
bundle.putString("name", "张三");
//调用 Bundle 对象的 putInt 方法把数字 10 放入，键名为 age
bundle.putInt("age", 10);
intent.putExtras(bundle);//附带上额外的数据
startActivity(intent);
```

(2)　在 OneActivity 中接收数据的代码如下：

```
//获取 Bundle 对象
Bundle bundle = this.getIntent().getExtras();
//获取 Bundle 对象中键名为 name 的数据
String name = bundle.getString("name");
//获取 Bundle 对象中键名为 age 的数据
int age = bundle.getInt("age");
```

3.3.5　Intent

Intent 中文翻译为意图。一个 Android 程序包含多个组件，各个组件之间要进行通信，需 Intent 对象来完成。在 Android 中，Intent 通常用于启动 Activity、服务等组件。

在 Android 中，Intent 分为显式 Intent 和隐式 Intent。

(1) 显式 Intent。

明确指定要启动的组件名称的 Intent 叫显式 Intent。

显式 Intent 示例代码如下：

```
Intent intent=new Intent(MainActivity.this,OneActivity.class);
startActivity(intent);
```

上述代码中创建 Intent 对象时给了两个参数，其中第二个参数明确指定了要启动的组件为 OneActivity，所以这个 Intent 叫显式 Intent。

(2) 隐式 Intent。

没有明确指定要启动的组件名称的 Intent 叫隐式 Intent。Android 系统会根据隐式 Intent 中设置的动作(action)、类别(category)、数据(Uri 数据类型)找到合适的组件。下面是一个 Activity 的声明：

```
<activity android:name="OneActivity">
<Intent-filter>
<!--设置 Activity 的 Action 属性，在代码中使用隐式的 Action 来启动 Activity>
<action  android:name="com.example">
<category android:name="android.intent.category.DEFAULT">
</intent-filter>
```

上述代码中，<action>标记指明了 OneActivity 可以响应的动作为 com.example，而<category>标记包含了一些类别信息，当一个 Intent 的<action>和<category>与 OneActivity 完全匹配才能启动这个 Activity。

使用隐式 Intent 启动 OneActivity 的代码如下：

```
Intent intent=new Intent();
intent.setAction("com.example");//设置 intent 的 action 为"com.example"
startActivity(intent);
```

上述代码中，Intent 没有指定启动的组件的名称，因此叫隐式启动。虽然没有指定要启动哪个 Activity，但调用了 setAction("com.example")指定 Intent 的动作。Intent 的 category 没有设置，因此被设置为默认值 android.intent.category.DEFAULT。Android 系统通过判断发现 OneActivity 的 action、category 与 intent 的这两个参数完全匹配，执行 startActivity(intent) 时自动启动 OneActivity。

显式意图启动组件必须指定组件的名称，一般在同一个应用程序的组件切换中使用。隐式意图比显式意图的功能更加强大，不但可以启动本程序中的组件，还可以启动其他应用程序组件，如打电话、打开网页等。

下面代码是使用隐式 Intent 启动一个网页的代码。

```
//创建 Intent 对象
Intent intent=new Intent();
//设置 Intent 执行动作打开 Data 中的数据指定程序
intent.setAction(Intent.ACTION_VIEW);
//解析数据为 Uri 数据
```

```
Uri  uri=Uri.parse("http://www.baidu.com");
//设置 intent 操作的数据
intent.setData(uri);
//启动组件
starActivity(intent);
```

上述代码指定了 intent 的 Action 为 intent.Action_VIEW，指定数据为一个网址，Android 系统会根据 Action 的值和数据自动启动浏览器组件。上述代码运行的效果如图 3-21 所示。

图 3-21　运行效果

【例 3-7】编写一个注册程序，包含两个 Activity，分别为 MainActivity 和 TwoActivity，在 MainActivity 中输入完注册信息，点击“提交”按钮，跳转到 TwoActivity，在 TwoActivity 显示注册信息，点击 TwoActivity 中的“返回”按钮返回到 MainActivity。

(1) 新建一个项目“例 3.7”，修改 res/layout 下的布局文件 activity_main.xml，其代码如下：

```
<RelativeLayout xmlns:tools="http://schemas.android.com/tools"
xmlns:android="http://schemas.android.com/apk/res/android"
xmlns:android1="http://schemas.android.com/apk/res/android"
    android:layout_width="match_parent"
    android:layout_height="match_parent"
    tools:context=".MainActivity" >
<TextView
    android:id="@+id/textView1"
    android:layout_width="wrap_content"
    android:layout_height="wrap_content"
    android:layout_alignParentLeft="true"
    android:layout_alignParentTop="true"
    android:layout_marginLeft="18dp"
    android:layout_marginTop="56dp"
    android:text="姓名" />
<TextView
    android:id="@+id/textView2"
```

```
        android:layout_width="wrap_content"
        android:layout_height="wrap_content"
        android:layout_alignLeft="@+id/textView1"
        android:layout_below="@+id/textView1"
        android:layout_marginTop="20dp"
        android:text="年龄" />
    <TextView
        android:id="@+id/textView3"
        android:layout_width="wrap_content"
        android:layout_height="wrap_content"
        android:layout_alignLeft="@+id/textView2"
        android:layout_below="@+id/textView2"
        android:layout_marginTop="31dp"
        android:text="性别" />
    <TextView
        android:id="@+id/textView4"
        android:layout_width="match_parent"
        android:layout_height="40dp"
        android:layout_alignParentLeft="true"
        android:layout_alignParentTop="true"
        android:background="#ff99cc"
        android:gravity="center"
        android:text="请输入基本信息"
        android:textSize="20sp" />
    <EditText
        android:id="@+id/editText1"
        android:layout_width="wrap_content"
        android:layout_height="wrap_content"
        android:layout_alignBaseline="@+id/textView1"
        android:layout_alignBottom="@+id/textView1"
        android:layout_marginLeft="35dp"
        android:layout_toRightOf="@+id/textView1"
        android:ems="10" >
        <requestFocus />
    </EditText>
    <EditText
        android:id="@+id/editText2"
        android:layout_width="wrap_content"
        android:layout_height="wrap_content"
        android:layout_alignBaseline="@+id/textView2"
        android:layout_alignBottom="@+id/textView2"
        android:layout_alignLeft="@+id/editText1"
        android:ems="10" />
    <RadioGroup
        android:id="@+id/radioGroup1"
        android:orientation="horizontal"
        android:layout_width="wrap_content"
        android:layout_height="wrap_content"
        android:layout_alignLeft="@+id/editText2"
```

```
        android:layout_below="@+id/editText2"
        android1:layout_marginTop="22dp">
    <RadioButton
        android:id="@+id/radio0"
        android:layout_width="wrap_content"
        android:layout_height="wrap_content"
        android:checked="true"
        android:text="男" />
        <RadioButton
        android:id="@+id/radio1"
        android:layout_width="wrap_content"
        android:layout_height="wrap_content"
        android:text="女" />
    </RadioGroup>
    <Button
        android1:id="@+id/button1"
        android1:layout_width="wrap_content"
        android1:layout_height="wrap_content"
        android1:layout_below="@+id/radioGroup1"
        android1:layout_marginTop="25dp"
        android1:layout_toRightOf="@+id/textView3"
        android1:text="提交" />
    </RelativeLayout>
```

(2) 编写 MainActivity 的代码如下：

```
package com.example;
import android.App.Activity;
import android.content.Intent;
import android.os.Bundle;
import android.view.Menu;
import android.view.View;
import android.view.View.OnClickListener;
import android.widget.Button;
import android.widget.EditText;
import android.widget.RadioButton;
public class MainActivity extends Activity {
    Button  b1;
    EditText e1,e2;
    RadioButton  rb1,rb2;
    @Override
    protected void onCreate(Bundle savedInstanceState) {
    super.onCreate(savedInstanceState);
    setContentView(R.layout.activity_main);
    //获取对象
    b1=(Button) findViewById(R.id.button1);
    e1=(EditText) findViewById(R.id.editText1);
    e2=(EditText) findViewById(R.id.editText2);
    rb1=(RadioButton) findViewById(R.id.radio0);
    rb2=(RadioButton) findViewById(R.id.radio1);
```

```
    b1.setOnClickListener(new OnClickListener() {
    @Override
    public void onClick(View v) {
        // TODO Auto-generated method stub
        String  user=e1.getText().toString().trim();//获取输入的用户名
        int  age=Integer.parseInt(e2.getText().toString().trim());
        //获取输入的年龄
        String sex="";
        if(rb1.isChecked())  sex="男";
        else   sex="女";
        Intent  intent=new Intent(MainActivity.this,TwoActivity.class);
        Bundle  bundle=new Bundle();
        bundle.putString("user", user);//把用户名放入bundle对象,设置键名为user
        bundle.putInt("age", age);//把年龄放入bundle对象,设置键名为age
        bundle.putString("sex", sex);//把性别放入bundle对象,设置键名为sex
        intent.putExtras(bundle);    //将bundle对象添加到intent
        startActivity(intent);//启动TwoActivity
        }
      });
    }
}
```

(3) 在 res/layout 目录下，创建布局文件 two.xml，采用相对布局。添加 3 个 TextView 和 1 个 Button，two.xml 的代码如下：

```
<?xml version="1.0" encoding="utf-8"?>
<RelativeLayout
xmlns:android="http://schemas.android.com/apk/res/android"
    android:layout_width="match_parent"
    android:layout_height="match_parent" >
<TextView
    android:id="@+id/textView1"
    android:layout_width="wrap_content"
    android:layout_height="wrap_content"
    android:layout_alignParentLeft="true"
    android:layout_alignParentTop="true"
    android:layout_marginLeft="19dp"
    android:layout_marginTop="31dp"
    android:text="姓名" />
<TextView
    android:id="@+id/textView2"
    android:layout_width="wrap_content"
    android:layout_height="wrap_content"
    android:layout_alignLeft="@+id/textView1"
    android:layout_below="@+id/textView1"
    android:layout_marginTop="30dp"
    android:text="年龄" />
<TextView
    android:id="@+id/textView3"
```

```
    android:layout_width="wrap_content"
    android:layout_height="wrap_content"
    android:layout_alignLeft="@+id/textView2"
    android:layout_below="@+id/textView2"
    android:layout_marginTop="40dp"
    android:text="性别" />
<Button
    android:id="@+id/button1"
    android:layout_width="wrap_content"
    android:layout_height="wrap_content"
    android:layout_below="@+id/textView3"
    android:layout_marginTop="69dp"
    android:layout_toRightOf="@+id/textView3"
    android:text="返回" />
</RelativeLayout>
```

(4) 在 com.example 包中创建一个继承 Activity 的类 TwoActivity，并编写代码：

```
package com.example;
import android.App.Activity;
import android.os.Bundle;
import android.view.View;
import android.view.View.OnClickListener;
import android.widget.Button;
import android.widget.TextView;
public class TwoActivity extends Activity {
    TextView  tv1,tv2,tv3;
    Button  b1;
@Override
protected void onCreate(Bundle savedInstanceState) {
    // TODO Auto-generated method stub
    super.onCreate(savedInstanceState);
    setContentView(R.layout.two);
    Bundle  bundle=new Bundle();//创建 Bundle 对象
    bundle=this.getIntent().getExtras();//获取 Bundle 对象
    String user=bundle.getString("user");
    String sex=bundle.getString("sex");
    int   age=bundle.getInt("age");
    //获取对象
    b1=(Button) findViewById(R.id.button1);
    tv1=(TextView) findViewById(R.id.textView1);
    tv2=(TextView) findViewById(R.id.textView2);
    tv3=(TextView) findViewById(R.id.textView3);
    tv1.setText("姓名为: "+user);
    tv2.setText("年龄为: "+age);
    tv3.setText("性别为:"+sex);
    b1.setOnClickListener(new OnClickListener() {
    @Override
    public void onClick(View v) {
        // TODO Auto-generated method stub
```

```
            finish();
        }});
}}
```

(5) 在 AndroidManifest.xml 文件中配置 TwoActivity，具体代码如下：

```
<activity  android:name="com.example.TwoActivity"></activity>
```

(6) 运行程序，将显示一个用户注册页面，输入姓名、年龄、性别，效果如图 3-22 所示，点击“提交”按钮，显示用户注册信息，如图 3-23 所示。点击“返回”按钮，返回到 MainActivity 界面。

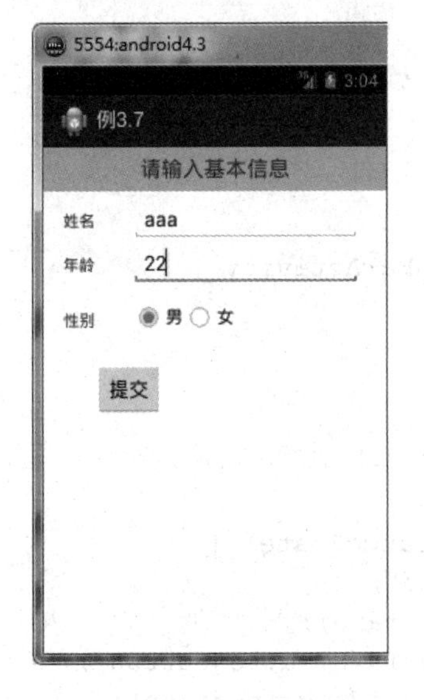

图 3-22　MainActivity 界面效果

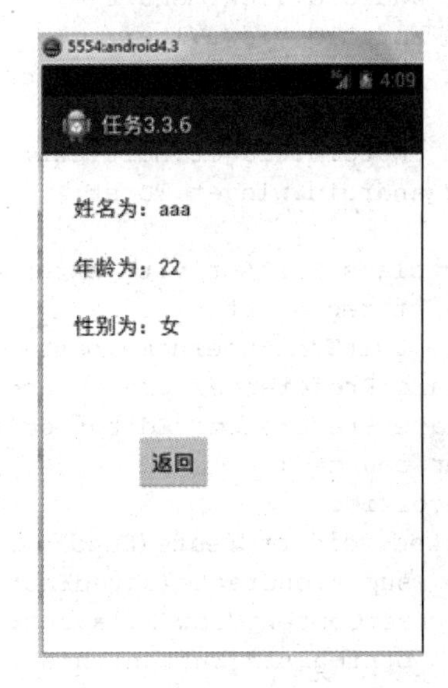

图 3-23　TwoActivity 界面效果

3.4　项目实现——电子词典翻译 App 软件部分代码

1．电子词典翻译 App 软件主界面实现

(1) 效果如图 3-24 所示。

图 3-24　主界面

(2) 主界面的 Java 代码如下：

```
import android.support.v7.App.ActionBarActivity;
import android.App.AlertDialog;
import android.content.DialogInterface;
import android.content.Intent;
import android.content.SharedPreferences;
import android.database.Cursor;
import android.os.Bundle;
import android.view.Menu;
import android.view.MenuItem;
import android.view.View;
import android.view.View.OnClickListener;
import android.widget.Button;
import android.widget.EditText;
import android.widget.Toast;

public class MainActivity extends ActionBarActivity {
Button btnregist,btnok;
private EditText username,password;
    SharedPreferences preferences;
    SharedPreferences.Editor editor;
    int count=0;
    @Override
protected void onCreate(Bundle savedInstanceState) {
        super.onCreate(savedInstanceState);
        setContentView(R.layout.activity_main);
        btnregist=(Button)this.findViewById(R.id.regButton);
        btnok=(Button)this.findViewById(R.id.loginButton);
        username=(EditText)this.findViewById(R.id.editText1);
        password=(EditText)this.findViewById(R.id.editText2);
        btnregist.setOnClickListener(new OnClickListener() {
            @Override
            public void onClick(View v) {
                Intent intent=new Intent();
                intent.setClass(MainActivity.this, RegistActivity.class);
                startActivity(intent);
            }
        });
        btnok.setOnClickListener(new OnClickListener() {

            @Override
            public void onClick(View v) {
                String user=username.getText().toString();
                String psw=password.getText().toString();
                //String msg=login(user,psw);
                //saveLoinginfor();
                if(login(user,psw)){
                    Toast.makeText(getApplication(), "恭喜 你 登录成功! ",
                    Toast.LENGTH_LONG).show();
                     String msg=user+","+psw+",";
```

```
                    Intent intent=new Intent
                        (MainActivity.this,WordShowActivity.class);
                    intent.putExtra("data",msg);
                    startActivity(intent);
                    }
                else
    Toast.makeText(getApplication(), "登录失败，用户名或密码不正确！",
                    Toast.LENGTH_LONG).show();
            }
        });
    }
    private void showDialog(String msg){
        AlertDialog.Builder builder = new AlertDialog.Builder(this);
        builder.setMessage(msg)
        .setCancelable(false)
        .setPositiveButton("确定", new DialogInterface.OnClickListener() {
            public void onClick(DialogInterface dialog, int id) {
            }
        });
        AlertDialog alert = builder.create();
        alert.show();
    }
    private boolean login(String username,String password){
        WordDBHelper mw=new WordDBHelper(this);
        Cursor c=mw.queryUserByname(username, password);
        if(c!=null) return true;
        else return false;
    }
    @Override
    public boolean onCreateOptionsMenu(Menu menu) {
        //Inflate the menu; this adds items to the action bar if it is present.
        getMenuInflater().inflate(R.menu.main, menu);
        return true;
    }
    @Override
    public boolean onOptionsItemSelected(MenuItem item) {
        //Handle action bar item clicks here. The action bar will
        //automatically handle clicks on the Home/Up button, so long
        //as you specify a parent activity in AndroidManifest.xml.
        int id = item.getItemId();
        if (id == R.id.action_settings) {
            return true;
        }
        return super.onOptionsItemSelected(item);
    }
}
```

2. 电子词典翻译 App 软件注册功能的实现

(1) 界面实现效果如图 3-25 所示。

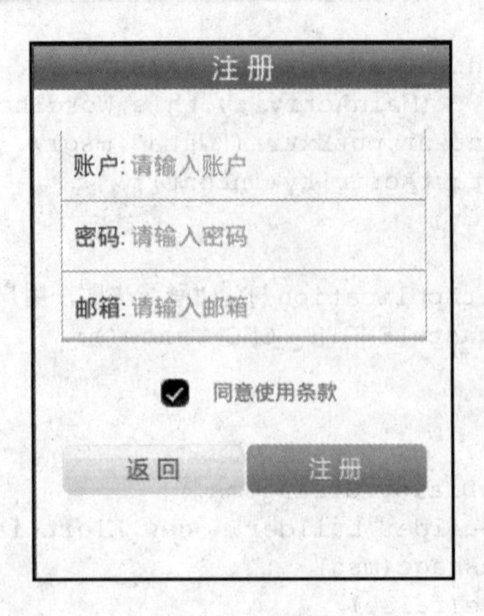

图 3-25　注册界面

(2)　注册功能的 Java 代码如下：

```
import com.example.ddic.R;
import android.App.Activity;
import android.os.Bundle;
import android.view.View;
import android.view.Window;
import android.view.View.OnClickListener;
import android.widget.EditText;
import android.widget.ImageButton;
import android.widget.ImageView;
import android.widget.Toast;
public class RegisterActivity  extends Activity {
    private EditText registerUserName;
    private EditText registerPassWord;
    private EditText email;
    private ImageView agreementCheckBox;
    private static Boolean isPlay=false;
    private ImageButton backBtn;
    private ImageButton registerBtn02;
    @Override
    protected void onCreate(Bundle savedInstanceState) {
        // TODO Auto-generated method stub
        super.onCreate(savedInstanceState);
        this.requestWindowFeature(Window.FEATURE_NO_TITLE);
        setContentView(R.layout.register);
        registerUserName=(EditText) this.findViewById(R.id.registerUserName);
        registerPassWord=(EditText) this.findViewById(R.id.registerPassWord);
        email=(EditText) this.findViewById(R.id.email);
        agreementCheckBox=(ImageView) this.findViewById(R.id.agreementCheckBox);
        backBtn=(ImageButton) this.findViewById(R.id.backBtn);
        registerBtn02=(ImageButton) this.findViewById(R.id.registerBtn02);
```

```
        backBtn.setOnClickListener(new OnClickListener() {
            @Override
            public void onClick(View v) {
                // TODO Auto-generated method stub
                finish();
            }
        });
        agreementCheckBox.setOnClickListener(new OnClickListener() {
            @Override
            public void onClick(View v) {
                // TODO Auto-generated method stub
                if(isPlay==false){
        agreementCheckBox.setImageResource(R.drawable.checkbox_n);
                isPlay=true;
                }else{
        agreementCheckBox.setImageResource(R.drawable.checkbox_s);
                    isPlay=false;
                }
            }
        });
        registerBtn02.setOnClickListener(new OnClickListener() {

            @Override
    public void onClick(View v) {
                // TODO Auto-generated method stub
        if(registerUserName.getText().toString().trim().equals("")){
                Toast.makeText(getApplicationContext(), "账号不能为空", 1).show();
                }else if(registerPassWord.getText().toString().trim()
                    .equals("")){
                Toast.makeText(getApplicationContext(), "密码不能为空", 1).show();
                }else if(email.getText().toString().trim().equals("")){
                Toast.makeText(getApplicationContext(), "邮箱不能为空", 1).show();
                }else{
        Toast.makeText(getApplicationContext(), "对不起此版块暂未开通", 1).show();
                registerUserName.setText("");
                registerPassWord.setText("");
                email.setText("");
                }
            }
        });
    }
}
```

3. 电子词典翻译 App 软件登录功能的实现

(1) 界面实现效果如图 3-26 所示。

图 3-26　登录界面

(2) 登录功能的 Java 代码如下：

```
import com.example.ddic.R;
import android.App.Activity;
import android.App.AlertDialog;
import android.content.DialogInterface;
import android.content.Intent;
import android.os.Bundle;
import android.view.KeyEvent;
import android.view.View;
import android.view.Window;
import android.view.View.OnClickListener;
import android.widget.EditText;
import android.widget.ImageButton;
import android.widget.Toast;
public class TestActivity extends Activity {
    private EditText userName;
    private EditText password;
    private ImageButton registerBtn;
    private ImageButton loginBtn;
    @Override
    protected void onCreate(Bundle savedInstanceState) {
        // TODO Auto-generated method stub
        super.onCreate(savedInstanceState);
        this.requestWindowFeature(Window.FEATURE_NO_TITLE);
        setContentView(R.layout.test);
        userName = (EditText) this.findViewById(R.id.userName);
        password = (EditText) this.findViewById(R.id.passWord);
        registerBtn = (ImageButton) this.findViewById(R.id.registerBtn01);
        loginBtn = (ImageButton) this.findViewById(R.id.loginBtn);

        registerBtn.setOnClickListener(new OnClickListener() {
            @Override
            public void onClick(View v) {
                // TODO Auto-generated method stub
                userName.setText("");
```

```
                password.setText("");
                Intent intent = new Intent(TestActivity.this,
                        RegisterActivity.class);
                startActivity(intent);
                overridePendingTransition(R.anim.fade, R.anim.hold);
            }
        });
        loginBtn.setOnClickListener(new OnClickListener() {
            @Override
            public void onClick(View v) {
                // TODO Auto-generated method stub
                if (userName == null
                        || userName.getText().toString().trim().equals("")) {
                    Toast.makeText(getApplicationContext(), "用户名不能为空",
                            1).show();
                } else {
                    if (password == null
                        || password.getText().toString().trim().equals("")) {
                   Toast.makeText(getApplicationContext(), "密码不能为空",
                                1).show();
                    } else {
                Toast.makeText(getApplicationContext(), "对不起此版块暂未开通",
                                1).show();
                        userName.setText("");
                        password.setText("");
                    }
                }
            }
        });
    }
    @Override
    public boolean onKeyDown(int keyCode, KeyEvent event) {
        // TODO Auto-generated method stub
        if (keyCode == KeyEvent.KEYCODE_BACK) {
            AlertDialog.Builder builder = new AlertDialog.Builder(
                    TestActivity.this);
            builder.setIcon(R.drawable.bee);
            builder.setTitle("你确定退出吗？");
            builder.setPositiveButton("确定",
                    new DialogInterface.OnClickListener() {
                        public void onClick(DialogInterface dialog,
                                int whichButton) {
                            TestActivity.this.finish();
                            android.os.Process.killProcess(android.os.Process
                                    .myPid());
                            android.os.Process.killProcess(android.os.Process
                                    .myTid());
```

```
                    android.os.Process.killProcess(android.os.Process
                            .myUid());                          }
                }});
            builder.setNegativeButton("返回",
                    new DialogInterface.OnClickListener() {
                        public void onClick(DialogInterface dialog,
                                int whichButton) {
                            dialog.cancel();
                        }
                    });
            builder.show();
            return true;
        }
        return super.onKeyDown(keyCode, event);
    }
}
```

习　题

1. 编写一个计算成绩等级程序，在 Activity01 中选择性别并输入成绩，点击“计算”按钮把结果传递到 Activity02 中；在 Activity02 中根据不同的性别显示不同信息，并显示出成绩的等级，点击“返回”按钮返回到 Activity01。效果如图 3-27 和图 3-28 所示。

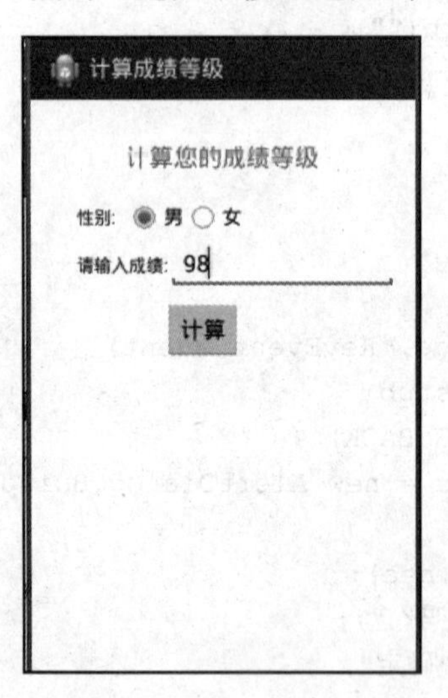

图 3-27　Activity01 效果

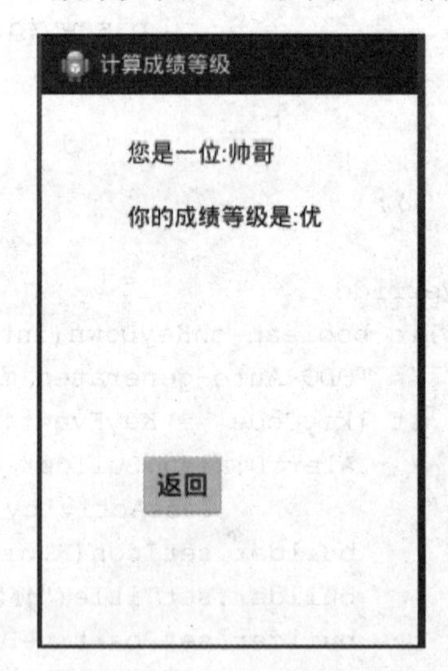

图 3-28　Activity02 效果

2. 编写程序，实现如图 3-29 所示的选项菜单，当点击某个菜单时把背景颜色改变为对应的颜色。

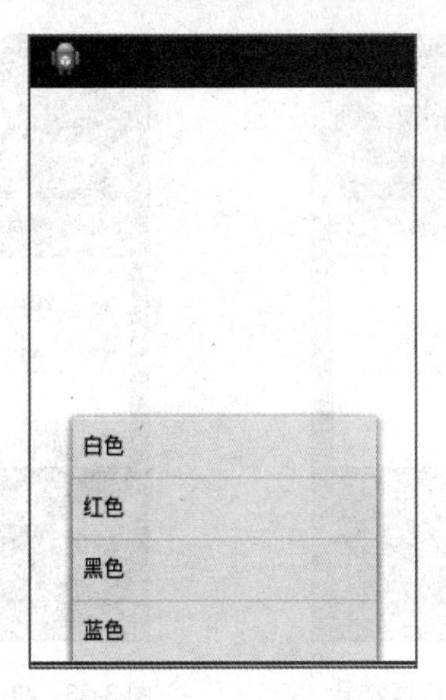

图 3-29　选项菜单

3. 设计一个 Android 程序实现以下功能。

(1) 使用 ListView 显示出学生的学号及姓名，效果如图 3-30 所示。

(2) 当在某个人名上长按时，显示一个选项对话框，包含两个选项：“添加”和“删除”，效果如图 3-31 所示。

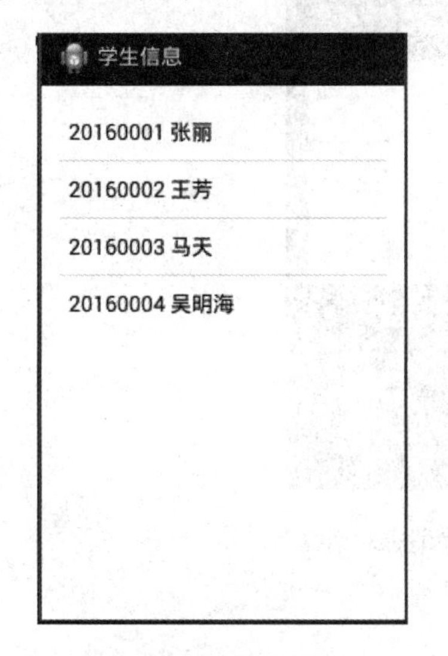

图 3-30　显示学生效果

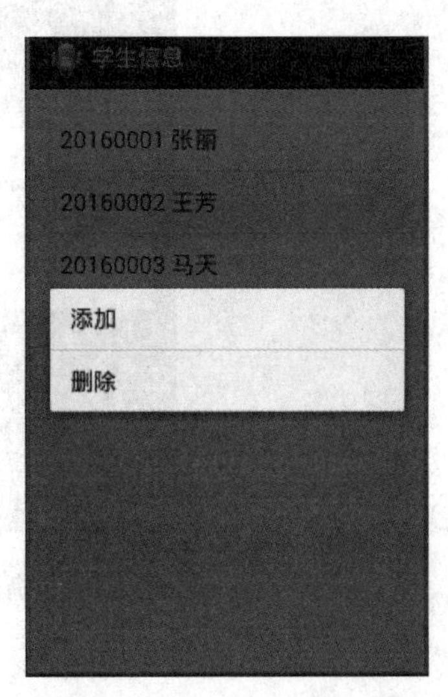

图 3-31　选项菜单效果

(3) 当点击“添加”选项按钮时，弹出一个用来输入学号和姓名的自定义对话框，如图 3-32 所示，点击对话框上的“确定”按钮，把输入的信息以 Toast 的方式显示出来，效果如图 3-33 所示。点击“取消”按钮，对话框消失。

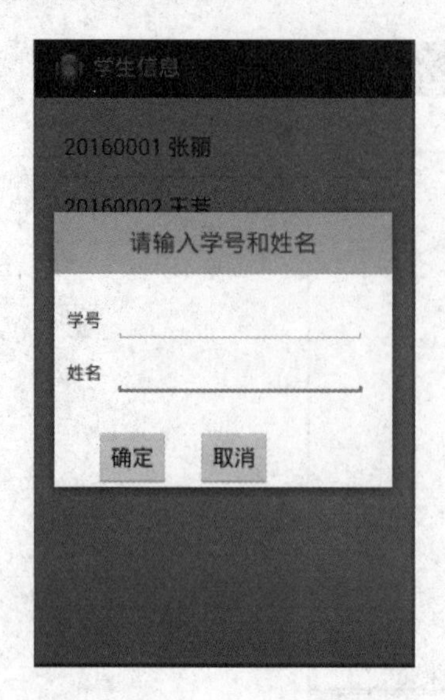

图 3-32　自定义对话框效果

图 3-33　单击“确定”按钮效果

(4) 当点击“删除”选项按钮，则弹出一个消息对话框，效果如图 3-34 所示。

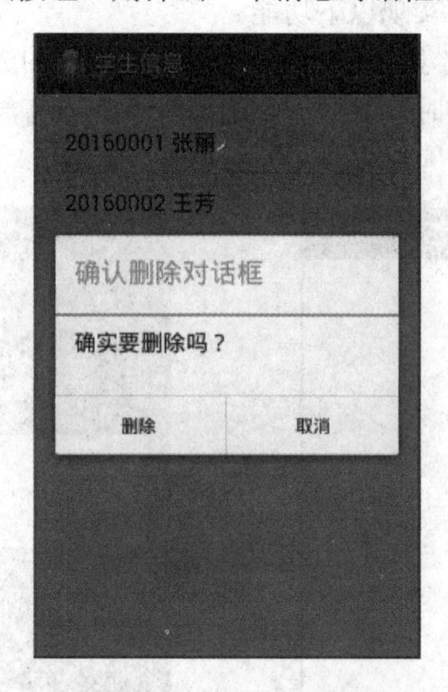

图 3-34　确认删除消息对话框

项目 4　电子词典翻译 App 软件后台服务与系统服务技术

技能目标

★　能够熟练使用 Service;
★　能够熟练使用广播接收者 BroadcastReceiver。

知识目标

★　理解 Service 的概念;
★　掌握 Service 的两种启动方式;
★　掌握本地 Service 通信，理解远程 Service 通信;
★　掌握广播接收者 BroadcastReceiver 的用法。

项目任务

本项目主要介绍 Android 的两个组件：服务 Service 和广播接收者 BroadcastReceiver，并实现电子词典翻译 App 软件后台服务。

4.1　任务 1　Service

任务描述

Service 是 Android 系统中的重要组件，它在后台运行，能在后台加载数据、运行程序等，本任务的主要目标是熟练掌握 Service 的使用方法。

任务目标

(1)　熟练掌握 Service 的使用方法;
(2)　熟练掌握 Service 的本地通信方式。

知识要点

4.1.1　Service 简介

Service 即“服务”的意思，是 Android 的四大组件之一，是并不直接与用户交互的运行于后台的一类组件。它跟 Activity 的级别差不多，但是它不能自己运行，需要通过某一个 Activity 或者其他 Context 对象来调用，如 Context.startService()和 Context.bindService()。那么我们什么时候需要用 Service 呢？它用于处理一些不干扰用户使用的后台操作，比如播放多媒体的时候用户启动了其他 Activity，这时程序要在后台继续播放，或者检测 SD 卡上文件的变化，再或者在后台记录地理信息位置的改变，等等，总之服务一直是藏在后面的。

服务分为本地服务和远程服务，区分这两种服务的方法就是看客户端和服务端是否在同一个进程中：本地服务是在同一进程中的，远程服务不在同一个进程中。

4.1.2　Service 操作

Service 开发分为 3 步：定义 Service、配置 Service 和启动 Service。

1. 定义 Service

Android 提供了一个系统类 android.App.Service，定义时只需要继承该类即可。定义的语法如下：

```
public class Service1 extends Service {       //自定义 Service 子类继承于 Service
    @Override
    public IBinder onBind(Intent intent) {  //新建 Service 时系统自动覆盖 onBind
                                              //方法，用于通信
        return null;    }
}
```

2. 配置 Service

Androidmanifest 里 Service 的常见属性说明如表 4-1 所示。

表 4-1　Androidmanifest 里 Service 的常见属性说明

属　性	说　明
android:name	Service 的类名
android:label	Service 的标签。若不设置，默认为 Service 类名
android:icon	Service 的图标
android:permission	声明此 Service 的权限。提供了该权限的应用才能控制或连接此服务
android:process	表示该服务是否在另一个进程中运行(远程服务)。不设置则默认为本地服务；设置为 remote 则表示远程服务
android:enabled	系统默认启动。True 表示 Service 将会默认被系统启动；不设置则默认为 false
android:exported	设置该服务是否能够被其他应用程序所控制或连接。不设置默认此项为 false

在 AndroidManifest.xml 文件的<application>里添加如下代码：

```
<service android:name="Service1"></service>
```

3. 启动 Service

启动服务也有两种方式：一种是 startService()，它对应的结束服务的方法是 stopService()；另一种是 bindService()，对应的结束服务的方法是 unbindService()。这两种方式的区别就是：当客户端(Client)使用 startService()方法启动服务的时候，这个服务和 Client 之间就没有联系了，Service 的运行和 Client 是相互独立的，想结束这个服务的话，就在服务本身中调用 stopService()方法。而当客户端(Client)使用 bindService()方法启动服务的时候，这个服务和 Client 是一种关联的关系，它们之间使用 Binder 的代理对象进行交互(这个在后面会详细说到)；要是结束服务的话，需要在 Client 中和服务断开，调用 unBindService()方法。

Service 服务的常用方法如表 4-2 所示。

表 4-2　Service 服务的常用方法

方　法	说　明
void onCreate()	当 Service 启动时被触发，无论使用 Context.startServcie 还是 Context.bindService 启动服务，在 Service 的整个生命周期内只会被触发一次
int onStartCommand(Intent intent, int flags, int startId)	当通过 Context.startService 启动服务时将触发此方法，但当使用 Context.bindService 方法时不会触发此方法，其中参数 intent 是 startCommand 的输入对象，参数 flags 代表 Service 的启动方式，参数 startId 是当前启动 Service 的唯一标识符。返回值决定服务结束后的处理方式
void onStart(Intent intent, int startId)	2.0 版本的方法，已被 Android 抛弃，不推荐使用，默认在 onStartCommand 执行中会调用此方法
IBinder onBind(Intent intent)	使用 Context.bindService 触发服务时将调用此方法，返回一个 IBinder 对象，在远程服务时可用于对 Service 对象进行远程操控
void onRebind(Intent intent)	当调用 bindService 启动 Service，且 onUnbind 返回值为 true 时，再次调用 Context.bindService 将触发方法
boolean onUnbind(Intent intent)	调用 Context.unbindService 触发此方法，默认返回 false；若返回值为 true，再次调用 Context.bindService 时将触发 onRebind 方法
void onDestroy()	分三种情况：(1) 以 Context.startService 启动 service，调用 Context.stopService 结束时触发此方法； (2)以 Context.bindService 启动 service，以 Context.unbindService 结束时触发此方法； (3)先以 Context.startService 启动服务，再用 Context.bindService 绑定服务，结束时必须先调用 Context.unbindService 解绑再使用 Context.stopService 结束 service 才会触发此方法

【例 4-1】了解 Service 生命周期。

(1)　定义 Service。在 src 包中新建一个类，文件名为 Service1.java，重写父类的 onCreate 方法、onStartCommand 方法、onDestroy 方法和 onBind 方法。

```
public class Service1 extends Service {
    @Override
    public void onCreate() {
```

```
        super.onCreate();
        Toast.makeText(this, "创建后台服务…",Toast.LENGTH_LONG).show();
    }
    @Override
    public int onStartCommand(Intent intent, int flags, int startId) {
        Toast.makeText(this, "启动后台服务…",Toast.LENGTH_LONG).show();
        return super.onStartCommand(intent, flags, startId);
    }
    @Override
    public void onDestroy() {
        super.onDestroy();
        Toast.makeText(this, "销毁后台服务…",Toast.LENGTH_LONG).show();
    }
    @Override
    public IBinder onBind(Intent intent) {
        // TODO Auto-generated method stub
        return null;
    }
}
```

(2) 配置 Service。

```
// AndroidManifest.xml
 <Application
 …
 <service android:name="Service1"></service>
 </Application>
```

(3) 启动 Service。在主布局文件中设置两个 Button，分别用于启动和停止 Service。

① startService()启动 Service。

```
public class MainActivity extends ActionBarActivity {
    Button btn1,btn2;
    Intent intent;
    @Override
protected void onCreate(Bundle savedInstanceState) {
    super.onCreate(savedInstanceState);
    setContentView(R.layout.activity_main);
    btn1=(Button)this.findViewById(R.id.button1);
    btn2=(Button)this.findViewById(R.id.button2);
    intent=new Intent(this,Service1.class);
    btn1.setOnClickListener(new OnClickListener(){
        @Override
        public void onClick(View v) {
            startService(intent);
    }
        });
    btn2.setOnClickListener(new OnClickListener(){
        @Override
        public void onClick(View v) {
```

```
                stopService(intent);
            }
        });
    }
}
```

运行结果如图 4-1 所示。单击 start1 按钮，发现使用 context.startService()启动 Service 时会经历 onCreate()→onStartCommand()→Service 运行。

单击 stop1 按钮，发现使用 context.stopService()停止 Service 时会经历 onDestroy()→Service 停止。

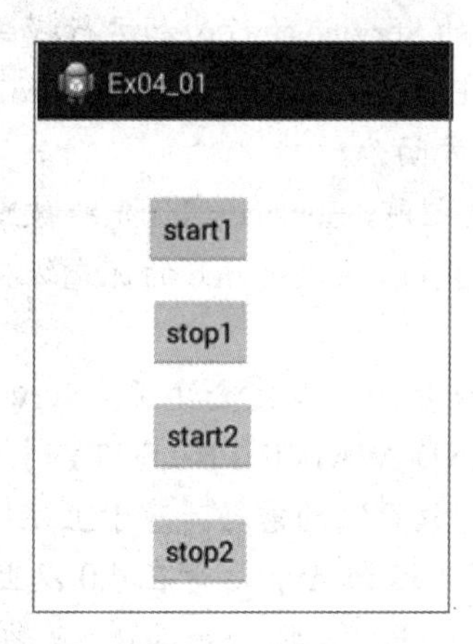

图 4-1　启动 Service

② bindService()启动 Service。

```
public class MainActivity extends ActionBarActivity {
    Intent intent;
    Button btn1,btn2;
    ServiceConnection sconn=new ServiceConnection(){
        @Override
        public void onServiceConnected(ComponentName name, IBinder service) { }
        @Override
        public void onServiceDisconnected(ComponentName name) {  }
    };
@Override
protected void onCreate(Bundle savedInstanceState) {
    super.onCreate(savedInstanceState);
    setContentView(R.layout.activity_main);
    intent.setAction("android.intent.action.start");
    btn1=(Button)this.findViewById(R.id.button1);
    btn2=(Button)this.findViewById(R.id.button2);
    intent=new Intent(this,Service1.class);
    btn1.setOnClickListener(new OnClickListener(){
            @Override
            public void onClick(View v) {
                bindService(intent,sconn,BIND_AUTO_CREATE);
    }
```

```
    });
    btn2.setOnClickListener(new OnClickListener(){
            @Override
            public void onClick(View v) {
                unbindService(sconn);
            }
    });
}
```

注意：bindService(Intent service, ServiceConnection conn, int flags)方法的 flag 参数，可以控制需要绑定的 Service 的行为和运行模式，其中 BIND_AUTO_CREATE 和 BIND_WAIVE_PRIORITY 两个值在 Android 4.0 版本前后有一些区别，主要表现在以下两个方面。

① 在 Android 4.0 之前，Service 的优先级被默认视同后台任务。如果设置了 BIND_AUTO_CREATE，则 Service 的优先级将等同于宿主进程，也就是调用 bindService 的进程。

② 在 Android 4.0 及以后就完全变了，Service 的优先级默认等同于宿主进程，只有设置了 BIND_WAIVE_PRIORITY 才会使 Service 被当作后台任务对待。WAIVE 就是“放弃”的意思。基于上述区别，必须对不针对 4.0 以上开发的 App 进行兼容。这种 App 运行在 4.0 以上时，bindService 没有同时设置 BIND_AUTO_CREATE，则 Service 应被视为后台任务，那么 BIND_WAIVE_PRIORITY 会被偷偷加上去。

单击 start2 按钮，发现使用 context.bindService()启动 Service 会经历 onCreate()→onBind()→Service 运行。

单击 stop2 按钮，发现使用 context. unbindService(sconn))停止 Service 会经历 onDestroy()→Service 停止。

【例 4-2】简单的后台音乐播放器，此处采用 context.startService() 启动 Service 的方法实现。

```
public class Service1 extends Service {
    MediaPlayer play;
    @Override
    public void onCreate() {
        super.onCreate();
        play=MediaPlayer.create(this, R.raw.a);
    }
    @Override
    public int onStartCommand(Intent intent, int flags, int startId) {
        super.onStartCommand(intent, flags, startId);
        play.start();
        return START_STICKY;
    }
    @Override
    public void onDestroy() {
```

```
        play.release();
        super.onDestroy();
    }
    @Override
    public IBinder onBind(Intent intent) {
        // TODO Auto-generated method stub
        return null;
    }
}
```

4.1.3 Service 通信

根据通信方式，Service 可分为本地服务(Local Service)和远程服务(Remote Service)两种类型。本地服务运行在当前的应用程序里面，主要用于实现应用程序自己的一些耗时任务，比如查询升级信息，并不占用应用程序(比如 Activity)所属线程，而是单开线程后台执行，这样用户体验比较好；远程服务则运行在其他应用程序里面，可被其他应用程序复用，比如天气预报服务，其他应用程序不需要再写这样的服务，调用已有的服务即可。

1. 本地服务通信

如果在应用程序内 Service 和访问者之间需要进行通信，应该调用 bindService()绑定 Service 与访问者；通信结束后，再调用 unbindService()解除绑定，退出 Service。

启动的 Service 是运行在主线程中的，所以耗时的操作还是要新建工作线程，用 bindService 时需要实现 ServiceConnection，flags 参数值为 BIND_AUTO_CREATE。Service 中关键要返回 IBinder 的实现类对象，该对象中会使用服务中的一些 API，一般在自定义的 ServiceConnection 实现类中获得和关闭 IBinder 对象，通过获得的 IBinder 对象实现调用服务中的 API。

【例 4-3】本地服务与 Activity 通信。

(1) 创建一个 Service3 类，该类继承 Android 的 Service 类。这里写了一个计数服务的类，每秒钟为计数器加 1。在服务类的内部，还创建了一个线程，用于实现后台执行上述业务逻辑。

```
Service3.java
public class Service3 extends Service {
int counter=0;
boolean bRunning=true;
mBinder binder=new mBinder();
public class mBinder extends Binder{  //用于通信的
    public int getCounter(){
        return counter;
    }
 }
    @Override
    public int onStartCommand(Intent intent, int flags, int startId) {
        Toast.makeText(this, "启动后台服务…",Toast.LENGTH_LONG).show();
        return super.onStartCommand(intent, flags, startId);
```

```
        }
        @Override
        public IBinder onBind(Intent intent) {
            return binder;
    }
        @Override
        public void onCreate() {     //创建计数器
            super.onCreate();
            Toast.makeText(this, "创建后台服务…",Toast.LENGTH_LONG).show();
            new Thread(new Runnable(){
                @Override
                public void run() {
                    while(bRunning=true){
                        try {
                            Thread.sleep(1000);
                        } catch (InterruptedException e) {
                            e.printStackTrace();
                    }
                        counter++;
                    }
                }
            }).start();
        }
        @Override
        public void onDestroy() {
            super.onDestroy();
            bRunning=false;
            Toast.makeText(this, "销毁后台服务…",Toast.LENGTH_LONG).show();
        }
        @Override
        public boolean onUnbind(Intent intent) {
            return true;
        }
    }
```

(2) 启动 Service，在主布局文件中设置三个 Button，分别用于启动 Service、停止 Service 和从 Service 获取数据，如图 4-2(a)所示。

```
MainActivity.java
public class MainActivity extends ActionBarActivity {
    Intent intent=new Intent();
    Button btn1,btn2,btn3;
    Service3.mBinder binder;
    ServiceConnection sconn=new ServiceConnection(){
        @Override
        public void onServiceConnected(ComponentName name, IBinder service) {
            System.out.println("--ServiceConnected--");
           binder=(Service3.mBinder)service;
        }
        @Override
```

```
        public void onServiceDisconnected(ComponentName name) {
            System.out.println("--ServiceDisconnected--");
            binder=null;
        }
    };
@Override
protected void onCreate(Bundle savedInstanceState) {
    super.onCreate(savedInstanceState);
    setContentView(R.layout.activity_main);
    intent.setAction("android.intent.action.start");
    btn1=(Button)this.findViewById(R.id.button1);
    btn2=(Button)this.findViewById(R.id.button2);
    btn1.setOnClickListener(new OnClickListener(){
        @Override
        public void onClick(View v) {
            bindService(intent,sconn,BIND_AUTO_CREATE);
        }
    });
    btn2.setOnClickListener(new OnClickListener(){
        @Override
        public void onClick(View v) {
            unbindService(sconn);
        }
    });
    btn3=(Button)this.findViewById(R.id.button3);
    btn3.setOnClickListener(new OnClickListener(){
        @Override
        public void onClick(View v) {
        Toast.makeText(MainActivity.this, "Service 的 count 值为:
            "+binder.getCounter(),Toast.LENGTH_LONG).show();
        }
    });
}
```

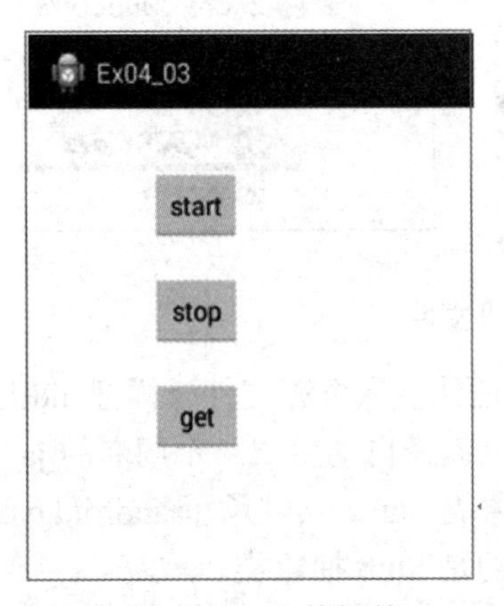

(a) 单击“get”按钮前

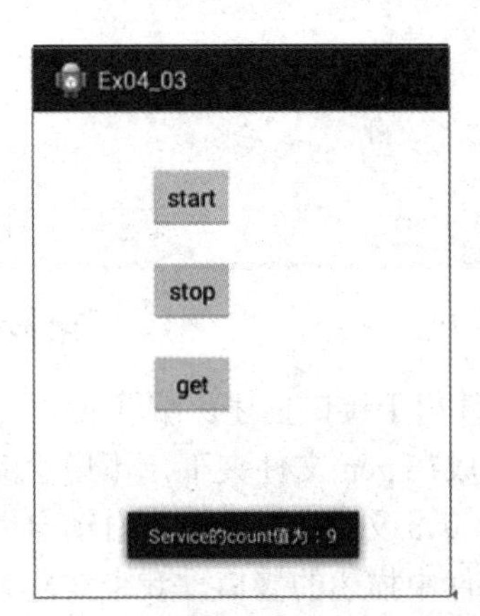

(b) 单击“get”按钮后

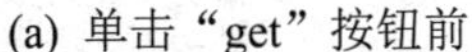

图 4-2 本地服务与 Activity 通信

(3) 配置 Service。

```
// AndroidManifest.xml
</application>
......
  <service android:name="Service3">      </service>
</application>
```

(4) 单击 start 按钮，连接服务 Service；单击 get 按钮，从服务 Service 获得 count 的值，如图 4-2(b)所示；每次单击 get 按钮，从服务 Service 处获得的 count 值都不一样。

2. 远程服务通信

访问远程服务类似进程间通信。在 Android 系统中，各应用程序都运行在自己的进程中，进程之间一般无法直接进行通信或数据交换，但是 Android 提供了 AIDL 工具来实现跨进程的通信。AIDL(Android Interface Definition Language，安卓接口定义语言)是一种 Android 内部进程通信接口的描述语言，通过它我们可以定义进程间的通信接口。

【例 4-4】使用 AIDL 实现跨进程通信。

(1) 创建.aidl 文件。

创建.aidl 文件的步骤如图 4-3 所示。

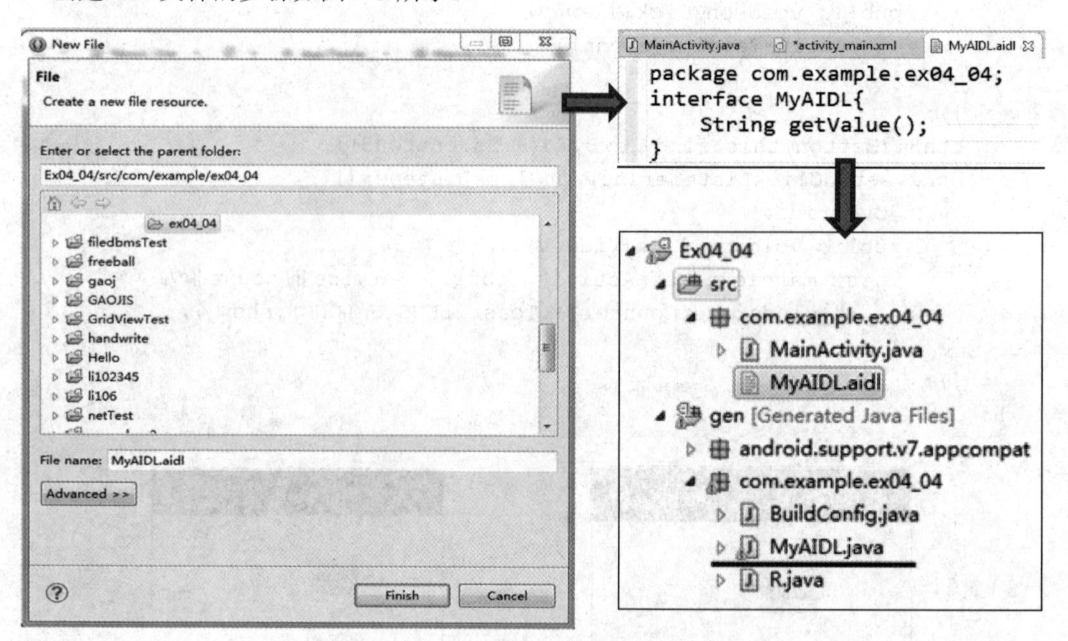

图 4-3 创建.aidl 文件

aidl 文件用于接口描述。编译 aidl 文件，adt 插件会像资源文件一样把 aidl 文件编译成 java 代码生成在 gen 文件夹下，不用手动去编译，编译自动生成一个同名的 java 文件，在自动生成的 java 文件中，系统会自动定义一个抽象类 Stub，其继承了 android.os.Binder 类，实现 aidl 文件中描述的接口，我们实际需要实现的是 Stub 抽象类。

```
MyAIDL.java
package com.example.servicesaidl;
```

```
interface MyAIDL{
String getValue();}
```

在 Stub 类中都会生成一个 asInterface()方法，首先当 bindService 之后，客户端会得到一个 Binder 引用，那么在拿到 Binder 引用后，调用 xxxxService.Stub.asInterface(IBinder obj)即可得到一个 xxxxService 实例对象。

注意：
- 可以引用其他 aidl 文件中定义的接口，但是不能够引用 Java 类文件中自定义的接口。
- interface 前不能有修饰符，方法前也不能有修饰符。

(2) 定义 Service。

实现定义 aidl 接口中的内部抽象类 Stub，Stub 类继承了 Binder，并继承我们在 aidl 文件中定义的接口，我们需要实现接口方法。

```
MyAIDLService.java
package com.example.servicesaidl;
public class MyAIDLService  extends Service{
        String[] values={"java","c#","android"};
        int index=0;
        boolean bRunning=true;
        public class mBinder extends MyAIDL.Stub{
            @Override
            public String getValue() throws RemoteException {
                return values[index];
            }
        }
        @Override
        public IBinder onBind(Intent intent) {
            return new mBinder();
        }
        @Override
        public void onCreate() {
            super.onCreate();
            new Thread(new Runnable(){
                @Override
                public void run() {
                    while(bRunning=true){
                        index=(int)(Math.random()*2);
                        try {
                            Thread.sleep(1000);
                        } catch (InterruptedException e) {
                            e.printStackTrace();
                        }
                    }
                }
            }).start();
        }
```

```
        @Override
        public void onDestroy() {
            super.onDestroy();
        }
        @Override
        public boolean onUnbind(Intent intent) {
            return super.onUnbind(intent);
        }
    }
```

(3) 定义 Activity 界面中的两个 Button，分别用来连接 Service 和从 Service 获取数据。

```
MainActivity.java
package com.example.servicesaidl;
public class MainActivity extends ActionBarActivity {
    Intent intent;
    MyAIDL myaidl;
    mServiceConnection sconn;
    class mServiceConnection implements ServiceConnection {
    public void onServiceConnected(ComponentName name, IBinder boundService) {
    myaidl=MyAIDL.Stub.asInterface((IBinder)boundService);
        Toast.makeText(MainActivity.this, "Service connected",
Toast.LENGTH_LONG).show();        }
    public void onServiceDisconnected(ComponentName name) {
        myaidl = null;
        Toast.makeText(MainActivity.this, "Service disconnected",
Toast.LENGTH_LONG).show();
    }
  }
Button btn1,btn2;
@Override
protected void onCreate(Bundle savedInstanceState) {
    super.onCreate(savedInstanceState);
    setContentView(R.layout.activity_main);
    sconn=new mServiceConnection();
    intent=new Intent(MainActivity.this,MyAIDLService.class);
    btn1=(Button)this.findViewById(R.id.button1);
    btn2=(Button)this.findViewById(R.id.button2);
    btn1.setOnClickListener(new mClick());//连接
    btn2.setOnClickListener(new mClick());  //获取数据
  }
   public class mClick implements OnClickListener{
        @Override
        public void onClick(View v) {
            if(v==btn1) bindService(intent,sconn,BIND_AUTO_CREATE);
            if(v==btn3)
                try {
                    String str=myaidl.getValue();
                    Toast.makeText(MainActivity.this, "您选择了:"
                                    +str,Toast.LENGTH_LONG).show();
                } catch (RemoteException e) {
```

```
                // TODO Auto-generated catch block
                e.printStackTrace();
            }
        }
    }
    protected void onDestroy() {
    super.onDestroy();
    unbindService(sconn);
    sconn = null;
    }
@Override
public boolean onCreateOptionsMenu(Menu menu) {
    getMenuInflater().inflate(R.menu.main, menu);
    return true;
}
@Override
public boolean onOptionsItemSelected(MenuItem item) {
    int id = item.getItemId();
    if (id == R.id.action_settings) {
        return true;
    }
    return super.onOptionsItemSelected(item);
  }
}
```

(4) 注册代码如下。

```
AndroidManifest.xml
</application>
…
  <service android:name="com.example.servicesaidl.MyAIDLService">
</service>
</application>
```

运行结果如图 4-4 所表示，单击 start 按钮连接远程服务，单击 get 按钮从远程服务处获取数据。

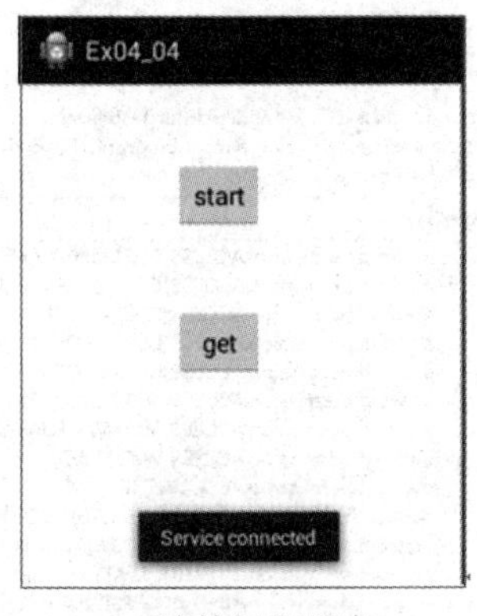

(a) 连接远程服务

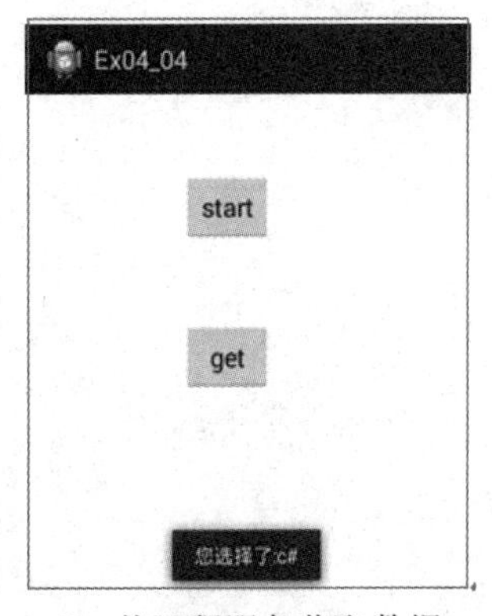

(b) 从远程服务获取数据

图 4-4　运行结果

4.1.4 系统 Service

我们在 Android 开发过程中经常会用到各种各样的系统管理服务，如进行窗口相关的操作会用到窗口管理服务 WindowManager，进行电源相关的操作会用到电源管理服务 PowerManager，还有很多其他的系统管理服务，如通知管理服务 NotificationManager、振动管理服务 Vibrator、电池管理服务 BatteryManager……这些管理服务提供了很多对系统层的控制接口。对于 App 开发者，只需要了解这些接口的使用方式，就可以方便地进行系统控制，获得系统各个服务的信息，而不需要了解这些接口的具体实现方式。而对于 Framework 开发者，则需要了解这些 Manager 服务的常用实现模式，维护这些 Manager 服务的接口，扩展这些接口，或者实现新的 Manager。

使用系统 Service 的步骤如下：

(1) 通过方法 getSystemService，可以获得各种系统服务。

(2) 获取系统服务相关属性，并调用其相关方法。

(3) 添加用户权限。

Android 某些功能的使用需要获得权限，对于一些常用权限，可以在 Androidmanifest.xml 中添加。打开 Androidmanifest.xml 的 PERMISSION 面板，添加步骤如图 4-5 所示。切换至 AndroidManifest.xml 面板，可查看权限是否添加成功。常用权限如表 4-3 所示。

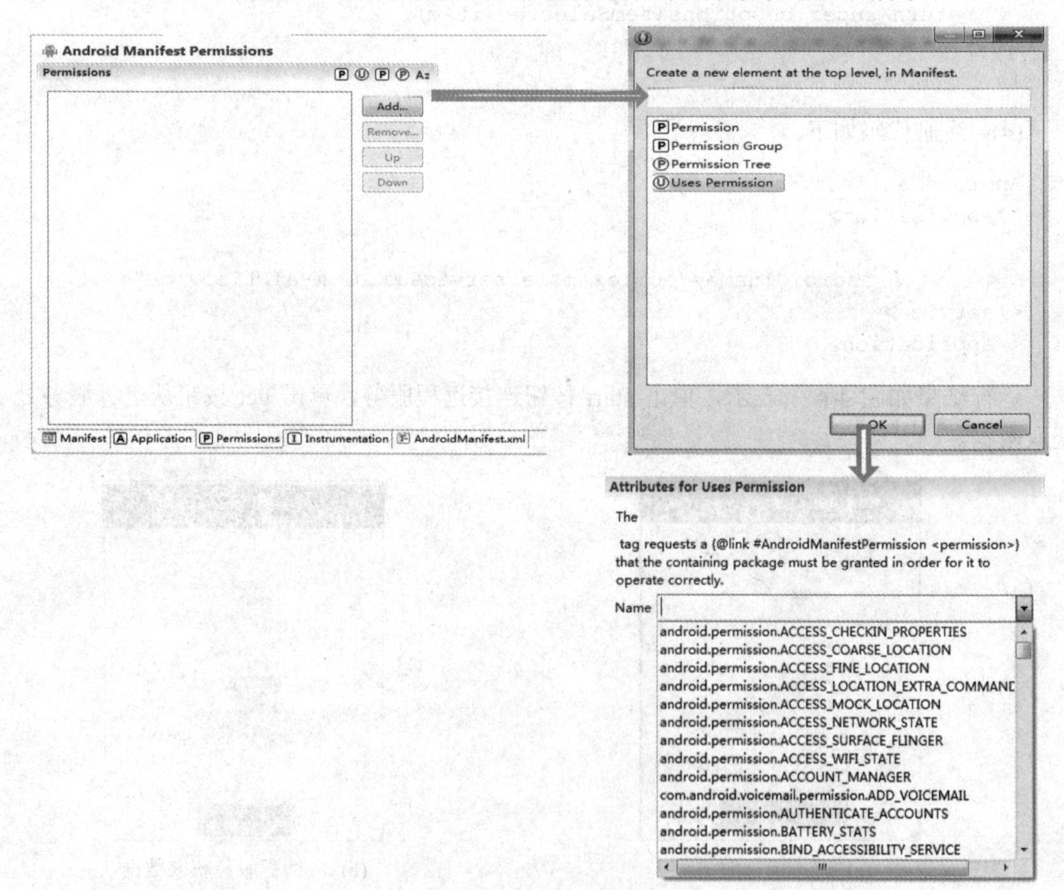

图 4-5 在 Androidmanifest.xml 的 PERMISSION 面板中添加权限

```
<uses-permission android:name="android.permission.INTERNET" />
<uses-permission
android:name="android.permission.WRITE_EXTERNAL_STORAGE" />
<uses-permission android:name="android.permission.READ_PHONE_STATE" />
<uses-permission
android:name="android.permission.MOUNT_UNMOUNT_FILESYSTEMS"/>
```

表 4-3　常用权限

用户权限名称	用户权限作用
android.permission.INTERNET	访问网络连接，可能产生 GPRS 流量
android.permission.CHANGE_WIFI_STATE	WiFi 改变状态
android.permission.ACCESS_WIFI_STATE	获取 WiFi 状态
android.permission.ACCESS_WIFI_STATE	获取当前WiFi接入的状态以及WLAN热点的信息
android.permission.CHANGE_WIFI_STATE	改变 WiFi 状态
android.permission.ACCESS_NETWORK_STATE	获取网络状态
android.permission.BLUETOOTH	允许程序连接配对过的蓝牙设备
android.permission.CELL_PHONE_MASTER_EX	手机优化大师扩展权限
android.permission.DELETE_CACHE_FILES	允许应用删除缓存文件
android.permission.DELETE_PACKAGES	允许程序删除应用
android.permission.EXPAND_STATUS_BAR	允许程序扩展或收缩状态栏
android.permission.FLASHLIGHT	允许访问闪光灯
android.permission.MODIFY_AUDIO_SETTINGS	修改声音设置信息
android.permission.MODIFY_PHONE_STATE	修改电话状态，如飞行模式，但不包含替换系统拨号器界面
android.permission.READ_PHONE_STATE	访问电话状态
android.permission.CALL_PRIVILEGED	允许程序拨打电话，替换系统的拨号器界面
android.permission.CALL_PHONE	允许程序从非系统拨号器里输入电话号码
android.permission.READ_SMS	读取短信内容
android.permission.RECEIVE_MMS	接收彩信
android.permission.RECEIVE_SMS	接收短信
android.permission.SEND_SMS	发送短信
android.permission.WRITE_SMS	允许编写短信
com.android.alarm.permission.SET_ALARM	设置闹铃提醒
android.permission.SET_ANIMATION_SCALE	设置全局动画缩放
android.permission.SET_ORIENTATION	设置屏幕方向为横屏或标准方式显示，不用于普通应用
android.permission.SET_TIME	设置系统时间
android.permission.SET_TIME_ZONE	设置系统时区
android.permission.SET_WALLPAPER	设置桌面壁纸

续表

用户权限名称	用户权限作用
android.permission.VIBRATE	允许振动
android.permission.WRITE_CONTACTS	写入联系人，但不可读取
android.permission.WRITE_EXTERNAL_STORAGE	允许程序写入外部存储，如 SD 卡
android.permission.WRITE_SETTINGS	允许读写系统设置项
android.permission.CAMERA	允许访问摄像头进行拍照

【例 4-5】音频管理器 AudioManager。

(1) Android 提供的控制音量大小的 API 是 AudioManager(音频管理器)，该类位于 Android.Media 包下，提供了音量控制与铃声模式的相关操作。

获得 AudioManager 对象实例的方法如下：

```
AudioManager am = (AudioManager)context.getSystemService(Context.AUDIO_SERVICE);
```

因为 getSystemService(String name)方法的返回值类型是 Object，所以需要强制转换成 AudioManager 类型。

(2) AudioManager 提供了一系列控制手机音量的方法，如表 4-4 所示。

表 4-4 AudioManager 常用相关方法

方 法 名	方法说明
adjustVolume(int direction, int flags)	控制手机音量，调大或者调小一个单位，根据第一个参数进行判断：参数值 AudioManager.ADJUST_LOWER 可调小一个单位；参数值 AudioManager.ADJUST_RAISE 可调大一个单位
adjustStreamVolume(int streamType, int direction, int flags)	调整手机指定类型的声音。参数 streamType 指定声音类型，有下述几种声音类型：STREAM_ALARM——手机闹铃，STREAM_MUSIC——手机音乐，STREAM_RING——电话铃声，STREAM_SYSTEAM——手机系统，STREAM_DTMF——音调，STREAM_NOTIFICATION——系统提示，STREAM_VOICE_CALL——语音电话。 direction 用于调大或调小音量。 flags 是可选的标志位。比如 AudioManager.FLAG_SHOW_UI，显示进度条，AudioManager.PLAY_SOUND：播放声音
setMode( )	设置声音模式，值有 MODE_NORMAL(普通)，MODE_RINGTONE (铃声)，MODE_IN_CALL(打电话)，MODE_IN_COMMUNICATION (通话)
setRingerMode(int streamType)	设置铃声模式，值有 RINGER_MODE_NORMAL(普通)，RINGER_MODE_SILENT(静音)，RINGER_MODE_VIBRATE(震动)
setStreamMute(int streamType,boolean state)	将手机某个声音类型设置为静音
setSpeakerphoneOn(boolean on)	设置是否打开扩音器
setMicrophoneMute(boolean on)	设置是否让麦克风静音

(3) 新建项目，获取 AudioManager 服务，在程序中添加 3 个 Button：play，up，down 和 1 个 ToggleButton 按钮 OFF。在项目的 res 目录下新建文件夹 raw，添加音频文件到 raw 中供程序使用。需要注意的是，音频文件的文件名由 a～z、0～9 的字符组成。

```
public class MainActivity extends ActionBarActivity {
    Button btnplay,btnup,btndown;
    ToggleButton off;
    AudioManager audiomanager;
    protected void onCreate(Bundle savedInstanceState) {
        super.onCreate(savedInstanceState);
        setContentView(R.layout.activity_main);
       audiomanager=(AudioManager)this.getSystemService(Context.AUDIO_SERVICE);
       btnplay=(Button)this.findViewById(R.id.button2);
       btnplay.setOnClickListener(new OnClickListener(){
            public void onClick(View v) {
                MediaPlayer mediaplayer=MediaPlayer.create
                    (MainActivity.this, R.raw.a);
                mediaplayer.start();
            }
       });
       btnup=(Button)this.findViewById(R.id.button1);
       btnup.setOnClickListener(new OnClickListener(){
            public void onClick(View v) {
                audiomanager.setStreamVolume(AudioManager.STREAM_MUSIC,
                        AudioManager.ADJUST_RAISE,AudioManager.FLAG_SHOW_UI);
            }
       });
       btndown=(Button)this.findViewById(R.id.button3);
       btndown.setOnClickListener(new OnClickListener(){
            public void onClick(View v) {
                audiomanager.setStreamVolume(AudioManager.STREAM_MUSIC,
                        AudioManager.ADJUST_LOWER,AudioManager.FLAG_SHOW_UI);
            }
       });
       off=(ToggleButton)this.findViewById(R.id.toggleButton1);
       off.setOnCheckedChangeListener(new OnCheckedChangeListener(){
            public void onCheckedChanged(CompoundButton buttonView,
                    boolean isChecked) {

                audiomanager.setStreamMute(AudioManager.STREAM_MUSIC,isChecked);

            }
       });
    }
}
```

(4) 运行程序结果如图 4-6 所示，单击 play 按钮播放音乐，单击 up 按钮跳到末尾，单击 down 按钮倒退到开始，单击 off 按钮暂停播放音乐，再单击 play 按钮又开始播放音乐。

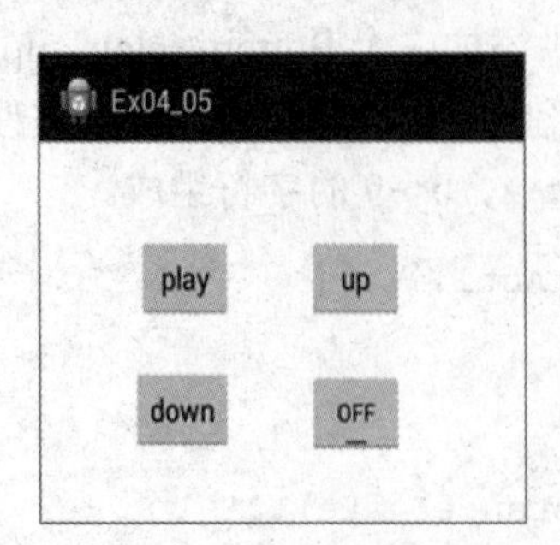

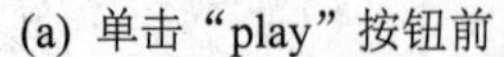
(a) 单击“play”按钮前

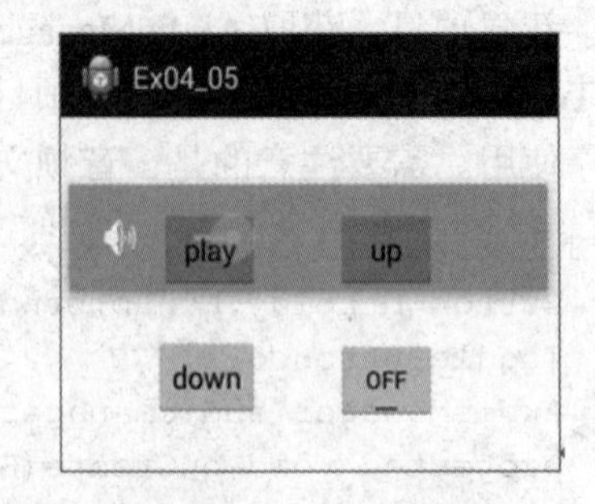

(b) 单击“play”按钮后

图 4-6　音频管理器 AudioManager

【例 4-6】震动器 Vibrator。

(1)　Vibrator 服务提供的是控制手机振动的接口，应用可以调用 Vibrator 的接口来让手机产生震动，达到提醒用户的目的。Vibrator 常用相关方法如表 4-5 所示。

表 4-5　Vibrator 常用相关方法

方 法 名	方法说明
void vibrate(long milliseconds)	震动指定时间，数据类型 long，单位为毫秒
void vibrate(long[] pattern,int repeat)	指定手机以 pattern 指定的模式震动。第一个参数为震动模式；第二个参数为重复次数，-1 为不重复，0 为一直震动
abstract void cancel()	取消震动，若不取消震动，就算退出，也会一直震动
abstract boolean hasVibrator()	判断硬件是否有震动器

取得震动服务的句柄如下：

```
vibrator=(Vibrator) getSystemService(VIBRATOR_SERVICE);
```

或者

```
vibrator=(Vibrator)getApplication().getSystemService(Service.VIBRATOR_SERVICE);
```

最重要的是需在 Android Manifest.xml 里增加权限，否则运行时出错。

```
<uses-permission Android:name="android.permission.VIBRATE"/>
```

(2)　新建项目，获取 Vibrator 服务，在程序中添加 2 个 Button：“开始震动”“停止震动”。

```
//逻辑代码
public class MainActivity extends ActionBarActivity {
Vibrator vb;
Button btn1,btn2;
@Override
protected void onCreate(Bundle savedInstanceState) {
    super.onCreate(savedInstanceState);
    setContentView(R.layout.activity_main);
    vb=(Vibrator)getSystemService(Context.VIBRATOR_SERVICE);
```

```
    btn1=(Button)this.findViewById(R.id.button1);
    btn2=(Button)this.findViewById(R.id.button2);
    btn1.setOnClickListener(new OnClickListener(){
            @Override
            public void onClick(View v) {
                vb.vibrate(3000);//设置手机震动时间
                Toast.makeText(MainActivity.this,"手机振动",Toast.LENGTH_LONG);
            }
        });
    btn2.setOnClickListener(new OnClickListener(){
            @Override
            public void onClick(View v) {
                vb.cancel();//停止震动
            Toast.makeText(MainActivity.this,"手机震动已经关闭",Toast.LENGTH_LONG);
            }
        });
    }
//配置文件里添加权限
<uses-permission android:name="android.permission.VIBRATE"/>
```

(3) 运行结果如图 4-7 所示。

图 4-7 震动器 Vibrator

需要注意的是，震动效果只能在真机上体验，在模拟器上看不到效果。在手机上运行的方法如图 4-8 所示。

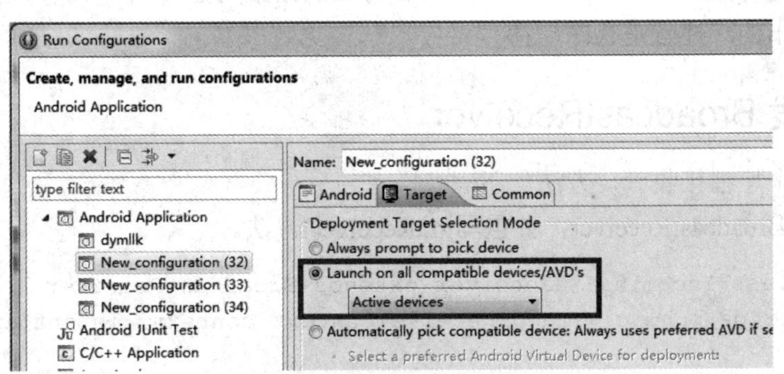

图 4-8 运行在手机上的结果

用数据线将计算机与 Android 手机连接，即可在手机上运行了。

4.2 任务2 广播接收者 BroadcastReceiver

任务描述

在 Android 中，广播 Broadcast 是一种广泛运用在应用程序之间的用于传送消息的机制，而 BroadcastReceiver 是用来过滤接收消息并响应 Broadcast 的一类组件。本任务的主要目标是熟练掌握 BroadcastReceiver 的使用方法。

任务目标

熟练掌握 BroadcastReceiver 的使用方法。

知识要点

BroadcastReceiver(广播接收者)属于 Android 的四大组件之一，当某个事件产生时(如一条短信发来或一个电话打来)，Android 操作系统会把这个事件广播给所有注册的广播接收者，由需要处理这个事件的广播接收者进行处理。其实这就是日常生活中的广播。发生一个新闻后，广播电台会广播这个新闻给打开收音机的人，其中对这个新闻感兴趣的人会关注，甚至可能会拿笔记下。新闻就是事件，广播电台就是 Android 系统，打开收音机的人就是广播接收者，感兴趣的人就是需要处理该事件的广播接收者，拿笔记下就是对该事件进行操作。

按广播播放顺序，可分为普通广播和有序广播。

(1) 普通广播：完全异步，逻辑上可以被任何广播接收者接收到。其优点是效率较高；缺点是一个接收者不能将处理结果传递给下一个接收者，并无法终止广播 Intent 的传播。

(2) 有序广播：按照被接收者的优先级顺序，在被接收者中一次传播。比如有三个广播接收者 A、B、C，优先级是 A > B > C，那这个消息先传给 A，再传给 B，最后传给 C。每个接收者有权终止广播，如 B 终止广播，C 就无法接收到。此外，A 接收到广播后，可以对结果对象进行操作，当广播传给 B 时，B 可以从结果对象中取得 A 存入的数据，如系统收到短信发出的广播就是有序广播。

4.2.1 开发 BroadcastReceiver

要实现一个广播接收者，方法如下。

(1) 继承 BroadcastReceiver，并重写 onReceive()方法。

```
public class IncomingSMSReceiver extends BroadcastReceiver {
    @Override public void onReceive(Context context, Intent intent) {
    }
}
```

(2) 注册 BroadcastReceiver 对象，注册方法有两种。

① 动态注册，即使用代码进行注册。

```
IntentFilter filter=new
IntentFilter("android.provider.Telephony.SMS_RECEIVED");
IncomingSMSReceiver receiver=new IncomingSMSReceiver();
registerReceiver(receiver, filter);
```

② 静态注册，即在 AndroidManifest.xml 文件中的<application>节点里进行注册：

```
<receiver android:name=".IncomingSMSReceiver">
    <intent-filter>
         <action android:name="android.provider.Telephony.SMS_RECEIVED"/>
    </intent-filter>
</receiver>
```

(3) 将需要广播的消息封装到 Intent 中，然后调用其方法发送出去。

广播接收者(BroadcastReceiver)用于接收广播 Intent，广播 Intent 的发送是通过调用 Context.sendBroadcast()、Context.sendOrderedBroadcast()来实现的。

Context.sendBroadcast()发送的是普通广播，所有订阅者都有机会获得并进行处理。Context.sendOrderedBroadcast()发送的是有序广播，系统上注册的广播接收者按照广播事先声明的优先级依次接收有序广播，前面的接收者有权终止广播(BroadcastReceiver.abortBroadcast())；如果广播被前面的接收者终止，后面的接收者就再也无法获取到广播。对于有序广播，前面的接收者可以将数据通过 setResultExtras(Bundle)方法存放进结果对象，然后传给下一个接收者，下一个接收者通过代码 Bundle bundle = getResultExtras(true)可以获取上一个接收者存入结果对象中的数据。

(4) 通过 IntentFilter 对象过滤 Intent，处理与其匹配的广播。

【例 4-7】简单的信息广播。新建项目，在程序中添加一个 Button 按钮，单击按钮发送广播，一个 TextView 显示广播信息。

(1) 新建一个 BroadcastReceiver 的子类 TestReceiver，用来接收广播信息。

```
// 广播接收器 TestReceiver.java
public class  TestReceiver extends BroadcastReceiver {
        @Override
        public void onReceive(Context context, Intent intent)     {
             String str=intent.getExtras().getString("hello");
            MainActivity.txt.setText(str);
        }
}
```

(2) 利用 Intent 发送广播信息。

```
//逻辑代码 MainActivity.java
public class MainActivity extends Activity{
static TextView txt;
@Override
public void onCreate(Bundle savedInstanceState)     {
   super.onCreate(savedInstanceState);
   setContentView(R.layout.activity_main);
   txt=(TextView)findViewById(R.id.txt1);
   Button btn=(Button)findViewById(R.id.button01);
```

```
        btn.setOnClickListener(new mClick());
    }
    class mClick implements  OnClickListener   {
            @Override
            public void onClick(View v)     {
                Intent intent=new Intent();
                intent.setAction("abc");
                //Bundle bundle=new Bundle();
           // bundle.putString("hello", "这是广播信息!");
             intent.putExtra("hello", "这是广播信息!");
             sendBroadcast(intent);
              }
        }
    }
```

(3) 配置文件代码如下：

```
<?xml version="1.0" encoding="utf-8"?>
<manifest xmlns:android="http://schemas.android.com/apk/res/android"
package="com.example.broadcast"
android:versionCode="1"
android:versionName="1.0" >
<uses-sdk
   android:minSdkVersion="8"
   android:targetSdkVersion="21" />
<Application
   android:allowBackup="true"
   android:icon="@drawable/ic_launcher"
   android:label="@string/App_name"
   android:theme="@style/AppTheme" >
   <activity
      android:name=".MainActivity"
      android:label="@string/App_name" >
      <intent-filter>
         <action android:name="android.intent.action.MAIN" />
         <category android:name="android.intent.category.LAUNCHER" />
      </intent-filter>
   </activity>
<receiver  android:name="com.example.broadcast.TestReceiver">  <!-- 广播
接收类 -->
     <intent-filter>
        <action android:name="abc" />  <!--接收 广播注册的广播动作 -->
     </intent-filter>
</receiver>
</Application>
```

运行结果如图 4-9 所示。

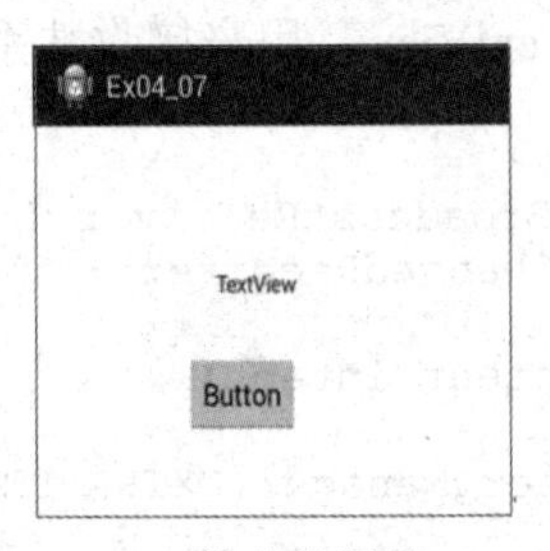

(a) 单击按钮前

(b) 单击按钮后

图 4-9　运行结果

4.2.2　接收系统广播信息(System Broadcast)

Android 中内置了多个系统广播。只要涉及手机的基本操作(如开机、网络状态变化、拍照等)，都会发出相应的广播。每个广播都有特定的 Intent - Filter(包括具体的 action)，Android 系统广播 action 如表 4-6 所示。

表 4-6　Android 系统广播 action

系统操作	action
监听网络变化	android.net.conn.CONNECTIVITY_CHANGE
关闭或打开飞行模式	Intent.ACTION_AIRPLANE_MODE_CHANGED
充电时或电量发生变化	Intent.ACTION_BATTERY_CHANGED
电池电量低	Intent.ACTION_BATTERY_LOW
电池电量充足(即从电量低变化到饱满时会发出广播)	Intent.ACTION_BATTERY_OKAY
系统启动完成后(仅广播一次)	Intent.ACTION_BOOT_COMPLETED
按下照相时的拍照按键(硬件按键)时	Intent.ACTION_CAMERA_BUTTON
屏幕锁屏	Intent.ACTION_CLOSE_SYSTEM_DIALOGS
设备当前设置被改变时(界面语言、设备方向等)	Intent.ACTION_CONFIGURATION_CHANGED
插入耳机时	Intent.ACTION_HEADSET_PLUG
未正确移除 SD 卡但已取出来时	Intent.ACTION_MEDIA_BAD_REMOVAL
插入外部储存装置(如 SD 卡)	Intent.ACTION_MEDIA_CHECKING
成功安装 APK	Intent.ACTION_PACKAGE_ADDED
成功删除 APK	Intent.ACTION_PACKAGE_REMOVED
重启设备	Intent.ACTION_REBOOT
屏幕被关闭	Intent.ACTION_SCREEN_OFF
屏幕被打开	Intent.ACTION_SCREEN_ON
关闭系统时	Intent.ACTION_SHUTDOWN
重启设备	Intent.ACTION_REBOOT

注意： 当使用系统广播时，只需要在注册广播接收者时定义相关的 action 即可，并不需要手动发送广播。当系统有相关操作时，会自动进行系统广播。

【例 4-8】Android 获取电池信息。主界面上放一个 TextView，用来接收从系统广播传过来的电池信息。运行结果如图 4-10 所示。

```
public class BatteryChangedReceiver extends BroadcastReceiver {
    private static final String TAG="BatteryChangedReceiver";
    @Override
    public void onReceive(Context context, Intent intent) {
        //当前电量
        int currLevel=intent.getIntExtra(BatteryManager.EXTRA_LEVEL, 0);
        //总电量
        int total=intent.getIntExtra(BatteryManager.EXTRA_SCALE, 1);
        int percent=currLevel*100/total;
        MainActivity.txt.setText("battery: "+percent+"%");
    }
}

MainActivity.java
public class MainActivity extends ActionBarActivity {
    private BroadcastReceiver mBroadcastReceiver = new
BatteryChangedReceiver();
static TextView txt;
    @Override
    protected void onCreate(Bundle savedInstanceState) {
        super.onCreate(savedInstanceState);
        setContentView(R.layout.activity_main);
        txt=(TextView)findViewById(R.id.textView1);
    }
    @Override
    protected void onResume()
        super.onResume();
        IntentFilter filter=new IntentFilter();
        filter.addAction(Intent.ACTION_BATTERY_CHANGED);
        registerReceiver(mBroadcastReceiver, filter); {//动态注册广播
    }
    @Override
    protected void onPause() {//取消注册广播
        super.onPause();
        unregisterReceiver(mBroadcastReceiver);
    }
}
```

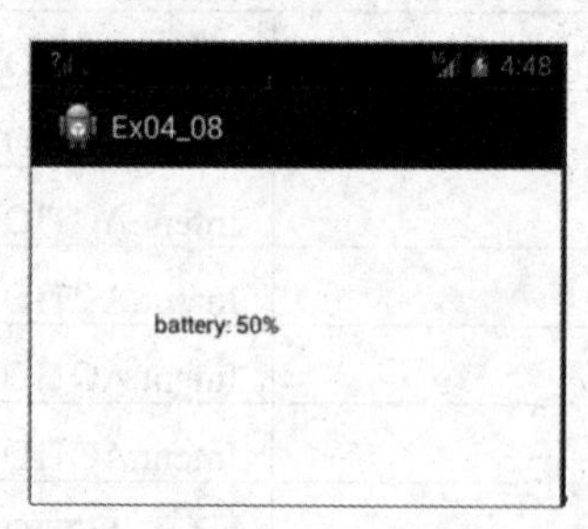

图 4-10　获取电池电量信息

习　　题

1. 分别采用两种启动 Service 的方法实现运行后台音乐播放器。
2. 实现闹钟功能设置：定时发送与循环发送一个广播信息。

项目 5　电子词典翻译 App 软件的单词存储

技能目标

★　掌握使用 SharedPreferences 存取数据；
★　掌握 SQLite 数据库的使用；
★　掌握 SQLiteOpenHelper 的设计；
★　掌握文件方式存取数据；
★　掌握 ContentProvider 的应用。

知识目标

★　了解 Android 中的数据存储方式的特点；
★　掌握 SharedPreferences 存取数据的步骤；
★　掌握 File 类的常用方法及属性；
★　掌握 SQLite 数据相关类的用法；
★　掌握 ContentProvider 的使用。

项目任务

数据存储是应用程序的一个核心内容，在 Android 中也不例外。数据存储可以把数据保存起来，以便我们在使用的时候可以读取。Android 为数据存储提供了 5 种方式，分别是 SharedPreferences、文件存储、SQLite 存储、ContenProvider 和网络存储数据，本章主要讲解前 4 种存储方式。

5.1　任务 1　键值对存储 SharedPreferences

任务描述

本任务主要是熟练掌握 SharedPreferences 存取数据。

任务目标

(1) 掌握 SharedPreferences 的特点；
(2) 掌握 SharedPreferences 存取数据。

知识要点

5.1.1　SharedPreferences 简介

SharedPreferences 是 Android 平台下一个轻量级存储类，特别适合保存少量的数据，且这些数据的格式(字符串型和基本类型的)非常简单，如应用程序的各种配置信息、解锁口令密码等。

SharedPreferences 以 XML 文件存储数据，保存的数据是 key-value(键值)对。XML 文件存放在/data/data/<package name>/shared_prefs 目录下。

5.1.2 SharedPreferences 实现数据存储

1. 使用 SharedPreferences 保存数据

使用 SharedPreferences 保存数据要经过 4 个步骤。

(1) 获取 SharedPreferences 对象。

通过 Context 的 getSharedPreferences()方法来获取 SharedPreference 对象，该方法格式如下：

```
Public SharedPreference  getSharedPreferences(String name, int mode);
```

需要说明的是，参数 name 是用来指定保存数据的 xml 文件的名字，mode 指定存取模式，它的值如表 5-1 所示。

表 5-1　mode 的取值及含义

参　数	含　义
私有模式(MODE_PRIVATE=0)	仅有创建 SharedPreferences 的程序对其具有读、写入权限
全局读(MODE_WORLD_READABLE=1)	创建程序可以对其进行读取和写入，其他应用程序也具有读取权限，没有写入权限
全局写(MODE_WORLD_WRITEABLE=2)	所有应用程序都可以对其进行写入操作，但都没有读取操作的权限
MODE_WORLD_READABLE+MODE_WORLD_WRITEABLE	指定该 SharedPreferences 的访问模式为即可全局读，也可以全局写

(2) 获取 Editor 对象。

使用 SharedPreferences 读写数据必须使用 Editor 对象提供的方法对 xml 文件进行修改，获取 Editor 对象要调用 ShsredPreferences 对象的 Editor 方法，格式如下：

```
Public  Editor  SharedPreferences 对象.Editor( );
```

(3) 通过 Editor 对象的 putXxx 方法保存键值对数据，其中 Xxx 表示不同类型的数据。格式如下：

```
Editor 对象.putXxx("键", 值);
```

如“Editor 对象.putString("name","张三")”是把数据“张三”放入键名为 name 的变量中。

(4) 调用 Editor 对象的 Commit()方法提交数据，数据如果不提交是不会保存的。方法格式如下：

```
Editor 对象.commit();
```

2. 使用 SharedPreferences 读取数据

使用 SharedPreferences 读取数据只需两个步骤。

(1) 获取 SharedPreferences 对象。

通过 Context 提供的 getSharedPreferences()方法来获取 SharedPreference 对象，该方法格式如下：

```
Public SharedPreference  getSharedPreferences(String name, int mode);
```

(2) 调用 SharedPreferences 对象的 getXxx()方法获取数据，Xxx 表示数据类型，方法格式如下：

```
SharedPreferences 对象.getXxx("键", 默认值);
```

如“SharedPreferences 对象.getInt("age",100)”读取键名为 age 的键的值，如果该键不存在则返回 100。

【例 5-1】编写一个仿 QQ 登录功能，能够让用户选择保存用户名和密码。如果选择了保存，单击登录时则使用 SharedPreferences 保存用户名和密码，同时下次登录时自动显示用户名和密码。如果选择不保存，则不保存用户名和密码。

(1) 创建名称为 Ex05_01 的新项目，包名为 com.ex05_01。

(2) 修改布局文件 activity_main.xml 代码：

```
<RelativeLayout
xmlns:android="http://schemas.android.com/apk/res/android"
xmlns:tools="http://schemas.android.com/tools"
android:layout_width="match_parent"
android:layout_height="match_parent"
android:paddingBottom="@dimen/activity_vertical_margin"
android:paddingLeft="@dimen/activity_horizontal_margin"
android:paddingRight="@dimen/activity_horizontal_margin"
android:paddingTop="@dimen/activity_vertical_margin"
tools:context=".MainActivity" >
<TextView
   android:id="@+id/textView2"
   android:layout_width="wrap_content"
   android:layout_height="wrap_content"
   android:text="用户名"
   android:textSize="18sp"
   />
<TextView
   android:id="@+id/textView1"
   android:layout_width="wrap_content"
   android:layout_height="wrap_content"
   android:layout_alignLeft="@+id/textView2"
   android:layout_below="@+id/textView2"
   android:layout_marginTop="42dp"
   android:text="密码"
    android:textSize="18sp"
   />
```

```
<CheckBox
    android:id="@+id/checkBox1"
    android:layout_width="wrap_content"
    android:layout_height="wrap_content"
    android:layout_alignLeft="@+id/textView1"
    android:layout_below="@+id/editText2"
    android:layout_marginTop="23dp"
    android:text="保存用户名和密码"
     android:textSize="18sp"          />
<Button
    android:id="@+id/button1"
    android:layout_width="wrap_content"
    android:layout_height="wrap_content"
    android:layout_alignLeft="@+id/checkBox1"
    android:layout_below="@+id/checkBox1"
    android:layout_marginTop="14dp"
    android:text="登录"
     android:textSize="18sp" />
<EditText
    android:id="@+id/editText1"
    android:layout_width="wrap_content"
    android:layout_height="wrap_content"
    android:layout_alignTop="@+id/textView2"
    android:layout_toRightOf="@+id/button1"
    android:ems="10" >
    <requestFocus />
</EditText>
<EditText
    android:id="@+id/editText2"
    android:layout_width="wrap_content"
    android:layout_height="wrap_content"
    android:layout_alignBaseline="@+id/textView1"
    android:layout_alignBottom="@+id/textView1"
    android:layout_alignLeft="@+id/editText1"
    android:ems="10" />
</RelativeLayout>
```

(3) 修改类文件 MainActivity.java 的代码：

```
package com.ex05_01;
import com.example.share.R;
import android.App.Activity;
import android.content.SharedPreferences;
import android.content.SharedPreferences.Editor;
import android.os.Bundle;
import android.view.Menu;
import android.view.View;
import android.view.View.OnClickListener;
import android.widget.Button;
import android.widget.CheckBox;
```

```
import android.widget.EditText;
import android.widget.Toast;
public class MainActivity extends Activity {
    //定义对象和变量
    Button  b1;
    EditText  e1,e2;
    CheckBox  c1;
    SharedPreferences  sp=null;//定义一个首选项变量
    @Override
    protected void onCreate(Bundle savedInstanceState) {
        super.onCreate(savedInstanceState);
        setContentView(R.layout.activity_main);
        //获取对象
        b1=(Button) findViewById(R.id.button1);
        e1=(EditText) findViewById(R.id.editText1);
        e2=(EditText) findViewById(R.id.editText2);
        c1=(CheckBox) findViewById(R.id.checkBox1);
        sp=getSharedPreferences("aa", 0);
        //显示用户名和密码
        e1.setText(sp.getString("yhm", null));
        e2.setText(sp.getString("mima", null));
        c1.setChecked(sp.getBoolean("ck",false));
        //添加监听器
        b1.setOnClickListener(new OnClickListener() {
            @Override
            public void onClick(View v) {
                // TODO Auto-generated method stub
            //读取文本框中的内容
             String yhm=e1.getText().toString();
             String mima=e2.getText().toString();
            //判断复选框是否选中
             if(c1.isChecked())
             {
             //用户名和密码
             Editor e=sp.edit();//获取 Editor 对象
             e.putString("yhm",yhm );
             e.putString("mima", mima);
             e.putBoolean("ck", true);
              e.commit();//提交数据
             }else
             {
              //把用户名和密码保存为 null
              Editor e=sp.edit();//获取 Editor 对象
                 e.putString("yhm",null );
                 e.putString("mima", null);
                 e.putBoolean("ck", false);
                 e.commit();//提交数据
             }
            //登录成功
```

```
                Toast.makeText(MainActivity.this, "成功", 1).show();
            }
        });
    }
}
```

(4) 运行程序，效果如图 5-1 所示。当用户输入用户名或密码并选择“保存用户名和密码”，单击“登录”按钮后，重新运行效果如图 5-2 所示；当用户输入用户名和密码且没有选择“保存用户名和密码”，单击“登录”按钮，重新运行后，效果如图 5-1 所示。

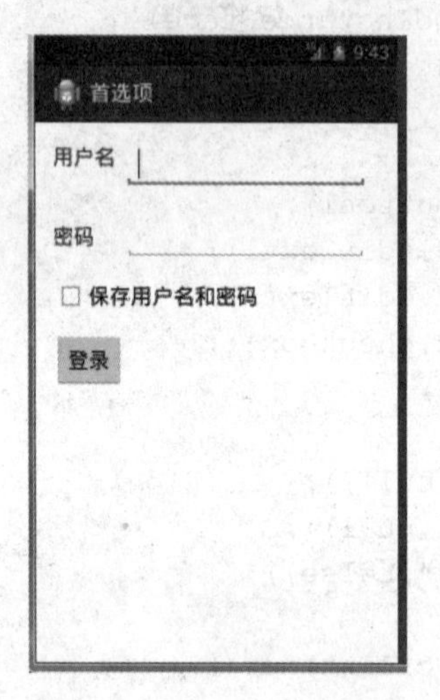

图 5-1　程序运行效果图

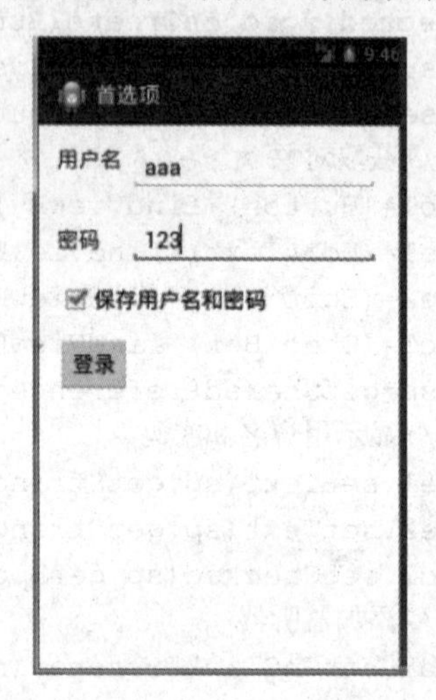

图 5-2　保存用户名密码效果图

5.2　任务 2　File 存储

任务描述

本任务主要是熟练掌握使用文件存取数据。

任务目标

(1) 掌握 openFileOutput()和 openFileInput()方法的应用；
(2) 能熟练应用文件存取数据；
(3) 掌握在 SD 卡上存取数据的方法及原理。

知识要点

5.2.1　File 实现数据读取

虽然 SharedPreferences 存取数据非常简单，但是它只适用于存储数据量较少的数据。对于大量数据的存储，我们可以使用文件存储。使用文件存储方式创建的文件保存在/data/data/<包>/files/目录下。在 Android 中，文件的读写可以使用 Context 提供的两个方法：openFileInput()方法和 opentFileOutpu()方法。这两个方法的格式如下：

- FileInputStream openFileInput(String name);
  openFileInput()方法用于打开应用程序中对应的输入流，把数据从文件中读出。
- FileOutputStream openFileOutput(String name,int mode);
  openFileOutput()方法用于打开应用程序对应的输出流，用于把数据存储到指定的文件中。其中参数 name 表示文件名，name 中只需给出文件名，不用给路径，name 表示的是/data/data/<包>/files/目录下文件；mode 表示文件的操作模式，它的取值如表 5-2 所示。

表 5-2　mode 的取值及含义

参　数	含　义
MODE_PRIVATE=0	私有模式，默认的操作模式，该文件只能被当前应用程序读写，该模式下写入的内容会覆盖源文件的内容
Mode_AppEND=32768	追加模式，如果文件已经存在，则在文件的结尾处添加数据
MODE_WORLD_ReadABLE=1	全局读模式，允许任何程序读取文件
MODE_WORLD_WRITEABLE=2	全局写模式，允许任何程序写入文件

【例 5-2】使用文件读写数据。

(1) 创建名称为 Ex05_02 的新项目，包名为 com.example.ex05_02。

(2) 修改布局文件 activity_main.xml 的代码：

```
<RelativeLayout
xmlns:android="http://schemas.android.com/apk/res/android"
xmlns:tools="http://schemas.android.com/tools"
android:layout_width="match_parent"
android:layout_height="match_parent"
  tools:context=".MainActivity" >
<EditText
    android:id="@+id/editText1"
    android:layout_width="match_parent"
    android:layout_height="wrap_content"
    android:ems="10" >
    <requestFocus />
</EditText>
<Button
    android:id="@+id/button1"
    android:layout_width="match_parent"
    android:layout_height="wrap_content"
    android:layout_alignLeft="@+id/editText1"
    android:layout_below="@+id/editText1"
     android:text="设置密码 "
    android:textSize="18sp"/>
<Button
    android:id="@+id/button2"
```

```
    android:layout_width="match_parent"
    android:layout_height="wrap_content"
     android:layout_alignParentLeft="true"
    android:layout_below="@+id/button1"
    android:text="读取密码"
    android:textSize="18sp"
    />
</RelativeLayout>
```

(3) 修改类文件 MainActivity.java 的代码：

```
package com.example.ex05_02;import java.io.FileInputStream;
import java.io.FileNotFoundException;
import java.io.FileOutputStream;
import android.App.Activity;
import android.content.SharedPreferences;
import android.content.SharedPreferences.Editor;
import android.os.Bundle;
import android.text.TextUtils;
import android.view.Menu;
import android.view.View;
import android.view.View.OnClickListener;
import android.widget.Button;
import android.widget.CheckBox;
import android.widget.EditText;
import android.widget.Toast;
public class MainActivity extends Activity {
    //定义对象和变量
    Button  b1,b2;
    EditText  e1;
    @Override
    protected void onCreate(Bundle savedInstanceState) {
        super.onCreate(savedInstanceState);
        setContentView(R.layout.activity_main);
        //获取对象
        b1=(Button) findViewById(R.id.button1);
        b2=(Button) findViewById(R.id.button2);
        e1=(EditText) findViewById(R.id.editText1);
        //添加监听器
        b1.setOnClickListener(new OnClickListener() {
            @Override
            public void onClick(View v) {
                // TODO Auto-generated method stub
            //读取文本框中的内容
             String mima=e1.getText().toString();
            //保存文本框中输入的内容
```

```
        FileOutputStream  fos=null;//定义输出流对象 fos
        try {
        //打开 pwd.txt 文件的输出流，设置文件模式为私有模式
            fos=openFileOutput("pwd.txt", MODE_PRIVATE);
            fos.write(mima.getBytes());//把密码写入 pwd.txt 文件中
            fos.flush();
            fos.close();
            Toast.makeText(MainActivity.this,"密码保存成功", 1).show();
        } catch (Exception e) {
            // TODO Auto-generated catch block
            e.printStackTrace();
        }}
    });
    b2.setOnClickListener(new OnClickListener() {
        @Override
        public void onClick(View v) {
            // TODO Auto-generated method stub
            //定义输入流对象
            FileInputStream  fis=null;
            //读取文件中保存的密码，并以吐司方式显示
    try {
      //打开文件指向 pwd.txt 文件的输入流
            fis=openFileInput("pwd.txt");
            String mima="";
            int  length=0;
            byte[] buffer=new byte[1024];
            //使用循环读取文件中的内容，并放入字符串变量 mima 中
            while((length=fis.read(buffer))!=-1)
            {
                mima=mima+(new String(buffer,0,length));
            }
            fis.close();//关闭流
            //以吐司方式显示读出来的密码
            Toast.makeText(MainActivity.this, mima, 1).show();
        } catch (Exception e) {
            // TODO Auto-generated catch block
            e.printStackTrace();    }
        }
    });
    }
}
```

(4) 运行程序，效果如图 5-3 所示，当用户输入密码并单击“设置密码”按钮后，重新运行效果如图 5-4 所示。当用户单击“读取密码”按钮，效果如图 5-5 所示。

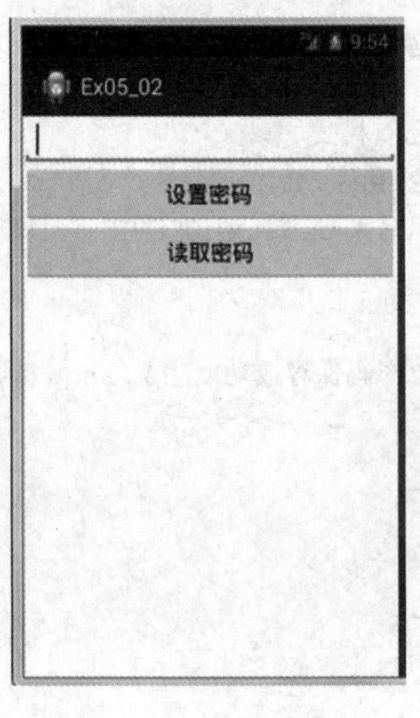

图 5-3　运行效果图

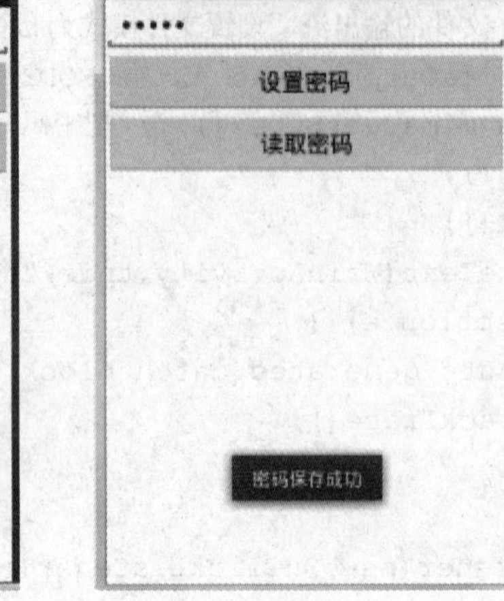

图 5-4　密码保存效果图

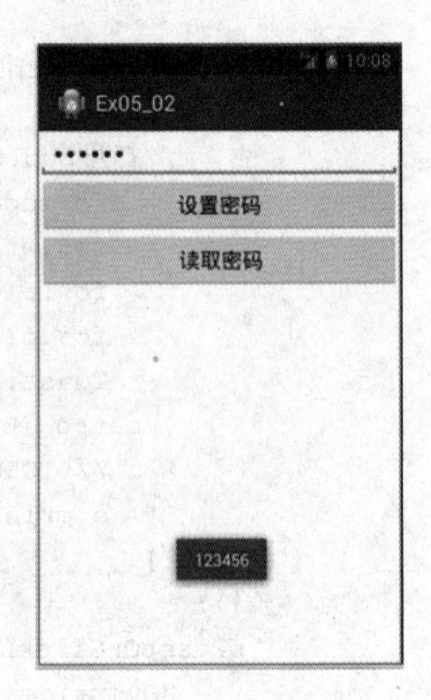

图 5-5　密码读取效果图

5.2.2　File 实现 SD 卡中的数据的读写

使用 opentFileOutput 方法保存文件，文件是保存在手机的内存空间中的，由于内存的大小是有限的，因此保存数据时如果内存空间不足，可以把数据保存在 SD 卡中。因为 SD 卡可以被移除、丢失或损坏，所以读取 SD 卡之前必须判断 SD 卡是否存在。访问 Android 卡，也要在 AndroidManifest.xml 中加入访问权限。读写 SD 卡的步骤如下：

(1)　调用 Environment 的 getExternalStorageState()方法判断手机上是否插了 SD 卡，如下代码的返回值为 true 表示手机或者模拟器上插了 SD 卡。

```
Environment.getExternalStorageState().equals(Environment.MEDIA_MOUNTED);
```

(2)　调用 Envionment.getExternalStorageDirectory()方法获取 SD 卡的目录。

(3)　调用 I/O 流读写 SD 卡中的文件。

(4)　向 AndroidManifest.xml 文件中配置权限信息，示例代码如下：

```
// 设置对 SD 卡具有读权限代码:
<uses-permission
android:name="android.permission.READ_EXTERNAL_STORAGE"/>
// 设置对 SD 卡具有写权限代码:
<uses-permission
android:name="android.permission.WRITE_EXTERNAL_STORAGE"/>
```

注意： 对 SD 卡进行读写，一定要保证手机的 SD 卡已插上。如果是模拟器，在创建模拟器的时候一定要给 SD 卡分配存储空间。

【例 5-3】使用 SD 卡读写数据完成例 5-2 的功能。

(1)　创建名称为 Ex05_03 的新项目，包名为 com.example.ex05_03。

(2)　修改布局文件 activity_main.xml 的代码：

```
<RelativeLayout
xmlns:android="http://schemas.android.com/apk/res/android"
xmlns:tools="http://schemas.android.com/tools"
android:layout_width="match_parent"
android:layout_height="match_parent"
  tools:context=".MainActivity" >
<EditText
    android:id="@+id/editText1"
    android:layout_width="match_parent"
    android:layout_height="wrap_content"
    android:ems="10" >
    <requestFocus />
</EditText>
<Button
    android:id="@+id/button1"
    android:layout_width="match_parent"
    android:layout_height="wrap_content"
    android:layout_alignLeft="@+id/editText1"
    android:layout_below="@+id/editText1"
    android:text="设置密码 "
    android:textSize="18sp"/>
<Button
    android:id="@+id/button2"
    android:layout_width="match_parent"
    android:layout_height="wrap_content"
    android:layout_alignParentLeft="true"
    android:layout_below="@+id/button1"
    android:text="读取密码"
    android:textSize="18sp"
    />
</RelativeLayout>
```

(3)　修改类文件 MainActivity.java 的代码：

```
package com.example.ex05_03;import java.io.File;
import java.io.FileInputStream;
import java.io.FileNotFoundException;
import java.io.FileOutputStream;
import android.App.Activity;
import android.content.SharedPreferences;
import android.content.SharedPreferences.Editor;
import android.os.Bundle;
import android.os.Environment;
import android.text.TextUtils;
import android.view.Menu;
import android.view.View;
import android.view.View.OnClickListener;
import android.widget.Button;
```

```
import android.widget.CheckBox;
import android.widget.EditText;
import android.widget.Toast;
public class MainActivity extends Activity {
    //定义对象和变量
    Button  b1,b2;
    EditText  e1;
    @Override
    protected void onCreate(Bundle savedInstanceState) {
    super.onCreate(savedInstanceState);
    setContentView(R.layout.activity_main);
    //获取对象
    b1=(Button) findViewById(R.id.button1);
    b2=(Button) findViewById(R.id.button2);
    e1=(EditText) findViewById(R.id.editText1);
    //添加监听器
    b1.setOnClickListener(new OnClickListener() {
    @Override
    public void onClick(View v) {
    // TODO Auto-generated method stub
    Toast.makeText(MainActivity.this, "ddd", 1).show();
    //读取文本框中的内容
    String mima=e1.getText().toString();
    FileOutputStream  fos=null;//定义输出流对象 fos
    //判断是否插入 SD 卡，如果存在则写入数据
if(Environment.getExternalStorageState().equals
(Environment.MEDIA_MOUNTED))
     { // 读取 SD 卡的目录
          File path=Environment.getExternalStorageDirectory();
          //创建文件对象
          File  file=new File(path,"pwd.txt");
         try {
               fos=new FileOutputStream(file);
               //把密码写入到文件中
               fos.write(mima.getBytes());
               //关闭流
               fos.close();
               Toast.makeText(MainActivity.this,"密码保存成功", 1).show();
           } catch  (Exception e) {
               // TODO Auto-generated catch block
                       e.printStackTrace();
                   }
 }
 else
     {Toast.makeText(MainActivity.this,"SD 卡不存在", 1).show();    }
}} );
        b2.setOnClickListener(new OnClickListener() {
```

```
        @Override
        public void onClick(View v) {
            // TODO Auto-generated method stub
            //定义输入流对象 fis
              FileInputStream  fis=null;
              //判断是否插入 SD 卡，如果存在则写入数据
              if(Environment.getExternalStorageState().equals
              (Environment.MEDIA_MOUNTED))
   { // 读取 SD 卡的目录
        File path = Environment.getExternalStorageDirectory();
        //创建文件对象
        File  file=new File(path,"pwd.txt");
        try {
             fis=new FileInputStream(file);
             //把密码吸入到文件中
             String mima="";
             int  length=0;
             byte[] buffer=new byte[1024];
    //使用循环读取文件中的内容，并放入字符串变偶昂 mima 中
          while((length=fis.read(buffer))!=-1)
          {
              mima=mima+(new String(buffer,0,length));
          }
          fis.close();//关闭流
          //以吐司方式显示读出来的密码
          Toast.makeText(MainActivity.this, mima, 1).show();
      } catch (Exception e) {
          // TODO Auto-generated catch block
          e.printStackTrace();
      }
              }
             }
           });
      }
}
```

(4) 在 AndroidManifest.xml 中添加 SD 卡的读写权限。代码如下：

```
<uses-permission
    android:name="android.permission.READ_EXTERNAL_STORAGE"/>
<uses-permission
    android:name="android.permission.WRITE_EXTERNAL_STORAGE"/>
```

(5) 运行程序，效果如图 5-6 所示。当用户输入密码并单击“设置密码”按钮后，效果如图 5-7 所示；当用户单击“读取密码”按钮，效果如图 5-8 所示。如果 SD 卡不存在，则在屏幕显示“SD 卡不存在”。

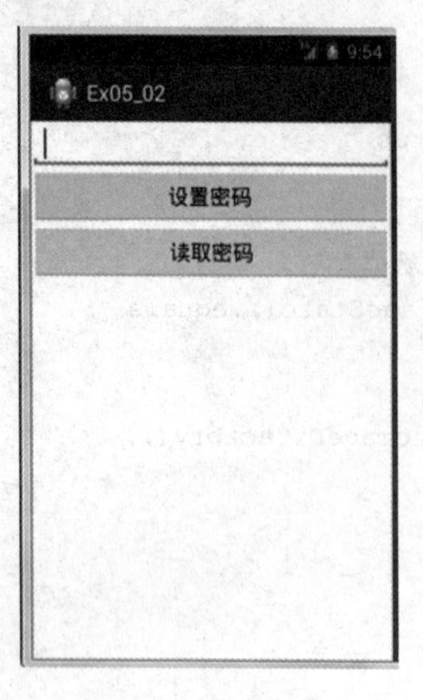

图 5-6　运行效果图

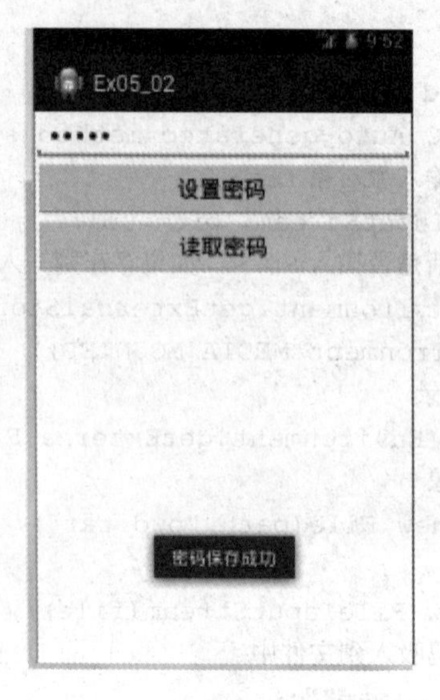

图 5-7　密码保存效果图

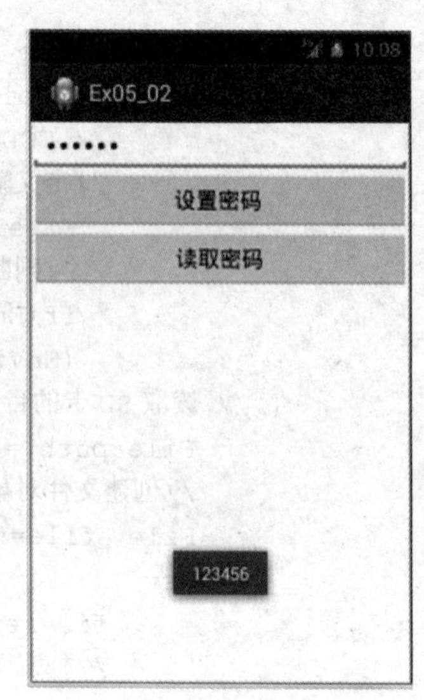

图 5-8　密码读取效果图

5.3　任务 3　SQLite 数据库存储

任务描述

本任务主要掌握与 SQLite 数据库相关类的用法及 SQLite 数据库的增删改查。

任务目标

(1)　了解 SQLite 数据库；
(2)　掌握 SQLie 数据库中的数据类型；
(3)　掌握 SQLiteOpenHelper 的用法；
(4)　掌握 SQLiteDataBase 类的应用；
(5)　掌握 SQLite 数据库的增删改查。

知识要点

5.3.1　SQLite 数据库简介

除了可以使用文件或 SharedPreferences 存储数据，还可以选择使用 SQLite 数据库存储数据。在 Android 平台上，集成了一个嵌入式关系型数据库——SQLite。

SQLite 是一款轻型的数据库，由 D. Richard Hipp 在 2000 年发布。SQLite 本身是用 C 语言写的，体积非常小，但具备比较完整的关系型数据库的功能。它的设计目标是嵌入式的，而且目前已经在很多嵌入式产品中使用了。它占用资源非常低，在嵌入式设备中，可能只需要几百 KB 的内存就够了。它能够支持 Windows、Linux、UNIX 等主流的操作系统，同时能够跟很多程序语言相结合，如 C#、PHP、Java 等。SQLite 及相关介绍可以到 http://www.sqlite.org 网站下载。

5.3.2 管理和操作 SQLite 数据库的类

在 Android 中，要对 SQLite 数据库进行操作，要用到 SQLiteOpenHelper 类、SQLiteDatabase 类和 Cursor 接口，现在对这几个类进行介绍。

1. SQLiteOpenHelper 类

SQLiteOpenHelper 是一个抽象类，它主要用于打开、创建数据库及数据库的更新。创建的数据库位于 data/data/包名/database 目录下，它的常用方法如表 5-3 所示。

表 5-3 SQLiteOpenHelper 类的常用方法

方 法 名	功 能
public SQLiteDatabase getReadableDatabase( )	用来打开一个可读的数据库。如果数据库不存在，调用该方法会建立一个数据库
public SQLiteDatabase getWriteableDatabase( )	用来打开一个可写的数据库。如果数据库不存在，调用该方法会建立一个数据库
public void onCreate(SQLiteDatabase db)	数据库创建时执行(第一次连接获取数据库对象时执行)
public void onUpgrade (SQLiteDatabase db,int new Version, int oldVersion2)	数据库更新时执行(版本号改变时执行)，参数 newVerson 表示新版本号，oldVersion 表示老版本号
public void onOpen (SQLiteDatabase db)	数据库每次打开时执行(每次打开数据库时调用，在 onCreate，onUpgrade 方法之后)
public SQLiteOpenHelper(Context context, Sring name, CursorFactory factory, int version)	构造方法，context 参数表示当前上下文，name 表示数据库名称，factory 一般设置为 null，version 表示数据库的版本号
close()	关闭数据库

2. SQLiteDatabase 类

SQLiteDatabase 提供了访问数据库的方法，可以对数据库进行增删改查。SQLiteDatabase 类的常用方法如表 5-4 所示。

表 5-4 SQLiteDatabase 类的常用方法

方 法 名	功 能
public long insert (String table，String nullcolumnHack, ContenValues values)	该方法用来插入记录，各个参数含义如下。 table：代表想插入数据的表名。 nullColumnHack：代表强行插入 null 值的数据列的列名。 values：代表一行记录的数据

续表

方法名	功能
public int delete (String table,String whereClause String[] whereArgs)	该方法用来删除记录，各个参数含义如下。 table：代表想删除数据的表名。 whereClause：满足该 whereClause 子句的记录将会被删除。 whereArgs：用于为 whereArgs 子句传入参数
public int update(String table, ContentValues values, String whereClause String[] whereArgs)	该方法用来更新记录，各参数的含义如下。 table：代表想要更新数据的表名。 values：代表想要更新的数据。 whereClause：满足该 whereClause 子句的记录将会被更新。 whereArgs：用于为 whereArgs 子句传递参数
public Cursor query(String table, String[] columns, String selection, String[] selectionArgs,String groupBy, String having, String orderBy)	该方法用来查询记录，各个参数含义如下。 table：执行查询数据的表名。 columns：要查询出来的列名。 selection：查询条件子句。 selectionArgs：用于为 selection 子句中占位符传入参数值，值在数组中的位置与占位符在语句中的位置必须一致，否则就会有异常。 groupBy：用于控制分组。 having：用于对分组进行过滤
public cursor rawQuery (String sql,String []selectionArgs)	该方法执用来执行 SQL 语句进行查询；参数含义如下。 sql：为一条 Select 语句。 selectionArgs：用来给 sql 参数中的语句指定参数
public SQLiteDatabase db execSQL (String sql)	该方法用来执行一条 SQL 语句，参数 sql 是要执行的 SQL 语句

3. Cursor 接口

Cursor 是 SQLite 数据库查询返回的行数集合，是一个游标接口，其提供了便利的查询结果的方法，如移动指针方法 move()、获得列值方法 getString()等。Cursor 的常用方法如表 5-5 所示。

表 5-5　Cursor 的常用方法

方法名	功能
moveToNext( )	移动到下一行
moveToFirst( )	移动到第一行
moveToLast( )	移动到最后一行
moveToPrevious( )	移动到上一行
getColumnCount()	返回所有行数
getColumnIndex(String columnName)	返回指定列的索引，不存在则返回-1

续表

方 法 名	功 能
getCount( )	返回 Cursor 中的行数
getInt(int columnIndex)	返回当前行中类型为 int 型，索引为 columnIndex 的列的值
getString(int columnIndex)	返回当前行中类型为 String 型，索引为 columnIndex 的列的值

5.3.3　SQLite 数据库的操作

1. 数据库的基本操作

1)　打开及创建数据库

通过调用 SQLiteOpenHelper 类的 getReadableDatabase()或 getWritableDatabase()方法可以得到一个可读或可写的数据库。调用这两个方法时，如果数据库不存在，则创建一个数据库。使用 SQLiteOpenHelper 类创建数据库步骤如下。

(1)　创建一个类 Helper，继承 SQLiteOpenHelper 类。

(2)　创建 Helper 类的构造方法。

(3)　重写 onCreate 方法，该方法中一般写 Ctreate table 语句来建表。

(4)　重写 onUpgrade 方法，一般用来写数据库更新的语句。

创建 Helper 类的示例代码如下：

```
public class Helper extends SQLiteOpenHelper
{
/*定义 Helper 的构造方法，构造方法参数说明：
*  context 参数表示当前上下文
*  name 表示数据库名称
*  factory 一般设置为 null
*  version 表示数据库的版本号，一般为整数比如 1,2,3....
*/
public Helper(Context  context,Sring name,CursorFactory factory,int
version)
super(context, name, factory, version);
        // TODO Auto-generated constructor stub
    }
    //oncreate:第一次打开数据库时调用，一般写建表的代码
    @Override
    public void onCreate(SQLiteDatabase db) {
        // TODO Auto-generated method stub
//定义变量 sql 存放建表的 SQL 语句
String sql=
"create table st(xh int PRIMARY KEY,xm varchar(20),xb varchar(2))";
//调用 db.execSQL 方法执行 SQL 语句
db.execSQL(sql);
    }
    //当数据库的版本增加时调用该方法,一般写更新库或表的代码
    public void onUpgrade(SQLiteDatabase db, int oldVersion, int newVersion) {
```

```
            // TODO Auto-generated method stub
            Log.i("aaa","数据库更新");
        }
    }
```

2) 增加一条记录

增加记录要调用 SQLiteDatabase 的 insert 方法，下面是向 student 数据库的 st 表中添加一条记录(1003,"大乔","女")的代码：

```
Helper  hp3=new
Helper(MainActivity.this, "student",null,2);
db=hp3.getWritableDatabase();
//插入一条记录
//定义一个 ContentValues 对象:用来保存每个记录的信息
ContentValues   values=new ContentValues();
//把要插入的记录的信息放入到 values 中
values.put("xh", "1003");
values.put("xm", "大乔");
values.put("xb", "女");
//调用 SQLite 数据库的 insert 方法
db.insert("st", null, values);
//关闭数据库
db.close();
```

上面代码中的 ContentValues values=new ContentValues()中用到 ContentValues 类，该类用来存放要插入到数据库中的记录的每个字段的值。这句话定义了一个对象 values，通过调用 values 对象的 put 方法可以把每个字段名和值放入到 values 对象中。put 方法的第一个参数为字段的名称，第二个参数为字段的值。

3) 修改记录

修改记录要调用 SQLiteDatabase 的 update()方法，下面的代码是把 student 数据库的 st 表中的学号为 1002 的人的名字改为“张小飞”，性别改为“女”的代码：

```
//获取数据库
Helper  hp5=new
Helper(MainActivity.this, "student",null,2);
db=hp5.getWritableDatabase();
//更新数据:把学号为 1002 的人的名字改为“张小飞”,性别改为“女”
//定义 ContentValues 对象
ContentValues  v6=new ContentValues();
v6.put("xm", "张小飞");
v6.put("xb", "女");
//调用 SQLite 数据库 update 方法
db.update("st", v6, "xh=?", new String[]{"1002"});
db.close();
```

4) 删除记录

删除记录要调用 SQLiteDatabase 的 delete()方法，下面是删除 student 数据库中的 xb 为“女”的记录代码：

```
//获取数据库
Helper hp4=new
Helper(MainActivity.this, "student",null,2);
db=hp4.getWritableDatabase();
//删除记录
db.delete("st", "xb=?", new String[]{"女"});
db.close();
```

5)　查询记录

查询记录可以调用 SQLiteDatabase 的 query()方法，下面的代码是把 student 数据库 st 表中所有记录查找出来，并在 locat 中显示出来的代码。

```
//获取数据库
Helper hp6=new
Helper(MainActivity.this, "student",null,2);
db=hp6.getWritableDatabase();
//查询数据库
//执行查询:Cursor 对象专门用来保存查询结果
Cursor cursor=db.query("st",new String[]{"xh","xm","xb"},
"xb=?", new String[]{"女"}, null, null, null);
//显示 cursor 中的记录
while(cursor.moveToNext())
{     Log.i("aaa",cursor.getInt(0)+":"+
cursor.getString(1)+":"+cursor.getString(2));
}
cursor.close();
db.close();
```

对数据库的增删改查除了使用上面的代码之外，也可以使用 SQL 语句来完成。SQL 语句是通过 SQLiteDatabase 对象的 execSQL()方法来完成，感兴趣的同学可以自行学习。

2. SQLite Exert Professional 可视化工具

在 Android 系统中，数据库完成后，无法直接对数据库进行查看，需要使用 SQLite Expert Professional 可视化工具。该工具可以在网上下载，安装后的启动界面如图 5-9 所示。

使用 SQLite Expert Professional 打开数据库并查看表中的内容。

(1) 要打开建好的数据库，首先在文件浏览器中数据库文件所在目录 data/data/包名/database 下找到数据库，本例中的数据库名为 student。把数据库导出到指定的目录下。

(2) 选择 File→Opendatabase 命令，在弹出的 Select database file 对话框中选择刚才导出的数据库文件，打开数据库，左侧就出现数据库的名称及数据库中的表名，效果如图 5-10 所示。

(3) 要查看数据库中某个表中的内容，直接在左侧选择该表的名字，并选择右侧窗格的选项卡 Data，即可显示表中的数据，效果如图 5-11 所示。

(4) 如果要向表中添加一条记录，单击右侧窗格的 Data 选项卡，然后单击 + 按钮来手动添加一个空行。在空行中每列单击，输入每列数据后，单击上面的√ 完成一条记录的插入，如图 5-12 所示。或在空行上双击，在弹出的对话框中输入每个字段的值后，单击 Ok 按钮。

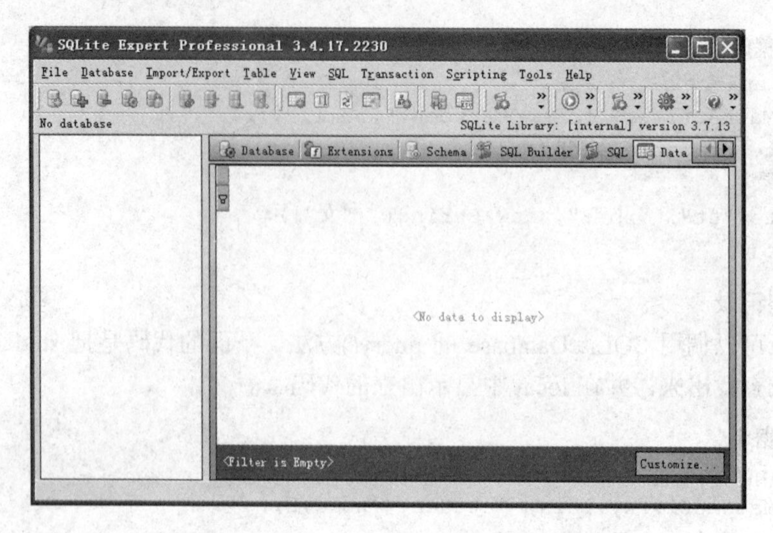

图 5-9　SQLite Expert Professional 主界面

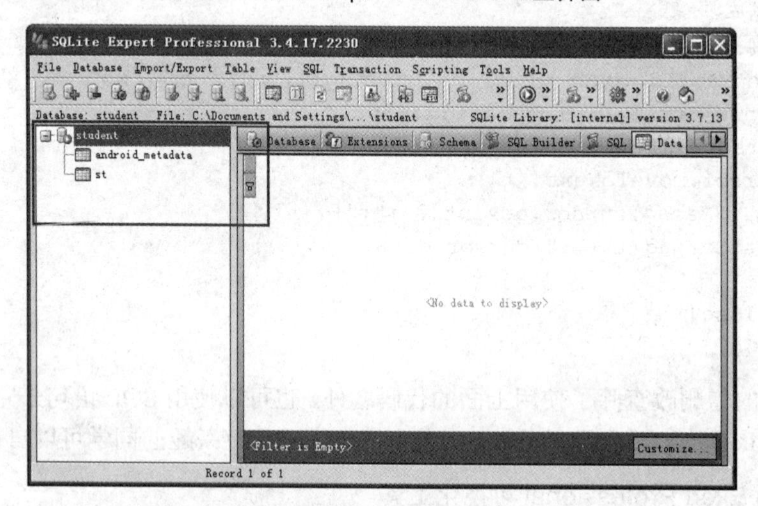

图 5-10　打开数据库

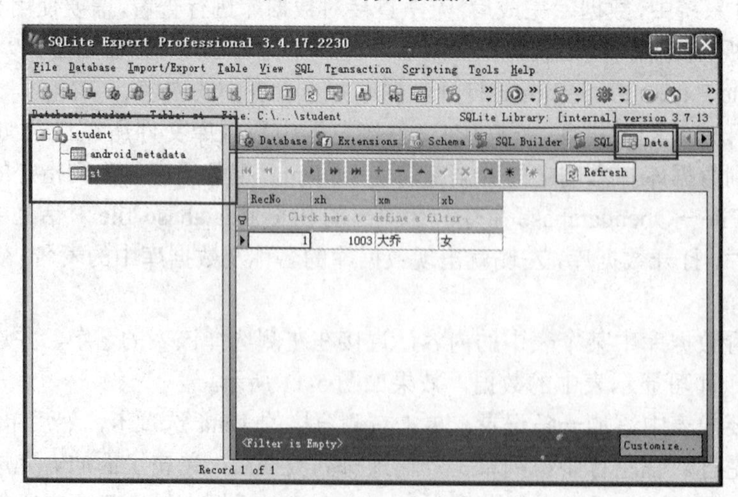

图 5-11　显示表中的数据

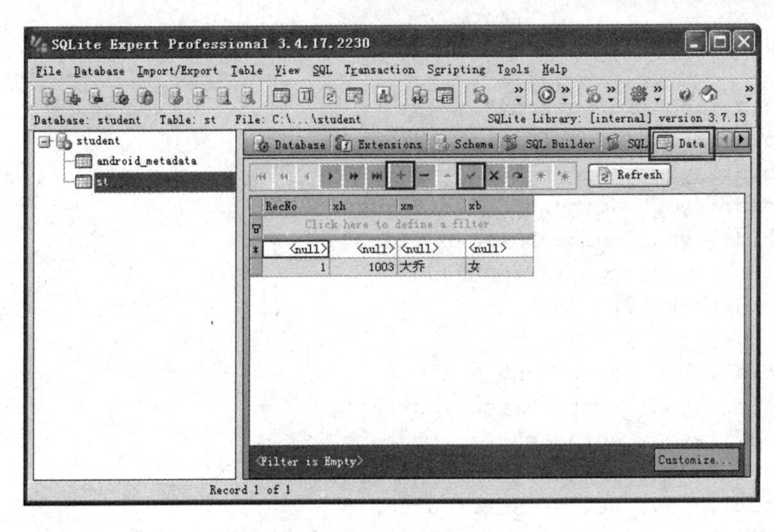

图 5-12　插入一行

【例 5-4】创建程序对数据库进行操作，单击不同的按钮完成不同的功能。

(1) 创建名称为 Ex05_04 的新项目，包名为 com.example.ex05_04。

(2) 修改布局文件 activity_main.xml 的代码：

```
<RelativeLayout
xmlns:android="http://schemas.android.com/apk/res/android"
xmlns:tools="http://schemas.android.com/tools"
android:layout_width="match_parent"
android:layout_height="match_parent" >
<Button
    android:id="@+id/button1"
    android:layout_width="match_parent"
    android:layout_height="wrap_content"
    android:layout_alignParentLeft="true"
    android:layout_alignParentTop="true"
    android:layout_marginTop="20dp"
    android:text="创建数据库" />
<Button
    android:id="@+id/button2"
    android:layout_width="match_parent"
    android:layout_height="wrap_content"
    android:layout_below="@+id/button1"
    android:layout_centerHorizontal="true"
    android:layout_marginTop="20dp"
    android:text="升级数据库" />
<Button
    android:id="@+id/button3"
    android:layout_width="match_parent"
    android:layout_height="wrap_content"
    android:layout_alignLeft="@+id/button2"
    android:layout_below="@+id/button2"
    android:layout_marginTop="20dp"
```

```
    android:text="插入记录" />
<Button
    android:id="@+id/button4"
    android:layout_width="match_parent"
    android:layout_height="wrap_content"
    android:layout_alignLeft="@+id/button3"
    android:layout_below="@+id/button3"
    android:layout_marginTop="20dp"
    android:text="删除记录" />
<Button
    android:id="@+id/button5"
    android:layout_width="match_parent"
    android:layout_height="wrap_content"
    android:layout_alignRight="@+id/button4"
    android:layout_below="@+id/button4"
    android:layout_marginTop="20dp"
    android:text="修改记录" />
<Button
    android:id="@+id/button6"
    android:layout_width="match_parent"
    android:layout_height="wrap_content"
    android:layout_alignLeft="@+id/button5"
    android:layout_below="@+id/button5"
    android:text="显示记录"
    android:layout_marginTop="20dp"/>
</RelativeLayout>
```

(3) 在项目的 src 包下创建名称为 DB 的包。

(4) 在包 DB 下创建类 Helper 继承 SQLiteOpenHelper 类，Helper 类的代码如下：

```
package DB;
import android.content.Context;
import android.database.sqlite.SQLiteDatabase;
import android.database.sqlite.SQLiteDatabase.CursorFactory;
import android.database.sqlite.SQLiteOpenHelper;
import android.util.Log;
public class Helper   extends SQLiteOpenHelper{
    /*构造方法有四个参数
     * 1.当前的上下文
     * 2.name:表示数据库的名字
     * 3.CursorFactory：一般为空
     * 4.version:代表数据库的版本号一般为整数 1,2,3....  *
     */
    public Helper(Context context, String name, CursorFactory factory,
            int version) {
        super(context, name, factory, version);
        // TODO Auto-generated constructor stub
            }
    //oncreate:一般第一次打开数据库时调用，用于写建表的代码
```

```
    @Override
    public void onCreate(SQLiteDatabase db) {
        // TODO Auto-generated method stub
        String sql="create table st(xh int PRIMARY KEY,xm varchar(20),xb
varchar(2))";
        db.execSQL(sql);//执行 sql 语句
        Log.i("aaa","数据库创建");
          }
    @Override
    public void onUpgrade(SQLiteDatabase db, int oldVersion, int newVersion)
{
        // TODO Auto-generated method stub
        Log.i("aaa","数据库更新");
    }
}
```

(5) 修改主类文件 MainActivity.java 文件的代码：

```
package com.example.ex05_04;
import DB.Helper;
import android.App.Activity;
import android.content.ContentValues;
import android.database.Cursor;
import android.database.sqlite.SQLiteDatabase;
import android.os.Bundle;
import android.util.Log;
import android.view.Menu;
import android.view.View;
import android.view.View.OnClickListener;
import android.widget.Button;
public class MainActivity extends Activity implements OnClickListener
{   // 定义对象
    Button b1, b2, b3, b4, b5, b6;
    SQLiteDatabase db;// 定义一个数据库对象 db
    @Override
    protected void onCreate(Bundle savedInstanceState) {
        super.onCreate(savedInstanceState);
        setContentView(R.layout.activity_main);
        // 获取对象
        b1=(Button) findViewById(R.id.button1);
        b2=(Button) findViewById(R.id.button2);
        b3=(Button) findViewById(R.id.button3);
        b4=(Button) findViewById(R.id.button4);
        b5=(Button) findViewById(R.id.button5);
        b6=(Button) findViewById(R.id.button6);
        // 添加监听器
        b1.setOnClickListener(this);
        b2.setOnClickListener(this);
        b3.setOnClickListener(this);
        b4.setOnClickListener(this);
```

```
    b5.setOnClickListener(this);
    b6.setOnClickListener(this);
}
@Override
public void onClick(View v) {
    // TODO Auto-generated method stub
    switch (v.getId()) {
    case R.id.button1:// 创建数据库
        //创建一个 Helper 对象
        Helper  hp=new Helper
           (MainActivity.this, "student",null,1);
        //创建数据库
        db=hp.getWritableDatabase();
        db.close();
        break;
    case R.id.button2:// 升级数据库
     Helper  hp2=new
     Helper(MainActivity.this, "student",null,2);
    //创建数据库
     db=hp2.getWritableDatabase();
          db.close();
        break;
    case R.id.button3:// 添加记录
        //获取数据库
        Helper  hp3=new
   Helper(MainActivity.this, "student",null,2);
   db=hp3.getWritableDatabase();
         //插入一条记录
    //定义一个 ContentValues 对象:用来保存每个记录的信息
   ContentValues   values=new ContentValues();
    //把要插入的记录的信息放入到 values 中
    values.put("xh", "1003");
    values.put("xm", "大乔");
    values.put("xb", "女");
    //调用 sqlite 数据库的 insert 方法
     db.insert("st", null, values);
    //关闭数据库
        db.close();
    break;
    case R.id.button4:// 删除记录
    //获取数据库
                Helper  hp4=new
              Helper(MainActivity.this, "student",null,2);
              db=hp4.getWritableDatabase();
        //删除记录
             db.delete("st", "xb=?", new String[]{"女"});
           db.close();
        break;
    case R.id.button5:// 更新记录
```

```
          //获取数据库
          Helper  hp5=new
      Helper(MainActivity.this, "student",null,2);
      db=hp5.getWritableDatabase();
      //更新数据:把学号为 1002 的人的名字改为张小飞,性别改为女
        //定义 ContentValues 对象
        ContentValues  v6=new ContentValues();
         v6.put("xm", "张小飞");
         v6.put("xb", "女");
         //调用 sqlite 数据库 update 方法
         db.update("st", v6, "xh=?", new String[]{"1002"});
         db.close();
          break;
       case R.id.button6:// 显示数据
          //获取数据库
          Helper  hp6=new
      Helper(MainActivity.this, "student",null,2);
      db=hp6.getWritableDatabase();
      //查询数据库
        //执行查询:Cursor 对象专门用来保存查询结果
  Cursor  cursor=db.query("st",new String[]{"xh","xm","xb"},
           "xb=?", new String[]{"女"}, null, null, null);
       //显示 cursor 中的记录
        while(cursor.moveToNext())      {
    Log.i("aaa",cursor.getInt(0)+":"+
   cursor.getString(1)+":"+cursor.getString(2));
   }
  cursor.close();
  db.close();
         break;
       }}}
```

(6) 运行程序，界面如图 5-13 所示。

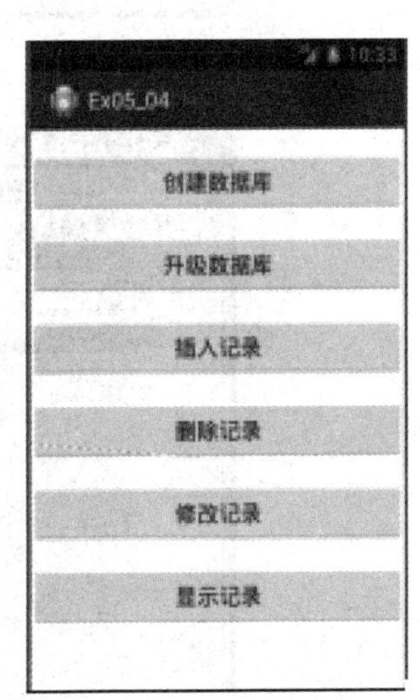

图 5-13　运行效果

单击“创建数据库”按钮，则创建一个名称为 student 的数据库，并在数据库中创建一个表 st，它包含三个字段 xh、xm、xb。使用 SQLite Expert Professional 打开数据库，效果如图 5-14 所示。

单击“升级数据库”按钮，在 Locat 中显示信息“升级数据库”；单击“插入记录”按钮、“修改记录”按钮完成相应操作，结果可以通过 SQLite Expert Professional 可视化工具查看，效果如图 5-15 和图 5-16 所示。

单击“显示记录”按钮，在 Locat 视图中显示出所有记录的信息，效果如图 5-17 所示；单击“删除记录”按钮，记录被删除，使用 SQLite Expert Professional 可视化工具查看效果如图 5-18 所示。

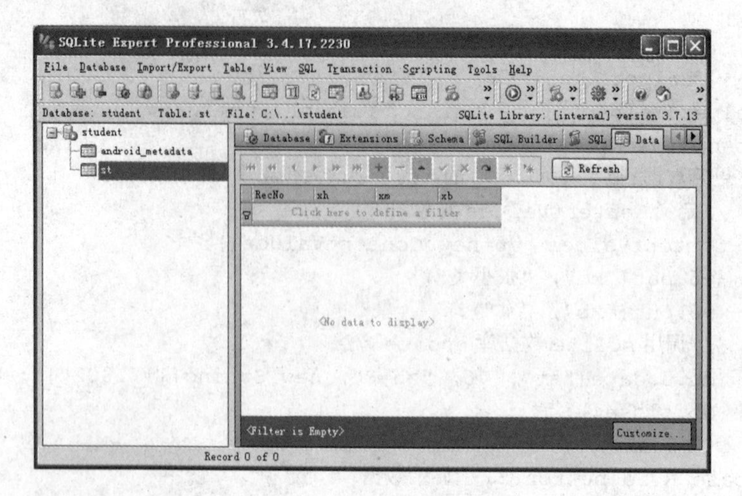

图 5-14　打开数据库

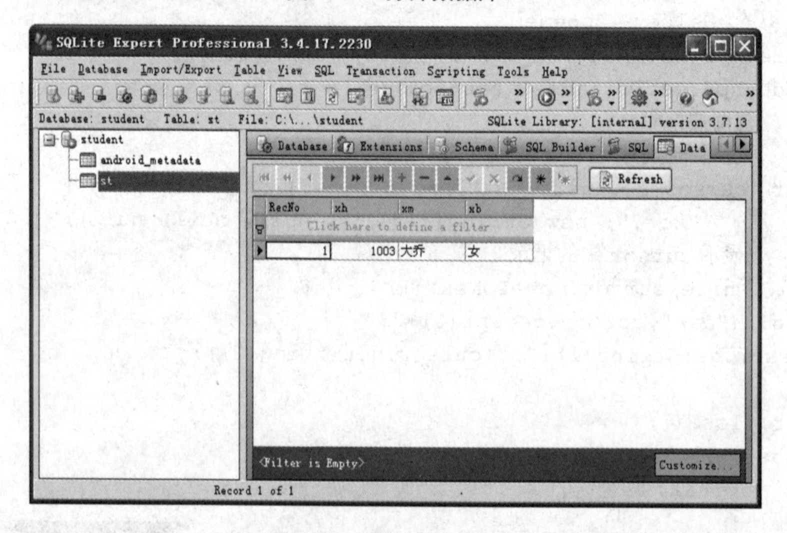

图 5-15　插入记录后效果

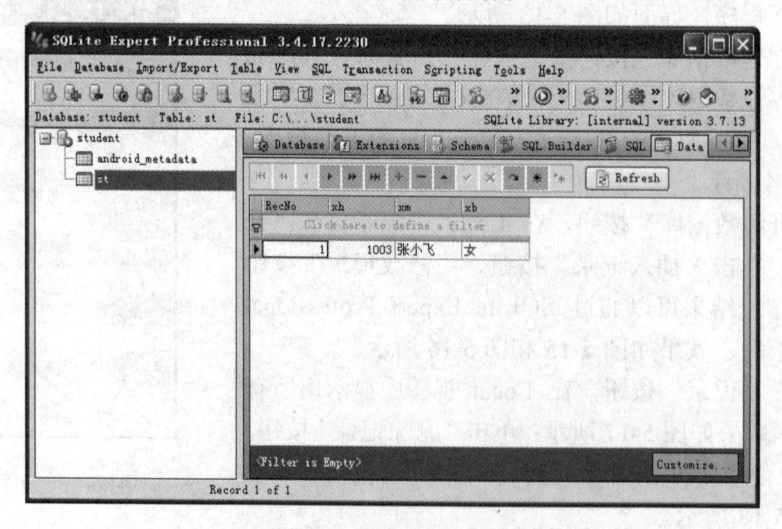

图 5-16　修改记录后效果

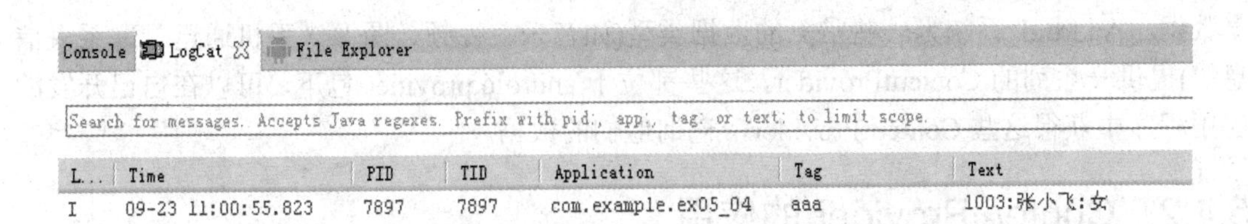

图 5-17　显示记录的效果

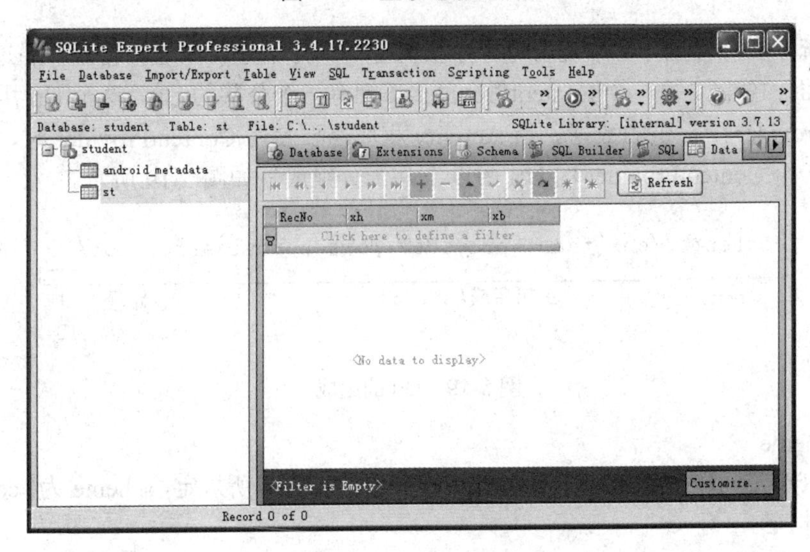

图 5-18　删除记录后的效果

5.4　任务 4　数据共享 ContentProvider

任务描述

本任务主要是熟练 ContentProvider 的相关概念及使用 ContentProvider 读取数据的方法。

任务目标

(1) 掌握 ContentProvider 的作用；
(2) 掌握 Uri 的概念及组成；
(3) 学会使用 ContentProvider 读取数据。

知识要点

5.4.1　ContentProvider 简介

前面讲的数据存储方式一般只是在单独的一个应用程序之中实现数据共享，要在多个应用程序之间共享数据，就要用到 ContentProvider。

ContentProvider 作为 Android 四大组件之一，主要的功能是在不同的应用程序之间共享数据。Android 系统为一些常见的数据类型(如音乐、视频、图像、手机通讯录联系人信息等)提供一系列的 ContentProvider，这些都位于 android.provider 包下，可以在自己开发的应用程序中获得这些 ContentProvider，查询他们的数据。

5.4.2 ContentProvider 的应用

1. Uri

Uri 是统一资源标识，是系统为每一个资源起的一个名字，如通话记录。通过 Uri 可以访问系统里面的资源。每一个 ContentProvider 都拥有一个公共的 Uri，这个 Uri 用于表示这个 ContentProvider 所提供的数据。当 Activity 程序需要使用 ContentProvider 时，需要用到这个 Uri。一个 ContentProvider 的 Uri 由以下几部分组成，如图 5-19 所示。

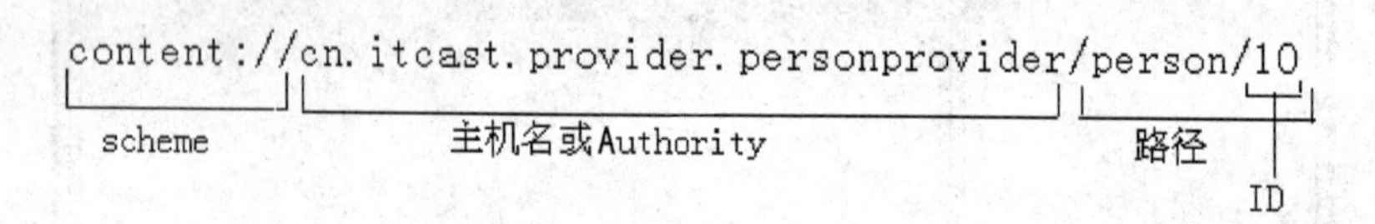

图 5-19 Uri 的组成

1) scheme

ContentProvider(内容提供者)的 scheme 已经由 Android 所规定，scheme 为“content://”。

2) 主机名

主机名(或叫 Authority)用于唯一标识这个 ContentProvider，外部调用者可以根据这个标识来找到它。

3) 路径

路径(path)可以用来表示我们要操作的数据，路径的构建应根据业务而定。

(1) 要操作 person 表中 id 为 10 的记录，可以构建这样的路径：/person/10。

(2) 要操作 person 表中 id 为 10 的记录的 name 字段，可以构建这样的路径：person/10/name。

(3) 要操作 person 表中的所有记录，可以构建这样的路径：/person。

(4) 要操作 xxx 表中的记录，可以构建这样的路径：/xxx。

(5) 要操作 xml 文件中 person 节点下的 name 节点，可以构建这样的路径：/person/name。

需要注意的是，如果要把一个字符串转换成 Uri，可以使用 Uri 类中的 parse()方法：

```
Uri uri = Uri.parse("content://cn.itcast.provider.personprovider/person")
```

2. ContentResolver

当外部应用需要对 ContentProvider 中的数据进行添加、删除、修改和查询操作时，可以使用 ContentResolver 类来完成。要获取 ContentResolver 对象，可以使用 Activity 提供的 getContentResolver()方法。例如：

```
ContentResolver resolver=getContentResolver( ); //获取 ContentResolver 对象
```

ContentResolver 有四个方法，通过这四个方法可完成 ContentProvider 中的数据操作。

1)　insert( )方法

格式：public Uri insert(Uri uri, ContentValues values)

功能：该方法用于往 ContentProvider 添加数据。

2)　delete 方法

格式：public int delete(Uri uri, String selection, String[] selectionArgs)

功能：该方法用于从 ContentProvider 删除数据。

3)　update( )方法

格式：public int update(Uri uri, ContentValues values, String selection, String[] selectionArgs)

功能：该方法用于更新 ContentProvider 中的数据。

4)　query( )方法

格式：public Cursor query(Uri uri, String[] projection, String selection, String[] selectionArgs, String sortOrder)

功能：该方法用于从 ContentProvider 中获取数据。

这些方法的第一个参数为 Uri，代表要操作的 ContentProvider 和对其中的什么数据进行操作，假设给定的是 Uri.parse("content://com.android.contacts/raw_contacts")，那么将会对主机名为 com.android.contacts 的 ContentProvider 进行操作，操作的数据为 raw_contacts 表。

【例 5-5】读取手机中的联系人并把它显示手机屏幕。

(1)　创建名称为 Ex05_05 的新项目，包名为 com.example.ex05_05。

(2)　修改布局文件 activity_main.xml 的代码：

```
<RelativeLayout
xmlns:android="http://schemas.android.com/apk/res/android"
xmlns:tools="http://schemas.android.com/tools"
android:layout_width="match_parent"
android:layout_height="match_parent"
android:paddingBottom="@dimen/activity_vertical_margin"
android:paddingLeft="@dimen/activity_horizontal_margin"
android:paddingRight="@dimen/activity_horizontal_margin"
android:paddingTop="@dimen/activity_vertical_margin"
tools:context=".MainActivity" >
<Button
   android:id="@+id/button1"
   android:layout_width="wrap_content"
   android:layout_height="wrap_content"
   android:layout_marginLeft="18dp"
   android:layout_marginTop="71dp"
   android:text="读取手机联系人" />
</RelativeLayout>
```

(3)　打开主类文件的 MainActivity.java，修改代码如下：

```
package com.example.ex05_05;
import android.App.Activity;
import android.content.ContentResolver;
```

```
import android.database.Cursor;
import android.net.Uri;
import android.os.Bundle;
import android.view.View;
import android.view.View.OnClickListener;
import android.widget.Button;
import android.widget.TextView;
import android.widget.Toast;
public class MainActivity extends Activity {
Button b1;
protected void onCreate(Bundle savedInstanceState) {
    super.onCreate(savedInstanceState);
    setContentView(R.layout.activity_main);
    b1=(Button) findViewById(R.id.button1);
    b1.setOnClickListener(new OnClickListener() {
    /*
     * 获取手机联系人的Uri,读取手机联系人要用到两个表:
   * 1.raw_contacts(该表中保存的联系人的id,在这个表中可以读取出联系人
     的id,每个联系人有一个id)
     *  它对应的Uri为:
     *  content://com.android.contacts/raw_contacts
   * 2.data(保存的是联系人的电话号码、姓名等信息,根据第一步读出的id, 可以在data表
中读取联系人的名字和电话号码)
     *  它对应的Uri为:content://com.android.contacts/data          *
     */
    Uri uri=Uri.parse("content://com.android.contacts/raw_contacts");
     Uri datauri=Uri.parse("content://com.android.contacts/data");
            @Override
            public void onClick(View v) {
                // TODO Auto-generated method stub
                //定义变量用来保存联系人的信息
                String ss="";
                //获取ContentResolver对象
                ContentResolver resolver=getContentResolver();
Cursor cursor=resolver.query(uri, new String[] { "contact_id" },
                      null, null, null);
                //定义一个List对象用来保存所有联系人姓名和电话
                    while (cursor.moveToNext()) {
                    String contact_id=cursor.getString(0);
                    ss=ss+contact_id;
            if (contact_id !=null) {
    Cursor dataCursor=resolver.query(datauri, new String[]  {"data1",
"mimetype" }, "contact_id=?",new String[] { contact_id }, null);
                while (dataCursor.moveToNext()) {
                String data1=dataCursor.getString(0);
              String mimetype=dataCursor.getString(1);
    if("vnd.android.cursor.item/name".equals(mimetype)){
                                //把联系人的姓名连接到ss上
                                ss=ss+","+data1;
```

```
                        }else
if("vnd.android.cursor.item/phone_v2".equals(mimetype)){
                            //去掉联系人电话中的'空格'和'-'
                        data1=data1.replace(" ","");
                        data1=data1.replace("-","");
                        //把联系人的电话号码连接到 ss 上
                        ss=ss+":"+data1.replace("-", "");
                        }
                    }
                    ss=ss+"\n";
                    dataCursor.close();
                }
            }
            Toast.makeText(MainActivity.this, ss, 1).show();
        }
    });
}
}
```

(4) 添加权限。读取联系人要在 androidMannifest.xml 中添加权限，添加权限的代码如下：

```
<uses-permission android:name="android.permission.READ_CONTACTS"/>
```

(5) 运行程序，效果如图 5-20 所示，单击“读取联系人”按钮，则显示出所有的联系人信息(本机只有一个联系人)，效果如图 5-21 所示。

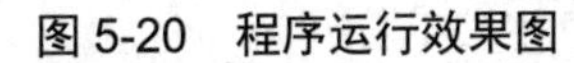
图 5-20　程序运行效果图

图 5-21　显示联系人效果图

5.5　项目实现——电子词典翻译 App 软件的单词存储

电子词典翻译 App 软件的单词存储使用的是 SQLite 数据库，与它有关的类有 3 个，下面我们分别介绍。

(1) SQLHelper 类，主要用来打开数据库及建表，代码如下：

```
package utils;
import android.content.Context;
import android.database.sqlite.SQLiteDatabase;
import android.database.sqlite.SQLiteDatabase.CursorFactory;
import android.database.sqlite.SQLiteOpenHelper;
public class SQLHelper extends SQLiteOpenHelper {
    public static final String TB_WORD="tb_word";
    public static final String ID="_id";
    public static final String NAME="name";
    public static final String AUDIO="audio";
    public static final String PRON="pron";
    public static final String DEF="def";
    public static final String XML="xml";
    public SQLHelper(Context context, String name, CursorFactory factory,
            int version) {
        super(context, name, factory, version);
        // TODO Auto-generated constructor stub
    }
    @Override
    public void onCreate(SQLiteDatabase db) {
        StringBuffer sbSQL=new StringBuffer();
        sbSQL.Append("create table if not exists ");
        sbSQL.Append(TB_WORD);
        sbSQL.Append("(");
        sbSQL.Append(ID+" integer primary key,");
        sbSQL.Append(NAME+" varchar,");
        sbSQL.Append(XML+" varchar");
        sbSQL.Append(")");
        db.execSQL(sbSQL.toString());
    }
    @Override
    public void onUpgrade(SQLiteDatabase db, int oldVersion, int newVersion) {
        db.execSQL("DROP TABLE IF EXISTS "+TB_WORD);
        onCreate(db);
    }
}
```

(2) DBOpenHandler 类，其代码如下：

```
import android.content.Context;
import android.database.sqlite.SQLiteDatabase;
import android.database.sqlite.SQLiteOpenHelper;
public class DBOpenHandler extends SQLiteOpenHelper{
    public static final String TB_WORD="tb_word";
    public static final String ID="_id";
    public static final String NAME="name";
    public static final String AUDIO="audio";
    public static final String PRON="pron";
```

```
    public static final String DEF="def";
    public static final String XML="xml";
         public DBOpenHandler(Context context) {
           super(context, "DidaDict.db", null, 1);
        }
        @Override
        public void onCreate(SQLiteDatabase db) {
         StringBuffer sbSQL=new StringBuffer();
             sbSQL.Append("create table if not exists ");
             sbSQL.Append(TB_WORD);
             sbSQL.Append("(");
             sbSQL.Append(ID+" integer primary key,");
             sbSQL.Append(NAME+" varchar,");
             sbSQL.Append(XML+" varchar");
             sbSQL.Append(")");
             db.execSQL(sbSQL.toString());
        }
        @Override
        public void onUpgrade(SQLiteDatabase db, int oldVersion, int
newVersion) {
           // TODO Auto-generated method stub
         db.execSQL("DROP TABLE IF EXISTS "+TB_WORD);
             onCreate(db);
        }
}
```

(3) WordService 类用来查询，其代码如下：

```
package domain;
import com.example.dymdic.DidaActivity;
import android.content.ContentValues;
import android.content.Context;
import android.database.Cursor;
import android.database.sqlite.SQLiteDatabase;
public class WordService {
    private DBOpenHandler dbOpenHandler;
    public WordService(Context context){
        this.dbOpenHandler=new DBOpenHandler(context);
    }
    public long insertWords(Dict dict)
    {
        SQLiteDatabase db=dbOpenHandler.getWritableDatabase();
        ContentValues content=new ContentValues();
        content.put(DBOpenHandler.NAME,dict.getKey());
        content.put(DBOpenHandler.AUDIO,dict.getPron());
        content.put(DBOpenHandler.PRON, dict.getPs());
        content.put(DBOpenHandler.DEF, dict.getAcceptation());
        content.put(DBOpenHandler.XML, DidaActivity.sb.toString());

        return db.insert(DBOpenHandler.TB_WORD, null, content);
```

```
    }
    public Cursor listWords(){
        SQLiteDatabase db=dbOpenHandler.getReadableDatabase();
        return db.query(DBOpenHandler.TB_WORD, new
String[]{DBOpenHandler.NAME}, null, null, null, null, null);
    }
    public Cursor queryWord(){
        SQLiteDatabase db=dbOpenHandler.getReadableDatabase();
        return db.query(DBOpenHandler.TB_WORD, new
String[]{DBOpenHandler.NAME}, null, null, null, null, null);
    }
}
```

习　题

1. 编写程序，界面如图 5-22 所示，在界面上面的文本框中输入内容，单击“保存信息”按钮，使用 SharedPreference 或 File 对象保存文本框中输入的内容，单击“读取信息”按钮，把保存的信息在下面的文本框中显示出来。

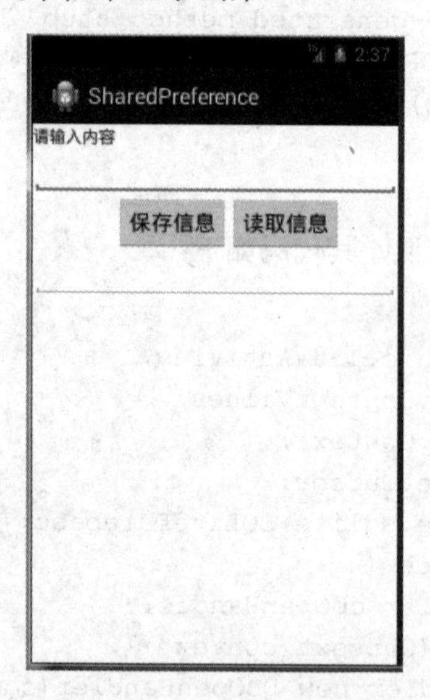

图 5-22　习题 1 效果图

2. 编写一个学生管理系统程序，能完成学生的增删改查。要求学生的基本信息用 SQLite 数据库保存，学生的基本信息包括学号、姓名、性别和年龄。

项目6　电子词典翻译 App 软件用户信息网络传输

技能目标

★　学会使用 Socket 编写网络程序;
★　学会使用 HttpCoection 接口访问网络及提交数据;
★　学会使用 HttpClient 接口进行网络通信;
★　会编写网络通信程序。

知识目标

★　掌握 Android 网络通信的概念和分类;
★　掌握 Android 各种通信方式的特点;
★　掌握 Get 方式和 Post 方式的异同;
★　掌握网络通信相关的接口及类的用法。

项目任务

随着技术的发展，互联网在手机中的应用越来越广泛，如可以上网、打游戏、微信、网络购物等。现在的手机大部分使用的是Android操作系统，Android是由互联网巨头Google开发的，因此网络功能是必不可少的。Android 网络通信分为两种：Socket 通信方式和 Http 通信方式。通过本项目，要学会 Android 网络通信的基本概念和方法，学会各种网络相关的类的用法，掌握使用 Socket 和 Http 编写网络程序的方法。

6.1　任务1　Socket 网络通信

任务描述

Socket 通信是 Android 中网络通信的一种重要方式，Socket 通信可以在服务器端和客户端收发数据。通过本次任务的学习，可以掌握 Socket 网络编程的相关知识。

任务目标

(1)　掌握 ServerSocket 通信的原理；
(2)　掌握 ServerSocket 类的属性和方法；
(3)　掌握 Socket 类的属性和方法；
(4)　学会使用 Socket 编写网络程序。

知识要点

6.1.1 什么是 Socket

所谓 Socket，通常称作“套接字”，是网络通信的一种接口，用于描述 IP 地址和端口，是一个通信链的句柄，用于实现服务器和客户端的连接。计算机是有端口号的，每一个端口都可以被一个应用程序通信使用。例如，80 端是 HTTP 协议使用的端口，21 端口是 FTP 协议所使用的端口。端口号的取值范围为 0～65535，1～1024 端口是操作系统使用，大于 1024 的端口才是给程序员使用的。

应用程序通过“套接字”向网络发送请求或应答请求。Socket 分成服务器端的 Socket 和客户端的 Socket，服务器端的 Socket 主要用于接收来自于网络的请求，它一直监听某个端口；客户端 Socket 主要用来向网络发送数据。

6.1.2 Socket 的通信模式

Socket 是基于 TCP/IP 协议的一种通信。使用 Socket 通信，需要在通信的双方都建立 Socket 对象。服务器端要求有一个 ServerSocket 对象，客户端要求有一个 Socket 对象。ServerSocket 用于监听来自客户端的连接，如果没有连接，它将一直处于等待状态。

6.1.3 ServerSocket 类和 Socket 类

1. ServerSocket 类

1) ServerSocket 对象的构造方法

(1) public ServerSocket(int port)。

(2) public ServerSocket(int port，int backlog)。

port 表示端口号，backlog 指定最大连接数，这两种方法都可以创建一个在 port 端口监听的 Socket 对象。

例如，创建一个 ServerSocket 对象，用来在 2000 端口监听。

```
ServerSocket  ss=new  ServerSocket(2000);
```

2) 常用方法

(1) public accept()。

该方法一直等待状态，直到客户端发出请求或出现意外终止，返回一个 Socket 对象。

(2) public close()。

关闭 ServerSocket 服务。

2. Socket 类

1) 构造方法

(1) public Socket(String host, int port)。

(2) public Socket(InetAddress address, int port)。

port 用来指定端口，address 用来指定服务器地址。该方法在客户端指定的服务器地址和端口号建立一个 Socket 对象。

例如，创建一个连接到地址为 192.168.1.1 的服务器、端口为 2000 的 Socket。

```
Socket  s=new  Socket("192.168.1.1",2000);
```

2) 常用方法

(1) public void close()：关闭 Socket 连接。

(2) public InputStream getInputStream()：返回该 Socket 对象对应的输入流。

(3) public OutputStream getOutputStream()：返回该 Socket 对象对应获取的输出流。

在客户端，程序可以通过 Socket 类的 getInputStream()方法获取服务器的输出信息；在服务器端，程序可以通过 getOutputStream()方法获取客户端输出流信息。

6.1.4 使用 Socket 通信流程

Socket 通信编程分为服务器端编程和客户端编程，服务器端编程和客户端编程流程的步骤如下。

1. 服务器端

(1) 创建一个 ServerSocket 对象(指定端口号)。

(2) 在服务器端调用 ServerSocket 的 accept()方法，接收客户端发送的请求。

(3) 服务器端收到请求后，创建 Socket 对象，与客户端建立连接。

(4) 建立输入/输出流，进行数据传输。

(5) 通信结束，服务器端关闭流和 Socket。

2. 客户端

(1) 创建 Socket(指定服务器 IP 和端口号，与服务器端的端口号相同)。

(2) 与服务器连接(Android 中创建 Socket 时自动连接)。

(3) 客户端分别建立输入/输出流，进行数据传输。

(4) 通信结束，客户端关闭流和 Socket。

【例 6-1】使用 Socket 在服务器和客户端通信，客户端向服务器发送一个请求，服务器接收到请求后向客户端发送一个字符串。

(1) 创建一个 Java 项目 ServerDemo 作为服务器端，在项目下创建一个包 com.example，在这个包中创建一个类 Myserver。代码如下：

```
package com.example;
import java.io.IOException;
import java.io.InputStream;
import java.io.OutputStream;
import java.net.ServerSocket;
import java.net.Socket;
public class Myserver {
    public static void main(String[] args) {
        ServerSocket  serverSocket =null;
        try {
            System.out.println("等待客户端请求");
```

```
            //创建一个 ServerSocket 对象，在 2000 端口监听
            serverSocket =new ServerSocket(2000);
           //循环接收客户端发送的请求
          while(true)
          {
          //调用 ServerSocket 对象的 accept()方法,接收客户端请求
            Socket socket=serverSocket .accept();
           //从 Socket 中得到 outputStream
            OutputStream  os=socket.getOutputStream();
            //把数据写入到 OutputStream
            os.write("hello 客户端".getBytes("utf-8"));
            //关闭流和 socket 对象
            os.close();
            socket.close();
          }
      } catch (IOException e) {
          // TODO Auto-generated catch block
          e.printStackTrace();
      }}
}
```

(2) 创建一个 Android 应用程序 Client 作为客户端，修改 activity_main.xml 文件，代码如下：

```
<RelativeLayout
xmlns:android="http://schemas.android.com/apk/res/android"
xmlns:tools="http://schemas.android.com/tools"
 android:layout_width="match_parent"
 android:layout_height="match_parent"
 android:paddingBottom="@dimen/activity_vertical_margin"
 android:paddingLeft="@dimen/activity_horizontal_margin"
 android:paddingRight="@dimen/activity_horizontal_margin"
 android:paddingTop="@dimen/activity_vertical_margin"
   tools:context=".MainActivity" >
<Button
    android:id="@+id/button2"
    android:layout_width="wrap_content"
    android:layout_height="wrap_content"
    android:layout_alignBaseline="@+id/button1"
    android:layout_alignBottom="@+id/button1"
    android:layout_marginLeft="34dp"
    android:layout_toRightOf="@+id/button1"
    android:text="清空" />
<Button
    android:id="@+id/button1"
    android:layout_width="wrap_content"
    android:layout_height="wrap_content"
    android:layout_alignParentLeft="true"
    android:layout_below="@+id/editText1"
```

```
    android:layout_marginLeft="47dp"
    android:layout_marginTop="20dp"
    android:text="接收数据" />
<EditText
    android:id="@+id/editText1"
    android:layout_width="match_parent"
    android:layout_height="wrap_content"
    android:layout_alignParentRight="true"
    android:layout_alignParentTop="true"
    android:layout_marginTop="14dp"
    android:ems="10" />
</RelativeLayout>
```

(3) 编写 Client 中的 MainActivity.java 代码如下：

```
package com.example.client;
    import java.io.FileInputStream;
    import java.io.IOException;
    import java.io.InputStream;
    import java.io.OutputStream;
    import java.net.Socket;
    import java.net.UnknownHostException;
    import android.App.Activity;
    import android.os.Bundle;
    import android.os.Handler;
    import android.os.Message;
    import android.util.Log;
    import android.view.Menu;
    import android.view.View;
    import android.view.View.OnClickListener;
    import android.widget.Button;
    import android.widget.EditText;
    import android.widget.Toast;
    public class MainActivity extends Activity {
    Button b1,b2;
    EditText  e1;
    @Override
    protected void onCreate(Bundle savedInstanceState) {
        super.onCreate(savedInstanceState);
        setContentView(R.layout.activity_main);
        b1=(Button) findViewById(R.id.button1);
        b2=(Button) findViewById(R.id.button2);
        e1=(EditText) findViewById(R.id.editText1);
        b2.setOnClickListener(new OnClickListener() {
            @Override
            public void onClick(View v) {
                // TODO Auto-generated method stub
                e1.setText("");
            }
        });
```

```
        b1.setOnClickListener(new OnClickListener() {

            @Override
            public void onClick(View v) {
                // TODO Auto-generated method stub
                 net();
            }
        });
    }
    //创建 Handler 是为了修改界面上的文本框的内容
    Handler  handler=new Handler(new Handler.Callback() {
        @Override
        public boolean handleMessage(Message msg) {
            // TODO Auto-generated method stub
            switch(msg.what)
            {
            case 0:e1.setText("来自服务器的数据为"+msg.obj.toString());
            }
            return false;
        }
    });
  private  void net(){
      /*为什么要用线程
       * Android 4.0 以后访问网络的操作必须放在
       * 线程中完成
       */
      new Thread(){public void run() {
          try {
                  //创建一个 Socket 对象，指定服务器的 IP 地址和端口号
                  Socket socket=new Socket("192.168.1.100",2000);
                  //从 Socket 对象中得到 InputStream
                  InputStream in=socket.getInputStream();
                  byte buffer[]=new byte[1024*4];
                  int t=0;
                  String result="";
                  //将 InputStream 当中的数据取出
                  while((t=in.read(buffer))!=-1)
                  {
                      String s=new String(buffer,0,t);
                      result=result+s;
                  }
                  Message msg=handler.obtainMessage(0,result);
                  handler.sendMessage(msg);//发送数据到 handler
              return;
          } catch (UnknownHostException e) {
                  // TODO Auto-generated catch block
                  e.printStackTrace();
              } catch (IOException e) {
                  // TODO Auto-generated catch block
```

```
                e.printStackTrace();
            }
        };
        }.start();
    }
}
```

(4) 打开 AndroidManifest.xml 文件添加权限。

```
<uses-permission android:name="android.permission.INTERNET"/>
```

(5) 运行 ServerDemo 中的 Myserver 类，如图 6-1 所示。

图 6-1　Myserver 运行效果图

(6) 运行 Android 程序 Client，效果如图 6-2 所示，单击“接收数据”按钮，获取从服务器发送的数据并显示在文本框，效果如图 6-3 所示。单击“清空”按钮，清空文本框的内容。

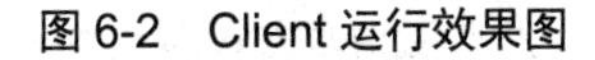

图 6-2　Client 运行效果图

图 6-3　接收数据后效果图

6.2　任务 2　HttpURLConnection 接口

任务描述

通过本任务的学习，学会使用 HttpURLConnection 接口以 Get 和 Post 方式向服务器发送数据，并能够从服务器获取发送过类的数据。

任务目标

(1) 掌握 Http 通信的分类；
(2) 掌握 Get 方法和 Post 方法的特点；
(3) 学会创建 HttpURLConnection 对象；
(4) 学会使用 HttpURLConnection 访问网络提交数据。

知识要点

6.2.1 HTTP 通信

Android 开发中提供了两种 HTTP 通信接口，分别是 HttpURLConnection 接口和 HTTPClient 接口。HTTP 的通信请求方式又分为 Get 请求方式和 Post 请求方式。Get 方式传送的特点是数据量较小(不能大于 2KB)、安全性低、把要传递的参数直接放在 URL 地址的后面；Post 方式数据量大(一般不限制)、安全性高、数据对用户不可见。

6.2.2 HttpURLConnection 通信步骤

HttpURLConnection 位于 Java.net 包中，用于发送 HTTP 请求和 HTTP 响应。使用 HttpURLConnection 接口主要包括以下几个步骤。

(1) 创建一个 HttpURLConnection。

由于 HttpURLConnection 类是一个抽象类，所以不能用该类创建对象，要使用 URL 的 open 方法创建。创建一个 http://www.sina.com 网站对应的 HttpURLConnection 对象的代码如下：

```
URL  url=new  URL("http://www.sina.com");
HttpURLConnection  conn=(HttpConnection)url.OpenConnection();
```

(2) 设置连接参数。

一般需要设置如下参数。

- 设置输入/输出流。

```
conection.setDoOutput(true)     //设置输出流
connection.setDoinput(true)     //设置输入流
```

- 设置请求方式为 GET 或 POST。

```
connection.setRqwuestMethod("GET")      //设置请求方式为 GET
connection.setRqwuestMethod("POST")     //设置请求方式为 POST
```

(3) 设置缓存。

```
connection.setUseCaches(false|true)  //设置缓存
```

注意： POST 方式不能使用缓存。

(4) 向服务器写数据。

(5) 从服务器读取数据。

URL 和服务器之间读/写数据要使用 I/O 流操作，通信方式可以使用前面提到的 GET 方式和 POST 方式。HttpConnection 默认的访问方式为 GET 方式。

1. GET 请求方式

使用 GET 方式发送请求时，默认发送的是 GET 请求。发送 GET 请求只要把参数写在 URL 后面即可，格式为“?参数名=值”(多个参数之间用&隔开。例如要传递 name 和 age

两个参数，可以使用“?name=zs?age=100”）。使用 GET 请求方式比较简单，但之前要做如下操作。

(1) 创建一个 HttpURLConnection 对象。

```
URL  url=new  URL("http://www.sina.com");
HttpURLConnection  conn=(HttpConnection)url.OpenConnection();
```

(2) 添加网络权限。

```
<uses-permission android:name="android.permission.INTERNET"/>
```

2. POST 请求方式

POST 方式的使用与 GET 方式不同。在 POST 方法中，openConnection 方法只创建 HttpConnection 实例，并不进行真正的连接操作，因此在连接之前需要对其一些属性进行设置。使用 POST 方式发送请求之前，要做如下操作。

(1) 创建一个 HttpURLConnection 对象。

```
URL  url=new  URL("http://www.sina.com");
HttpURLConnection  conn=(HttpConnection)url.OpenConnection();
```

(2) 设置属性。

```
conection.setDoOutput(true)       //设置输出流
connection.setDoinput(true)       //设置输入流
connection.setRqwuestMethod("POST")      //设置请求方式为 POST
```

(3) 在 AndroidManifest.xml 文件中添加网络权限。

```
<uses-permission android:name="android.permission.INTERNET"/>
```

【例 6-2】编写程序，使用 HttpURLConnection 接口以 GET 和 POST 方式向服务器发送数据，并显示服务器响应结果。程序界面如图 6-4 所示，当单击 get 按钮或 post 按钮，把用户输入的密码发送给服务器；当输入的密码为 123456 时，在界面上的 TextView 中显示服务器返回的结果字符串“密码正确”，否则显示服务器返回的结果字符串“密码错误”。

图 6-4　客户端运行效果图

(1) 网络通信需要服务器，因此要先架设一个服务器。我们的服务器用的是 TomCat 服务器，并在 Tomcat 安装目录 webapps 文件夹下建立一个 test 文件夹。在 test 下建立一个 tt.jsp 文件，编写代码如下：

```
<%@page language="java"  import="java.util.*" pageEncoding="gb2312"%>
<%
    String msg=request.getParameter("msg");
    if(msg.equals("123456"))
    out.print("密码正确");
    else
    out.print("密码错误");
    %>
```

(2) 创建一个项目“例 6.2”，修改主 Activity 的界面文件 activity_main.xml 文件，编写代码如下：

```
<RelativeLayout
xmlns:android="http://schemas.android.com/apk/res/android"
xmlns:tools="http://schemas.android.com/tools"
    android:layout_width="match_parent"
    android:layout_height="match_parent"
    android:paddingBottom="@dimen/activity_vertical_margin"
    android:paddingLeft="@dimen/activity_horizontal_margin"
    android:paddingRight="@dimen/activity_horizontal_margin"
    android:paddingTop="@dimen/activity_vertical_margin"
    tools:context=".MainActivity" >
<TextView
    android:id="@+id/textView2"
    android:layout_width="wrap_content"
    android:layout_height="wrap_content"
    android:layout_alignParentLeft="true"
    android:layout_alignParentTop="true"
    android:layout_marginTop="26dp"
    android:text="请输入密码：" />
<EditText
    android:id="@+id/editText1"
    android:layout_width="wrap_content"
    android:layout_height="wrap_content"
    android:layout_alignBaseline="@+id/textView2"
    android:layout_alignBottom="@+id/textView2"
    android:layout_toRightOf="@+id/textView2"
    android:ems="10" />
<Button
    android:id="@+id/button1"
    android:layout_width="wrap_content"
    android:layout_height="wrap_content"
    android:layout_alignRight="@+id/textView2"
    android:layout_below="@+id/editText1"
    android:layout_marginTop="30dp"
```

```
    android:onClick="getClick"
    android:text="get" />
<TextView
    android:id="@+id/textView1"
    android:layout_width="match_parent"
    android:layout_height="wrap_content"
    android:layout_alignLeft="@+id/button1"
    android:layout_below="@+id/button2"
    android:layout_marginTop="35dp"
    android:text="TextView" />
<Button
    android:id="@+id/button2"
    android:layout_width="wrap_content"
    android:layout_height="wrap_content"
    android:layout_alignBaseline="@+id/button1"
    android:layout_alignBottom="@+id/button1"
    android:layout_centerHorizontal="true"
    android:onClick="postClick"
    android:text="post" />
</RelativeLayout>
```

(3) 修改主 Activity 的文件 MainActivity.java，编写代码如下：

```
package com.example;
import java.io.InputStream;
import java.net.HttpURLConnection;
import java.net.URL;
import android.App.Activity;
import android.os.Bundle;
import android.util.Log;
import android.view.View;
import android.widget.EditText;
import android.widget.TextView;
public class MainActivity extends Activity {
    TextView  tv;
    String pwd;
    EditText  et;
    @Override
    protected void onCreate(Bundle savedInstanceState) {
        super.onCreate(savedInstanceState);
        setContentView(R.layout.activity_main);
        //获取控件
        tv=(TextView) findViewById(R.id.textView1);
        et=(EditText) findViewById(R.id.editText1);
    }
  /*
   * 定义一个方法响应 get 按钮
   */
    public  void getClick(View v)
    {//网络操作必须放在线程中完成
```

```
        new Thread(){public void run() {
            try {
                //定义 get 方式要提交的路径
                pwd=et.getText().toString().trim();
                String path="http://192.168.1.100:8080/test/tt.jsp?msg="+pwd
                //创建一个 URL 对象，参数为网址
                URL  url=new URL(path);
                //获取 HttpConnection 对象
                HttpURLConnection  cn=(HttpURLConnection) url.openConnection();
                //设置请求方式为 get 方式
                cn.setRequestMethod("GET");
                //设置网络的超时时间  为 5000ms
                cn.setConnectTimeout(5000);
                //获取服务器返回的数据  以流的形式返回
                int code=cn.getResponseCode();
                InputStream  in=cn.getInputStream();
                //把返回的字符流转换为字符串
                byte[] buffer=new byte[4*1024];
                int t=in.read(buffer);
                    String  s=new String(buffer,"gbk");
                //把服务器返回的数据展示 TextView 上
                    show(s);
            in.close();
            cn.disconnect();
            } catch (Exception e) {
                // TODO Auto-generated catch block
                e.printStackTrace();
            }
        };}.start();
}
 /*
   * 定义一个方法响应 post 按钮
   */
    public  void postClick(View v)
    {
        new Thread(){public void run() {
            try {
                pwd=et.getText().toString().trim();
                //定义 post 方式要提交的路径
                String path="http://192.168.1.100:8080/test/tt.jsp";

                //定义要提交的数据格式
                String data="msg="+pwd;
                //创建一个 URL 对象，参数为网址
                URL  url=new URL(path);
                //获取 HttpConnection 对象
HttpURLConnection  cn=(HttpURLConnection) url.openConnection();
                //设置请求方式为 get 方式
                cn.setRequestMethod("POST");
```

```
                    //设置网络的超时时间  为5000ms
                    cn.setConnectTimeout(5000);
                    //比 get 要多设置 2 个请求头
cn.setRequestProperty("Content-Type", "Application/x-www-form-urlencoded");
                    cn.setRequestProperty("Content-Lenth", data.length()+"");
                    //把数据提交给服务器，以流的形式提交
                    cn.setDoInput(true);//设置标记允许输出
                    cn.getOutputStream().write(data.getBytes());
                    //获取服务器返回的数据  以流的形式返回
                    InputStream  in=cn.getInputStream();
                    //把返回的字符流转换为字符串
                    byte[] buffer=new byte[4*1024];
                    int t=in.read(buffer);
                    String  s=new String(buffer,"gbk");
                    //把服务器返回的数据展示 TextView 上
                    show(s);
                   in.close();
                   cn.disconnect();
                } catch (Exception e) {
                    // TODO Auto-generated catch block
                    e.printStackTrace();
                }
            };}.start();
        }
//封装 Toast 方法，该 Toast 方法执行在主线程
        public  void show(final String  ss)
        {
            runOnUiThread(new Runnable() {
                @Override
                public void run() {
                    // TODO Auto-generated method stub
                    //该方法一定在主线程中执行
                    tv.setText(ss);
                }
            });
        }
}
```

(4)　打开 AndroidManifest.xml 文件添加权限：

```
<uses-permission android:name="android.permission.INTERNET"/>
```

(5)　运行程序，效果如图 6-4 所示。在文本框中输入字符串，单击 get 按钮，向服务器以 get 方式发送字符串到服务器；单击 post 按钮，以 post 方式发送字符串到服务器。若服务器接收到字符串后判断数据等于 123456，则返回字符串“密码正确”；服务器接收到数据后判断数据不等于 123456，则返回字符串“密码错误”。程序接收到服务器返回的字符串后在 TextView 中显示，效果如图 6-5 和图 6-6 所示。

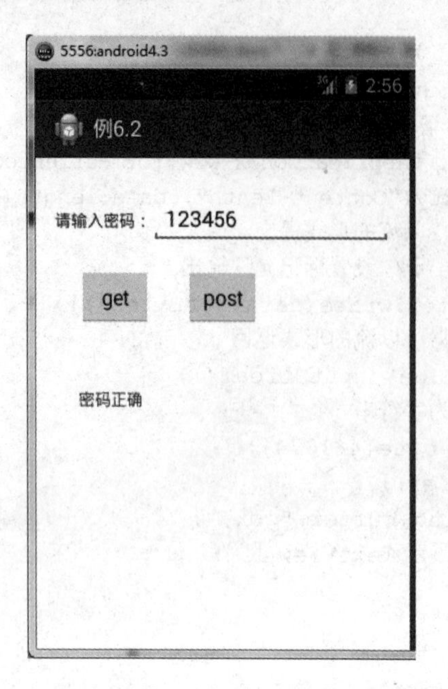

图 6-5　客户端密码正确效果图

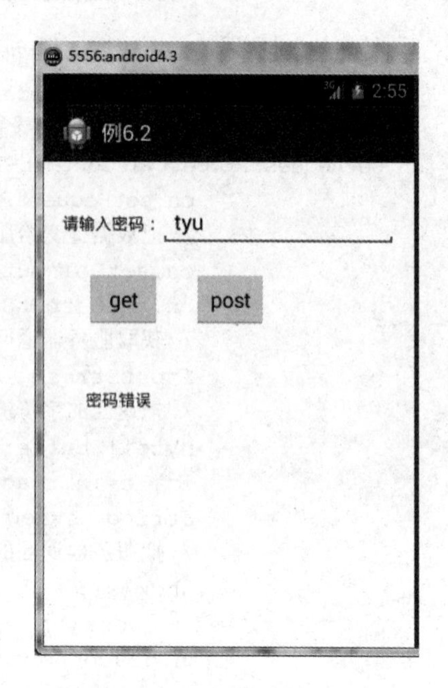

图 6-6　客户端密码错误效果图

6.3　任务 3　HttpClient 接口

任务描述

通过本任务的学习，掌握 HttpClient 接口的相关知识，学会使用 HttpClient 向服务器提交和发送数据。

任务目标

(1)　掌握 HttpClient 接口的用法；
(2)　掌握使用 Get 方式和 Post 方式发送网络请求的区别；
(3)　掌握使用 HttpClient 访问网络提交数据。

知识要点

6.3.1　HttpClient 接口简介

通常情况下，如果只需要到某个简单的页面提交请求并获得服务器的响应，可以使用 HttpURLConnection 来完成。但对于比较复杂的网络操作，可以使用 HttpClient 接口完成。HttpClient 接口是由 Apache 提供的，位于 org.Apache 包类中。

6.3.2　HttpClient 接口访问网络的相关类

使用 HttpClient 访问网络要用到以下几个类和接口。

1. HttpClient 接口

请求网络的接口，HttpClietnt 中定义的常用抽象方法如表 6-1 所示。

表 6-1　HttpClient 中定义的常用抽象方法

方法名称	描　述
public abstract HttpResponse execute (HttpUriRequest request)	通过 HttpUriRequest 对象返回一个 HttpResponse 对象
public abstract HttpResponse execute (HttpUriRequest request, HttpContext context)	通过 HttpUriRequest 对象和 HttpContext 对象返回一个 HttpResponse 对象

2. HttpResponse 接口

HttpResponse 接口封装了服务器返回信息的接口，定义了一系列的 Set、Get 方法，其常用方法如表 6-2 所示。

表 6-2　HttpResponse 的常用方法

方法名称	描　述
public abstract HttpEntity getEntity ()	得到一个 HttpEntity 对象
public abstract StatusLine getStatusLine ()	得到一个 StatusLine(也就是 HTTP 协议中的状态行。HTPP 状态行由三部分组成：HTTP 协议版本，服务器发回的响应状态代码，状态码的文本描述)接口的实例对象
public abstract Locale getLocale ()	得到 Locale 对象

3. HttpEntity 接口

HttpEntity 是封装了服务返回数据的接口，它是 HTTP 消息发送或接收的实体。

4. EntityUtils 类

EntityUtils 类是 org、apache、http、util 下的一个工具类，是为 HttpEntity 对象提供的静态帮助类，其常用方法如表 6-3 所示。

表 6-3　EntityUtils 类的常用方法

方法名称	描　述
public static String getContentCharSet (HttpEntity entity)	设置 HttpEntity 对象的 ContentCharset
public static byte[] toByteArray (HttpEntity entity)	将 HttpClient 转换成一个字节数组
public static String toString (HttpEntity entity, String defaultCharset)	通过指定的编码方式取得 HttpEntity 里字符串内容
public static String toString (HttpEntity entity)	取得 HttpEntity 里的字符串内容

5. HttpGet 类

HttpGet 实现了 HttpRequest、HttpUriRequest 接口。使用 Get 方式请求数据必须创建该类的实例，其构造方法如表 6-4 所示。

表 6-4 HttpGet 的构造方法

方法名称	描 述
public HttpGet ()	无参数构造方法用以实例化对象
public HttpGet (URI Uri)	通过 URI 对象构造 HttpGet 对象
public HttpGet (String uri)	通过指定的 Uri 字符串地址构造实例化 HttpGet 对象

6. HttpPost 类

同样，HttpPost 类也实现了 HttpRequest、HttpUriRequest 接口等一系列接口。使用 Post 方式请求数据必须创建该类的实例，其构造方法如表 6-5 所示。

表 6-5 HttpPost 类的构造方法

方法名称	描 述
public HttpPost ()	无参数构造方法用以实例化对象
public HttpPost (URI Uri)	通过 URI 对象构造 HttpPost 对象
public HttpPost (String Uri)	通过指定的 Uri 字符串地址构造实例化 HttpPost 对象

6.3.3 HttpClient 接口访问网络步骤

HttpClient 对 Java.net 进行了封装，更适合在 Android 上应用。使用 HttpClient 访问网络的步骤如下。

(1) 创建 HttpClient 对象。

(2) 创建代表请求的对象，如果需要发送 Get 请求，则创建 HttpGet 对象，如果需要发送 Post 请求，则创建 HttpPost 对象。

(3) 调用 HttpClient 对象的 execute(HttpUriRequest request)发送请求，执行该方法后，将获得服务器返回的 HttpResponse 对象。

(4) 检查相应状态是否正常。服务器发给客户端的响应，有一个响应码：响应码为 200，正常；响应码为 404，客户端错误；响应码为 505，服务器端错误。

(5) 调用 HttpResponse.getEntity( )方法获取 HttpEntity 对象，该对象包含了服务器返回的数据。

【例 6-3】编写程序，使用 HttpClient 接口以 Get 和 Post 方式向服务器发送数据，并显示服务器响应结果，程序界面如图 6-7 所示。

图 6-7　客户端运行效果图

(1)　步骤同例 6.2 中的第一步。

(2)　创建一个项目“例 6.3”，修改主 Activity 的界面文件 activity_main.xml 文件，编写代码如下：

```
<RelativeLayout
xmlns:android="http://schemas.android.com/apk/res/android"
xmlns:tools="http://schemas.android.com/tools"
android:layout_width="match_parent"
android:layout_height="match_parent"
android:paddingBottom="@dimen/activity_vertical_margin"
android:paddingLeft="@dimen/activity_horizontal_margin"
android:paddingRight="@dimen/activity_horizontal_margin"
android:paddingTop="@dimen/activity_vertical_margin"
tools:context=".MainActivity" >
<TextView
    android:id="@+id/textView2"
    android:layout_width="wrap_content"
    android:layout_height="wrap_content"
    android:layout_alignParentLeft="true"
    android:layout_alignParentTop="true"
    android:layout_marginTop="26dp"
    android:text="请输入密码：" />
<EditText
    android:id="@+id/editText1"
    android:layout_width="wrap_content"
    android:layout_height="wrap_content"
    android:layout_alignBaseline="@+id/textView2"
    android:layout_alignBottom="@+id/textView2"
    android:layout_toRightOf="@+id/textView2"
```

```
    android:ems="10" />
<Button
    android:id="@+id/button1"
    android:layout_width="wrap_content"
    android:layout_height="wrap_content"
    android:layout_alignRight="@+id/textView2"
    android:layout_below="@+id/editText1"
    android:layout_marginTop="30dp"
    android:onClick="getClick"
    android:text="get" />
<TextView
    android:id="@+id/textView1"
    android:layout_width="match_parent"
    android:layout_height="wrap_content"
    android:layout_alignLeft="@+id/button1"
    android:layout_below="@+id/button2"
    android:layout_marginTop="35dp"
    android:text="TextView" />
<Button
    android:id="@+id/button2"
    android:layout_width="wrap_content"
    android:layout_height="wrap_content"
    android:layout_alignBaseline="@+id/button1"
    android:layout_alignBottom="@+id/button1"
    android:layout_centerHorizontal="true"
    android:onClick="postClick"
    android:text="post" />
</RelativeLayout>
```

(3) 修改主 Activity 的文件 MainActivity.java，编写代码如下：

```
package com.example;
import java.io.InputStream;
import java.util.ArrayList;
import java.util.List;import org.apache.http.HttpResponse;
import org.apache.http.NameValuePair;
import org.apache.http.client.HttpClient;
import org.apache.http.client.entity.UrlEncodedFormEntity;
import org.apache.http.client.methods.HttpPost;
import org.apache.http.impl.client.DefaultHttpClient;
import org.apache.http.message.BasicNameValuePair;
import android.App.Activity;
import android.os.Bundle;
import android.view.View;
import android.widget.EditText;
import android.widget.TextView;
public class MainActivity extends Activity {
    TextView  tv;
    EditText et;
    String  pwd;
```

```
    @Override
    protected void onCreate(Bundle savedInstanceState) {
        super.onCreate(savedInstanceState);
        setContentView(R.layout.activity_main);
        //获取控件
        tv=(TextView) findViewById(R.id.textView1);
        et=(EditText) findViewById(R.id.editText1);
    }
  /*
   * 定义一个方法响应 get 按钮
   */
    public  void getClick(View v)
    {//网络操作必须放在线程中完成
        new Thread(){public void run() {
            try {
                pwd=et.getText().toString().trim();
                //定义 get 方式要提交的路径
    String path="http://192.168.1.100:8080/test/tt.jsp?msg="+pwd;
                //定义一个 HttpClient 对象
                HttpClient client=new DefaultHttpClient();
                //创建 HttpPost 对象
                    HttpPost   get=new HttpPost(path);
                //发送一个 get 请求
                    HttpResponse  response=client.execute(get);
                //获取服务器返回的状态码
     int code=(int) response.getStatusLine().getStatusCode();
                    if(code==200)
                    {//获取服务器上输入流(数据以流的形式传送)
      InputStream in=response.getEntity().getContent();
                     //把数据转换为字符串
                     byte[] buffer=new byte[4*1024];
                         int t=0;
                         t=in.read(buffer);
                             String  s=new String(buffer,"gbk");
                   //把服务器返回的数据展示 TextView 上
                     show(s);
                     in.close();
                    }
            } catch  (Exception e) {
                // TODO Auto-generated catch block
                e.printStackTrace();
            }
        };}.start();    }
     /*
      * 定义一个方法响应 post 按钮
      */
       public  void postClick(View v)
       {
           new Thread(){public void run() {
```

```
                try {
                    pwd=et.getText().toString().trim();
                    //定义post方式要提交的路径
    String path="http://192.168.1.100:8080/test/tt.jsp";
                    //定义一个HttpClient对象
                    HttpClient client=new DefaultHttpClient();
                    //创建HttpPost对象
                        HttpPost  post=new HttpPost(path);
                     //准备post提交的数据(以实体(Entity)的形式存储)
    List<NameValuePair>  list=new ArrayList<NameValuePair>();
                        list.add(new BasicNameValuePair("msg", pwd));
    UrlEncodedFormEntity  entity=new UrlEncodedFormEntity(list);
                        post.setEntity(entity);
                      //发送一个post请求
                        HttpResponse  response=client.execute(post);
                     //获取服务器返回的状态码
        int code=(int) response.getStatusLine().getStatusCode();
                      if(code==200)
                        {//获取服务器上输入流(数据以流的形式传送)
InputStream in=response.getEntity().getContent();
                        //把数据转换为字符串
                        byte[] buffer=new byte[4*1024];
                            int t=0;
                            t=in.read(buffer);
                                String  s=new String(buffer,"gbk");
                    //把服务器返回的数据展示TextView上
                        show(s);
                        in.close();
                        }
                } catch  (Exception e) {
                    // TODO Auto-generated catch block
                    e.printStackTrace();
                }
            };}.start();
        }
    //封装Toast方法，该toast方法执行在主线程
        public  void show(final String  ss)
        {
            runOnUiThread(new Runnable() {
                @Override
                public void run() {
                    // TODO Auto-generated method stub
                    //该方法一定在主线程中执行
                    tv.setText(ss);
                }
            });
        }}
```

(4) 打开 AndroidManifest.xml 文件添加权限。

```
<uses-permission android:name="android.permission.INTERNET"/>
```

(5) 运行程序，效果如图 6-7 所示，在文本框中输入字符串，单击 get 按钮以 get 方式发送字符串到服务器，单击 post 按钮以 post 方式发送字符串到服务器。服务器接收到字符串后判断数据等于 123456，则返回字符串“密码正确”；服务器接收到数据后判断数据不等于 123456，则返回字符串“密码错误”。程序接收到服务器返回的字符串后在 TextView 中显示，效果如图 6-8 和图 6-9 所示。

图 6-8　密码正确效果图

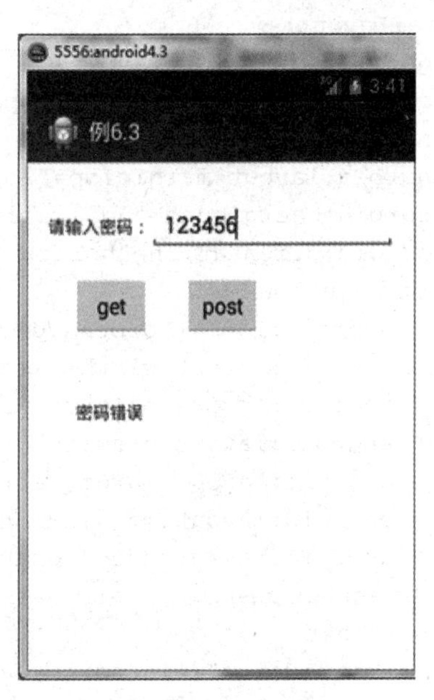

图 6-9　密码错误效果图

6.4　项目实现——电子词典翻译 App 软件部分代码

(1) 效果如图 6-10 所示。

图 6-10　单词搜索界面

(2) 界面的布局代码如下：

```
<?xml version="1.0" encoding="utf-8"?>
<RelativeLayout
xmlns:android="http://schemas.android.com/apk/res/android"
android:layout_width="fill_parent"
android:layout_height="fill_parent"
android:background="@drawable/default_bg" >
<LinearLayout
    android:id="@+id/llayout1"
    android:layout_width="fill_parent"
    android:layout_height="wrap_content"
    android:layout_marginTop="2dp"
    android:background="@drawable/layoutbg"
    android:orientation="horizontal" >
    <ImageButton
        android:id="@+id/btn_voice"
        android:layout_width="wrap_content"
        android:layout_height="wrap_content"
        android:layout_gravity="center"
        android:layout_marginLeft="3dip"
        android:layout_marginRight="3dip"
        android:background="@drawable/voice" >
    </ImageButton>
    <EditText
        android:id="@+id/edit_search"
        android:layout_width="wrap_content"
        android:layout_height="wrap_content"
        android:layout_gravity="center"
        android:layout_marginLeft="2dp"
        android:layout_weight="1"
        android:background="@drawable/edit_text"
        android:singleLine="true" >
    </EditText>
    <Button
        android:id="@+id/btn_search"
        android:layout_width="wrap_content"
        android:layout_height="wrap_content"
        android:layout_gravity="center"
        android:layout_marginLeft="10dip"
        android:background="@drawable/searchbtn" >
    </Button>
</LinearLayout>
<LinearLayout
    android:layout_width="fill_parent"
    android:layout_height="wrap_content"
    android:layout_below="@+id/llayout1"
    android:paddingLeft="2dp"
    android:orientation="vertical" >
```

```
    <LinearLayout
        android:layout_width="fill_parent"
        android:layout_height="wrap_content"
        android:gravity="center_vertical"
        android:orientation="horizontal" >
        <TextView
            android:id="@+id/text_word"
            android:layout_width="wrap_content"
            android:layout_height="wrap_content"
            android:textSize="35sp" >
        </TextView>
        <TextView
            android:id="@+id/text_pron"
            android:layout_width="wrap_content"
            android:layout_height="wrap_content"
            android:layout_marginLeft="5dip" >
        </TextView>
        <Button
            android:id="@+id/btn_aduio"
            android:layout_width="30dip"
            android:layout_height="30dip"
            android:layout_marginLeft="5dip"
            android:background="@drawable/audio_icon"
            android:visibility="invisible" >
        </Button>
        <Button
            android:id="@+id/btn_add"
            android:layout_width="30dip"
            android:layout_height="30dip"
            android:layout_marginLeft="5dip"
            android:background="@drawable/btn_add"
            android:visibility="invisible" >
        </Button>
    </LinearLayout>
    <TextView
        android:id="@+id/text_def"
        android:layout_width="wrap_content"
        android:layout_height="wrap_content"
        android:paddingLeft="3dip" >
    </TextView>
    <ListView
        android:id="@+id/didaListview"
        android:layout_marginTop="2dp"
        android:layout_width="fill_parent"
        android:layout_height="wrap_content" >
    </ListView>
</LinearLayout>
</RelativeLayout>
```

(3) 界面的 Java 代码如下：

```
package com.example.ddic;
import java.io.UnsupportedEncodingException;
import java.net.URLEncoder;
import java.util.ArrayList;
import com.example.ddic.R;
import utils.MyAdapter;
import utils.SearchWords;
import domain.Dict;
import domain.Sent;
import android.app.Activity;
import android.app.AlertDialog;
import android.app.ProgressDialog;
import android.content.Context;
import android.content.DialogInterface;
import android.content.Intent;
import android.media.AudioManager;
import android.media.MediaPlayer;
import android.net.ConnectivityManager;
import android.net.NetworkInfo;
import android.net.Uri;
import android.os.Bundle;
import android.os.Handler;
import android.os.Message;
import android.speech.RecognizerIntent;
import android.view.KeyEvent;
import android.view.View;
import android.view.View.OnClickListener;
import android.widget.Button;
import android.widget.EditText;
import android.widget.ImageButton;
import android.widget.ListView;
import android.widget.TextView;
import android.widget.Toast;
public class DidaActivity extends Activity {
    private ImageButton btn_voice; // 语音服务
    private EditText edit_search; // 编辑单词
    private Button btn_search; // 搜索单词
    private TextView text_word;
    private TextView text_pron;
    private TextView btn_aduio; // 单词发音
    private TextView btn_add; // 添加单词
    private TextView text_def;
    private ListView didaListview;
    private MyAdapter adapter;
    private String aduioPath;
    private AudioManager audioManager;// 音量管理者
    private int maxVolume;// 最大音量
```

```
private static Context context;
private static final int VOICE_RECOGNITION_REQUEST_CODE = 1234;
public static StringBuffer sb=new StringBuffer();
private ProgressDialog mProgressDialog;
private Handler handler = new Handler() {
    public void handleMessage(android.os.Message msg) {
        mProgressDialog.dismiss();
        Dict dict = (Dict) msg.obj;
        if (dict != null && !"".equals(dict)) {
            if (dict.getKey() == null || "".equals(dict.getKey())) {
                text_word.setText(edit_search.getText());
            } else {
                text_word.setText(dict.getKey());
            }
            String ps = dict.getPs();
            if (ps == null || "".equals(ps)) {
                // 中文翻译成英文
                btn_aduio.setVisibility(View.INVISIBLE);
                btn_add.setVisibility(View.VISIBLE);
                text_def.setText(dict.getAcceptation());
                if (dict.getSents() != null) {
                    adapter = new MyAdapter(getApplicationContext());
                    adapter.setSents(dict.getSents());
                    didaListview.setAdapter(adapter);
                }
            } else {
                // 英文翻译成中文
                text_pron.setText("[" + ps + "]");
                aduioPath = dict.getPron();
                btn_aduio.setVisibility(View.VISIBLE);
                btn_add.setVisibility(View.VISIBLE);
                text_def.setText(dict.getAcceptation());
                if (dict.getSents() != null) {
                    adapter = new MyAdapter(getApplicationContext());
                    adapter.setSents(dict.getSents());
                    didaListview.setAdapter(adapter);
                }
                for(int i=0;i<dict.getSents().size();i++){
                    Sent sent=dict.getSents().get(i);

                    sb.append(sent.getOrig()).append(":").
                       append(sent.getTrans()).append(",");
                }
            }
        }
    };
};
@Override
protected void onCreate(Bundle savedInstanceState) {
```

```
        // TODO Auto-generated method stub
        super.onCreate(savedInstanceState);
        setContentView(R.layout.dida);
        context = this;
        init();
        audioManager = (AudioManager) getSystemService(Context.AUDIO_SERVICE);
        maxVolume = audioManager.getStreamMaxVolume
                (AudioManager.STREAM_MUSIC);// 获得最大音量
        audioManager.setStreamVolume(AudioManager.STREAM_MUSIC,
            maxVolume-2, AudioManager.FLAG_ALLOW_RINGER_MODES);
    }
    private void init() {
        btn_voice = (ImageButton) this.findViewById(R.id.btn_voice);
        edit_search = (EditText) this.findViewById(R.id.edit_search);
        btn_search = (Button) this.findViewById(R.id.btn_search);
        text_word = (TextView) this.findViewById(R.id.text_word);
        // edit_search.setText("%C4%E3%BA%C3");
        text_pron = (TextView) this.findViewById(R.id.text_pron);
        btn_aduio = (TextView) this.findViewById(R.id.btn_aduio);
        btn_add = (TextView) this.findViewById(R.id.btn_add);
        text_def = (TextView) this.findViewById(R.id.text_def);
        didaListview = (ListView) this.findViewById(R.id.didaListview);
        // 语音服务
        btn_voice.setOnClickListener(new OnClickListener() {
            @Override
            public void onClick(View v) {
                // TODO Auto-generated method stub
                voice();
            }
        });
        // 搜索单词
        btn_search.setOnClickListener(new OnClickListener() {
            @Override
            public void onClick(View v) {
                // TODO Auto-generated method stub
                if (CheckNet()) {
                    final String word = edit_search.getText().toString().trim();
                    try {
                        final String words = URLEncoder.encode(word, "GBK");
                        if (words != null && !words.equals("")) {
                            mProgressDialog = ProgressDialog.show(
                                    DidaActivity.this, null, " 正在查询 . . . ");
                            new Thread(new Runnable() {
                                @Override
                                public void run() {
                                    // TODO Auto-generated method stub
                                    System.out
                                        .println("--------------" + words);
                                    Dict dict = SearchWords.tansWord(words);
```

```
                            Message msg = handler.obtainMessage();
                            msg.obj = dict;
                            handler.sendMessage(msg);
                        }
                    }).start();
                }
            } catch (UnsupportedEncodingException e) {
                // TODO Auto-generated catch block
                e.printStackTrace();
            }
        }

        else {
            Toast.makeText(getApplicationContext(), "网络无法连接",
                    1).show();
        }
    }
});
// 单词发音
btn_aduio.setOnClickListener(new OnClickListener() {

    @Override
    public void onClick(View v) {
        // TODO Auto-generated method stub
         playAudio(aduioPath);

    }
});
// 添加单词
btn_add.setOnClickListener(new OnClickListener() {
    @Override
    public void onClick(View v) {
        // TODO Auto-generated method stub
    }
});
}
public static void playAudio(String path) {
    MediaPlayer mp = null;
    try {
        mp = MediaPlayer.create(context, Uri.parse(path));
        mp.start();
    } finally {
        mp = null;
    }
}
 private void voice(){
     try{
        //通过 Intent 传递语音识别的模式，开启语音
```

```
            Intent intent=new Intent(RecognizerIntent.ACTION_RECOGNIZE_SPEECH);
            //语言模式和自由模式的语音识别
    intent.putExtra(RecognizerIntent.EXTRA_LANGUAGE_MODEL,
                RecognizerIntent.LANGUAGE_MODEL_FREE_FORM);
            //提示语音开始
            intent.putExtra(RecognizerIntent.EXTRA_PROMPT, "开始语音");
            //开始语音识别
            startActivityForResult(intent, VOICE_RECOGNITION_REQUEST_CODE);
            }catch (Exception e) {
                // TODO: handle exception
                e.printStackTrace();
                Toast.makeText(getApplicationContext(), "找不到语音设备",
                        1).show();
            }
        }
        @Override
        protected void onActivityResult(int requestCode, int resultCode,
            Intent data) {
            // TODO Auto-generated method stub
            super.onActivityResult(requestCode, resultCode, data);
            //回调获取从谷歌得到的数据
 if(requestCode==VOICE_RECOGNITION_REQUEST_CODE
&& resultCode==RESULT_OK){
            //取得语音的字符
    ArrayList<String> results=data.getStringArrayListExtra
(RecognizerIntent.EXTRA_RESULTS);
            String resultString="";
            StringBuffer sb=new StringBuffer();
            for(int i=0;i<results.size();i++){
                sb.append(results.get(i)).append(",");
            }
            String str=sb.substring(0, sb.lastIndexOf(","));
            final String[] items=str.split(",");
            AlertDialog.Builder builder = new AlertDialog.Builder(this);
            builder.setTitle("请选择");
            builder.setItems(items, new DialogInterface.OnClickListener() {
                public void onClick(DialogInterface dialog, int item) {
                    //Toast.makeText(getApplicationContext(),
                            items[item], Toast.LENGTH_SHORT).show();
                    edit_search.setText(items[item]);
                }
            });
            AlertDialog alert = builder.create();
            alert.show();
            //Toast.makeText(this, items.toString(), 1).show();
        }
    }
    @Override
     public boolean onKeyDown(int keyCode, KeyEvent event) {
```

```
        // TODO Auto-generated method stub

        if (keyCode == KeyEvent.KEYCODE_BACK) {
            if(mProgressDialog!=null){
            mProgressDialog.dismiss();
            }
            AlertDialog.Builder builder = new AlertDialog.Builder(
                    DidaActivity.this);
            builder.setIcon(R.drawable.bee);
            builder.setTitle("你确定退出吗？");
            builder.setPositiveButton("确定",
                    new DialogInterface.OnClickListener() {
                        public void onClick(DialogInterface dialog,
                                int whichButton) {
                            DidaActivity.this.finish();
                            android.os.Process.killProcess
                                    (android.os.Process.myPid());
                            android.os.Process.killProcess
                                    (android.os.Process.myTid());
                            android.os.Process.killProcess
                                    (android.os.Process.myUid());
                        }
                    });
            builder.setNegativeButton("返回",
                    new DialogInterface.OnClickListener() {
                        public void onClick(DialogInterface dialog,
                                int whichButton) {
                            dialog.cancel();
                        }
                    });
            builder.show();
            return true;
        }
        return super.onKeyDown(keyCode, event);
    }
    /**
     * 查询网络是否连接
     */
    private Boolean CheckNet() {
        ConnectivityManager manager = (ConnectivityManager)
                getSystemService(Context.CONNECTIVITY_SERVICE);
        NetworkInfo info = manager.getActiveNetworkInfo();
        if (info != null && info.isAvailable()) {
            return true;
        } else {
            return false;
        }
    }
}
```

习　题

1. 架设一台服务器，然后编写客户端登录程序，如果客户端输入的用户名和密码正确，则跳转到另一个 Activity 中显示“登录成功”，否则在另一个 Activity 中显示“登录失败”。

2. 编写 Android 程序，界面如图 6-11 所示，在文本框中输入图片的地址，单击“浏览”按钮则显示图片，在图片上单击则下载图片并保存到一个文件中。

图 6-11　程序运行图

项目 7　电子词典翻译 App 软件特色应用开发

技能目标

★　能够在 App 软件中添加一些特色应用。

知识目标

★　了解 Android 的音频与视频播放功能；
★　了解 Android 的录音与拍照功能；
★　了解 Android 手机外观更改和提醒功能；
★　了解 Android 的计算器与闹钟功能。

项目任务

本项目的任务就是给电子词典翻译 App 软件添加一些特色的应用，如音频与视频的播放、录音与拍照等。

7.1　任务 1　多媒体功能

任务描述

本任务主要是熟练使用 Android 的多媒体功能设置。

任务目标

(1)　了解 Android 的音频播放功能；
(2)　了解 Android 的视频播放功能；
(3)　了解 Android 的录音与拍照功能。

知识要点

7.1.1　音频播放

音频播放是现在手机中的一个最基本的应用，基本上每一部手机都包括了这一功能。在 Android 系统中，支持的音频格式主要有 mp3、wav 和 3gp，默认支持的音频文件有：存储在应用程序中的本地资源(Resource)、存储在文件系统中的标准音频文件(Local)以及通过网络连接取得的数据流(URL)。Android 中与音频相关的类是 MediaPlayer 类，它提供了音频的播放、暂停、停止和循环等方法。MediaPlayer 类位于 android.media 包下，此类用法如下。

(1) 构建 MediaPlayer 对象。

- 使用 new 的方式创建 MediaPlayer 对象。播放 SD 卡上的音乐文件，需要使用 new 方法来创建 MediaPlayer 对象，如：

```
MediaPlayer mplayer = new MediaPlayer();
```

- 使用 create 方法的方式创建 MediaPlayer 对象。对于播放资源中的音乐，需要使用 create 方法来创建 MediaPlayer 对象，如：

```
MediaPlayer mplayer = MediaPlayer.create(this, R.raw.test);
```

(2) 设置播放文件。MediaPlayer 要播放的文件主要包括 3 个来源。

- 存储在 SD 卡或其他文件路径下的媒体文件。对于存储在 SD 卡或其他文件路径下的媒体文件，需要调用 setDataSource()方法，例如：

```
mplayer.setDataSource("/sdcard/test.mp3");
```

- 在编写应用程序时事先存放在 res 资源中的音乐文件。播放事先存放在资源目录 res/raw 中的音乐文件，需要在使用 create()方法创建 MediaPlayer 对象时就指定资源路径和文件名称(不要带扩展名)。由于 create()方法的源代码中已经封装调用了 setDataSource()方法，因此不必重复使用 setDataSource()方法。
- 网络上的媒体文件。播放网络上的音乐文件，需要调用 setDataSource()方法，例如：

```
mplayer.setDataSource("http://www.citynorth.cn/music/confucius.mp3");
```

(3) 对播放器进行同步控制。使用 prepare()方法设置对播放器的同步控制，例如：

```
mplayer.prepare();
```

如果 MediaPlayer 对象是由 create 方法创建的，由于 create()方法的源代码中已经封装调用了 prepare()方法，因此可省略此步骤。

(4) 播放音频文件。start()是真正启动音频文件播放的方法，如：

```
mplayer.start();
```

如要暂停播放或停止播放，则调用 pause()和 stop()方法。

(5) 释放占用资源。音频文件播放结束，应该调用 release()方法释放播放器占用的系统资源。如要重新播放音频文件，需要调用 reset()方法返回到空闲状态，再从步骤(2)开始执行其他各步骤。

【例 7-1】应用媒体播放器 MediaPlayer。设计一个简单音乐播放器，界面上添加 5 个按钮(Button)，分别实现“开始”“暂停”“停止”“向前”“向后”播放；一个 SeekBar，用于实现自行控制播放进度。

(1) 在 res 目录下新建文件夹 raw，将音频文件存放在 raw 文件夹里。

```
<LinearLayout xmlns:android="http://schemas.android.com/apk/res/android"
xmlns:tools="http://schemas.android.com/tools"
android:layout_width="wrap_content"
android:layout_height="wrap_content"
```

```
android:orientation="vertical" >
<LinearLayout
    android:layout_width="wrap_content"
    android:layout_height="wrap_content"
    android:orientation="horizontal" >
    <Button
        android:id="@+id/button1"
        android:layout_width="wrap_content"
        android:layout_height="wrap_content"
        android:text="开始" />
    <Button
        android:id="@+id/button2"
        android:layout_width="wrap_content"
        android:layout_height="wrap_content"
        android:text="暂停" />
    <Button
        android:id="@+id/button3"
        android:layout_width="wrap_content"
        android:layout_height="wrap_content"
        android:text="停止" />
</LinearLayout>
<SeekBar
    android:id="@+id/seekbar1"
    android:layout_width="318dp"
    android:layout_height="wrap_content"
    android:layout_weight="1" />
<LinearLayout
    android:layout_width="wrap_content"
    android:layout_height="wrap_content"
    android:orientation="horizontal" >
    <Button
        android:id="@+id/button4"
        android:layout_width="wrap_content"
        android:layout_height="wrap_content"
        android:text="向前" />
    <Button
        android:id="@+id/button5"
        android:layout_width="wrap_content"
        android:layout_height="wrap_content"
        android:text="向后" />
</LinearLayout>
</LinearLayout>
```

(2) 编写 Java 代码：

```
public class MainActivity extends ActionBarActivity {
    Button btn1,btn2,btn3,btn4,btn5;
    MediaPlayer mplayer;
    SeekBar seekbar;
    @Override
```

```
    protected void onCreate(Bundle savedInstanceState) {
        super.onCreate(savedInstanceState);
        setContentView(R.layout.activity_main);
        mplayer=MediaPlayer.create(MainActivity.this, R.raw.a);
            // 实例化 MediaPlayer 对象
    btn1=(Button)this.findViewById(R.id.button1);
        btn1.setOnClickListener(new OnClickListener(){
            @Override
            public void onClick(View v) {
                mplayer.start();// 开始播放音乐
            }
        });
        Btn2=(Button)this.findViewById(R.id.button2);
        Btn2.setOnClickListener(new OnClickListener(){
            @Override
            public void onClick(View v) {
                mplayer.pause();// 暂停音乐
            }
        });
        Btn3=(Button)this.findViewById(R.id.button3);
        Btn3.setOnClickListener(new OnClickListener(){
            @Override
            public void onClick(View v) {
                mplayer.stop();// 停止播放音乐
            }
        });
        Btn4=(Button)this.findViewById(R.id.button4);
        Btn4.setOnClickListener(new OnClickListener(){
            @Override
            public void onClick(View v) {
                mplayer.setVolume(1.0f,1.0f); //向前
            }
        });
        Btn5=(Button)this.findViewById(R.id.button5);
        Btn5.setOnClickListener(new OnClickListener(){
            @Override
            public void onClick(View v) {
                mplayer.setVolume(0.0f, 0.0f); // 向后
            }
        });
        seekbar=(SeekBar)this.findViewById(R.id.seekbar1);
        seekbar.setOnSeekBarChangeListener(new OnSeekBarChangeListener(){
            @Override
            public void onProgressChanged(SeekBar seekBar, int progress,
                    boolean fromUser) {
                int dest=seekbar.getProgress();  //获取 seekbar 的位置
                int mMax=mplayer.getDuration();  //获取 mplayer 的播放时间
```

```
            int sMax=seekbar.getMax();
            mplayer.seekTo(mMax*dest/sMax);  //指定 mplayer 的播放位置
        }
        @Override
        public void onStartTrackingTouch(SeekBar seekBar) {
            // TODO Auto-generated method stub
            }
        @Override
        public void onStopTrackingTouch(SeekBar seekBar) {
            // TODO Auto-generated method stub
        }
    });
}
```

(3) 运行程序，效果如图 7-1 所示。单击“开始”按钮后，音乐开始播放，直到单击“停止”按钮为止。

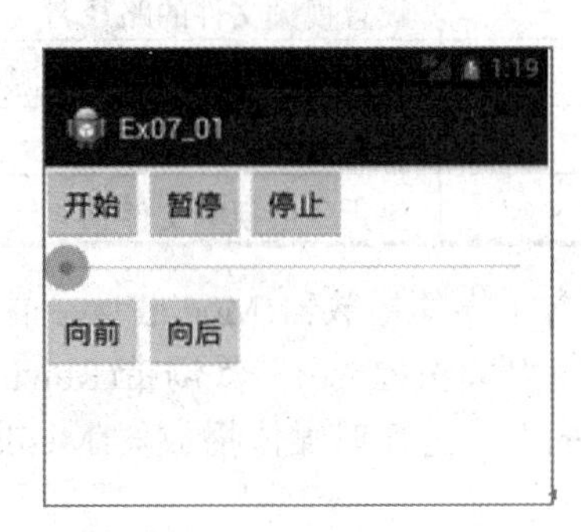

图 7-1 简单音乐播放器

7.1.2 视频播放

Android 系统支持的视频文件格式有 3gp、mp4。Android 系统所能播放的视频文件可以存储在 SD 卡或 Android 的系统文件内。在 Android 系统中，设计播放视频的应用程序有两种不同方式：一种方式是应用媒体播放器(MediaPlayer)组件播放视频；另一种方式是应用视频视图(VideoView)组件播放视频。

在 Android 系统中，经常使用 android.widget 包中的视频视图类 VideoView 播放视频文件。VideoView 类可以从不同的来源(如资源文件或内容提供器)读取图像，计算和维护视频的画面尺寸以使其适用于任何布局管理器，并提供一些诸如缩放、着色之类的显示选项。android.widget.VideoView 类的常用方法如表 7-1 所示。

表 7-1 VideoView 类常用方法表

方　法	说　明
VideoView(Context context)	创建一个默认属性的 VideoView 实例
boolean canPause()	判断是否能够暂停播放视频
int getBufferPercentage()	获得缓冲区的百分比
int getCurrentPosition()	获得当前的位置

续表

方　法	说　明
int getDuration()	获得所播放视频的总时长
boolean isPlaying()	判断是否正在播放视频
boolean onTouchEvent (MotionEvent ev)	实现该方法来处理触屏事件
seekTo (int msec)	设置播放位置
setMediaController (MediaController controller)	设置媒体控制器
setOnCompletionListener (MediaPlayer.OnCompletionListener l)	注册在媒体文件播放完毕时调用的回调函数
setOnPreparedListener (MediaPlayer.OnPreparedListener l)	注册在媒体文件加载完毕，可以播放时调用的回调函数
setVideoPath(String path)	设置视频文件的路径名
setVideoURI(URI Uri)	设置视频文件的统一资源标识符
start()	开始播放视频文件
stopPlayback()	停止回放视频文件

MediaController 是一个包含了媒体播放器(MediaPlayer)控件的视图。它包含了一些典型的按钮，比如“播放(Play)”“暂停(Pause)”“倒带(Rewind)”“快进(Fast Forward)”与“进度滑动器(Progress Slider)”。它管理媒体播放器(MediaPlayer)的状态以保持控件的同步。

【例 7-2】应用视频视图 VideoView 组件设计一个视频播放器，在界面上添加 1 个 VideoView。

(1) 编写 Java 代码：

```
public class MainActivity extends ActionBarActivity {
    VideoView videoview;
    @Override
    protected void onCreate(Bundle savedInstanceState) {
        super.onCreate(savedInstanceState);
        setContentView(R.layout.activity_main);
        videoview=(VideoView)this.findViewById(R.id.videoView1);
       MediaController mController=new MediaController(this);//创建
MediaController 对象
        videoview.setVideoPath("/mnt/sdcard/b.mp4");//加载视频文件
        videoview.setMediaController(mController);//设置 MediaController
        mController.setMediaPlayer(videoview);//设置 MediaController 与
MediaPlayer 关联
    }
```

(2) 运行程序，效果如图 7-2 所示。单击视频界面，浮现 MediaController 媒体控制器，会自动出现“播放”“前进”“后退”以及进度条，单击“播放”按钮，开始播放视频。

图 7-2　视频播放器

7.1.3　录音与拍照

1. 录音

Android 多媒体自带了录音功能，通过 MediaRecorder 类实现录音功能。MediaRecorder 类是 Android SDK 提供的一个专门用于音视频录制类，一般利用手机麦克风采集音频，摄像头采集图片信息。MediaRecorder 类的主要方法如表 7-2 所示。

表 7-2　MediaRecorder 类的主要方法

方 法 名	功　能
setAudioChannels(int numChannels)	设置录制的音频通道数
setAudioEncoder(int audio_encoder)	设置 audio 的编码格式
setAudioEncodingBitRate(int bitRate)	设置录制的音频编码比特率
setAudioSamplingRate(int samplingRate)	设置录制的音频采样率
setAudioSource(int audio_source)	设置用于录制的音源
prepare()	准备录制
release()	释放资源
reset()	将 MediaRecorder 设为空闲状态
start()	开始录制
stop()	停止录制
setMaxFileSize(long max_filesize_bytes)	设置记录会话的最大大小(以字节为单位)
setMaxDuration(int max_duration_ms)	设置记录会话的最大持续时间(毫秒)

使用录制功能需要添加两个权限，代码如下所示：

```
<uses-permission android:name="android.permission.CAMERA" />
 <!-- 调用摄像头权限 -->
```

```
<uses-permission android:name="android.permission.RECORD_AUDIO" />
 <!-- 录制视频/音频权限 -->
```

录音的步骤如下。

(1) 创建 MediaRecorder 对象。

(2) 调用 setAudioSource()设置音频源。

(3) 设置输出格式及文件名、音频编码器等。

(4) 调用 prepare()、star()方法录制。

【例 7-3】使用 MediaRecorder 类完成一段声音的录制。

(1) 创建项目“例 7.3”，修改主 Activity 的布局文件 activity_main.xml 文件，代码如下：

```
<RelativeLayout
xmlns:android="http://schemas.android.com/apk/res/android"
xmlns:tools="http://schemas.android.com/tools"
android:layout_width="match_parent"
android:layout_height="match_parent"
android:paddingBottom="@dimen/activity_vertical_margin"
android:paddingLeft="@dimen/activity_horizontal_margin"
android:paddingRight="@dimen/activity_horizontal_margin"
android:paddingTop="@dimen/activity_vertical_margin"
tools:context=".MainActivity"
android:background="#ffffff" >
<Button
    android:id="@+id/button1"
    android:layout_width="wrap_content"
    android:layout_height="wrap_content"
    android:layout_alignParentLeft="true"
    android:layout_alignParentTop="true"
    android:layout_marginLeft="22dp"
    android:layout_marginTop="28dp"
    android:text="开始录音"
    android:onClick="startRecord"
    />
<Button
    android:id="@+id/button2"
    android:layout_width="wrap_content"
    android:layout_height="wrap_content"
    android:layout_alignBottom="@+id/button1"
    android:layout_marginLeft="56dp"
    android:layout_toRightOf="@+id/button1"
    android:text="停止录音"
    android:onClick="stopRecord" />
</RelativeLayout>
```

(2) 修改主 Activity 的类文件 MainActivity.java，代码如下：

```
public class MainActivity extends Activity {
    MediaRecorder  recorder; //定义录音对象
```

```
    String  Filename=null;
    boolean  isRecording=false;
    @Override
    protected void onCreate(Bundle savedInstanceState) {
        super.onCreate(savedInstanceState);
        setContentView(R.layout.activity_main);
        Filename=Environment.getExternalStorageDirectory().getPath();
        Filename=Filename+"/a.amr";      }
    public  void startRecord(View v){
        //创建 MediaRe 对象
        recorder=new MediaRecorder();
        //设置音频源为麦克风
        recorder.setAudioSource(MediaRecorder.AudioSource.MIC);
        //设置输出格式
        recorder.setOutputFormat(MediaRecorder.OutputFormat.AMR_NB);

        recorder.setAudioChannels(MediaRecorder.AudioEncoder.AMR_NB);
        //设置输入文件
    recorder.setOutputFile(Filename);
        try {
            recorder.prepare();
            recorder.start();
        } catch (IllegalStateException e) {
            // TODO Auto-generated catch block
            e.printStackTrace();
        } catch (IOException e) {
            // TODO Auto-generated catch block
            e.printStackTrace();
        }
    }
public  void stopRecord(View v){
    recorder.stop();
    recorder.release();
    recorder=null;
}
}
```

(3) 打开 Android Manifest.xml 添加权限。代码如下：

```
<uses-permission
android:name="android.permission.WRITE_EXTERNAL_STORAGE"/>
<uses-permission android:name="android.permission.RECORD_AUDIO"/>
```

(4) 本程序建议在真机运行，运行程序效果如图 7-3 所示，单击“开始录音”按钮就可以进行录音，单击“停止录音”按钮可以停止录音。

2. 拍照

现在的手机和平板电脑一般都会提供相机功能，而且相机功能应用越来越广泛。在 Android 中提供了专门用于处理相机相关事件的类，它就是 android.hardware 包中的 Camera

类。Camera 类没有构造方法，可以通过其提供的 open()方法打开相机，App 要有打开的权限。打开相机后，可以通过 Camera.Parameters 类处理相机的拍照参数。

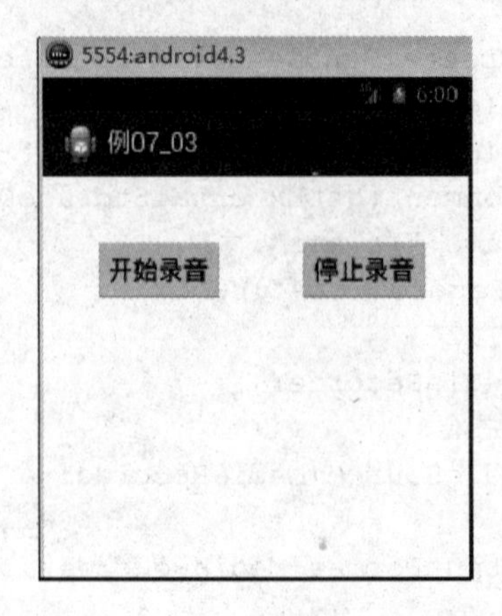

图 7-3 MediaRecorder 类使用效果

拍照参数设置完成后，可以调用 startPreview()方法预览拍照画面，可以使用 SurfaceView 来预览画面，也可以调用 takePicture()方法进行拍照。结束程序时，可以调用 Camera 类 stopPreview()方法结束预览，并调用 Camera 类的 release() 方法释放相机资源。Camera 类常用的方法及子类如表 7-3 所示。

表 7-3 Camera 类的方法

方 法	功 能
getParameters()	获取照相机参数
setParameters(Camera.Parameters params)	用于设置相机的拍照参数
Camera.open()	用来打开照相机
startPreview()	用于开始预览画面
stopPreview()	用于停止预览画面
release()	用于释放相机资源
setPreviewDisplay(SurfaceHolder holder)	用于为相机指定一个用来显示相机预览画面的 SurfaceView

下面通过一个案例来说明在 Android 中使用照相机拍照代码的编写流程。

【例 7-4】创建一个项目名为照相，实现照相机的拍照功能。

(1) 新建项目“照相”。打开主 Activity 的布局文件 activity_main.xml 文件，修改代码如下：

```
<RelativeLayout
xmlns:android="http://schemas.android.com/apk/res/android"
xmlns:tools="http://schemas.android.com/tools"
android:layout_width="match_parent"
android:layout_height="match_parent"
android:paddingBottom="@dimen/activity_vertical_margin"
android:paddingLeft="@dimen/activity_horizontal_margin"
android:paddingRight="@dimen/activity_horizontal_margin"
```

```
android:paddingTop="@dimen/activity_vertical_margin"
tools:context=".MainActivity"
android:background="#ffffff" >
<Button
   android:id="@+id/button1"
   android:layout_width="wrap_content"
   android:layout_height="wrap_content"
   android:layout_alignParentLeft="true"
   android:layout_alignParentTop="true"
   android:layout_marginLeft="22dp"
   android:layout_marginTop="28dp"
   android:text="照相"
   android:onClick="Click"/>
</RelativeLayout>
```

(2) 打开主 Activity 的类文件 MainActivity.java，修改代码如下：

```
public class MainActivity extends Activity {
    @Override
    protected void onCreate(Bundle savedInstanceState) {
        super.onCreate(savedInstanceState);
        setContentView(R.layout.activity_main);
    }
//点击按钮照相
    public  void Click(View v) {
        Intent  i=new Intent(MediaStore.ACTION_IMAGE_CAPTURE);
        File  file=new File(Environment.getExternalStorageDirectory().getPath(),
            "a.png");
        i.putExtra(MediaStore.EXTRA_OUTPUT,Uri.fromFile(file));//把图片保
存到 sd 卡        startActivityForResult(i, 1);
    }
    //当开启的 Activity 关闭时调用
    @Override
    protected void onActivityResult(int requestCode, int resultCode, Intent data) {
        // TODO Auto-generated method stub
        super.onActivityResult(requestCode, resultCode, data);
    }
}
```

(3) 打开 AndroidManifest.xml 文件添加权限。

```
<uses-permission
android:name="android.permission.WRITE_EXTERNAL_STORAGE"/>
<uses-permission android:name="android.permission.CAMERA"/>
<uses-feature  android:name="android.hardware.camera"/>
<uses-feature android:name="android.hardware.camera.autofocus"/>
```

其中第一个权限为保存图片要用到的写入外部存储器的存储权限，后三个为与调用 Camera 硬件有关的使用权限。

(4) 运行程序，程序效果如图 7-4 所示，单击“照相”按钮可以完成拍照。该程序要

在真机上运行。

图 7-4 Camera 类使用效果

7.2 任务 2 手机的附加功能

任务描述

本任务主要是熟练使用 Android 手机的附加功能设置，如外观更改、闹钟设置等。

任务目标

(1) 了解 Android 手机外观更改和提醒功能；
(2) 了解 Android 的计算器功能；
(3) 了解 Android 的闹钟设置功能。

知识要点

7.2.1 手机外观更改和提醒设置

本节将介绍如何通过编写代码更改手机的外观，如改变手机的壁纸；同时会讲解如何进行手机的震动设置，如闹钟、震动等。

1. 手机的壁纸设置

下面我们通过一个案例来讲解一下手机壁纸的设置步骤。

【例 7-5】建立项目，设置手机的壁纸。

(1) 在 Eclipse 中新建一个项目 TelePhoneWaller，打开主 Activity 的布局文件 activity_main.xml，编写代码如下：

```
<LinearLayout xmlns:android="http://schemas.android.com/apk/res/android"
xmlns:tools="http://schemas.android.com/tools"
android:layout_width="match_parent"
```

```
android:layout_height="match_parent"
tools:context=".MainActivity"
android:orientation="vertical" >
<Button
    android:id="@+id/button1"
    android:layout_width="match_parent"
    android:layout_height="wrap_content"
    android:text="恢复默认壁纸" />
<ImageView
    android:id="@+id/imageView1"
    android:layout_width="match_parent"
    android:layout_height="100dp"
    android:src="@drawable/a1" />
<Button
    android:id="@+id/button2"
    android:layout_width="match_parent"
    android:layout_height="wrap_content"
    android:text="获取当前壁纸" />
<Gallery
    android:id="@+id/gallery1"
    android:layout_width="match_parent"
    android:layout_height="wrap_content" />
<Button
    android:id="@+id/button3"
    android:layout_width="match_parent"
    android:layout_height="wrap_content"
    android:text="设置为当前壁纸" />
</LinearLayout>
```

(2) 复制 4 张图片 p1.jpg、p2.jpg、p3.jpg、p4.jpg 到项目 res/drawable-mdi 文件夹下。
(3) 打开主 Activity 的类文件 MainActivity.java，编写代码如下：

```
public class MainActivity extends Activity {
    int [] img={R.drawable.a1,R.drawable.a2,R.drawable.a3,R.drawable.a4};
    ImageView  imv;
    int selectedIndex=-1;
    Button  b1,b2,b3;
    Gallery  g;
    @Override
    protected void onCreate(Bundle savedInstanceState) {
        super.onCreate(savedInstanceState);
        setContentView(R.layout.activity_main);
        b1=(Button) findViewById(R.id.button1);
        b2=(Button) findViewById(R.id.button2);
        b3=(Button) findViewById(R.id.button3);
        g=(Gallery) findViewById(R.id.gallery1);
        b1.setOnClickListener(new OnClickListener() {
            @Override
            public void onClick(View v) {
```

```
                    // TODO Auto-generated method stub
                    try {
                        MainActivity.this.clearWallpaper();//还原手机壁纸
                    } catch (IOException e) {
                        // TODO Auto-generated catch block
                        e.printStackTrace();
                    }
                }
            });
        b2.setOnClickListener(new OnClickListener() {
            @Override
            public void onClick(View v) {
                // TODO Auto-generated method stub
                ImageView  imv=new ImageView(getApplicationContext());
               //设置 ImageView 为当前的壁纸
                imv.setBackgroundDrawable(getWallpaper());
            }
        });
        MyAdaper  adapter=new MyAdaper();
        g.setAdapter(adapter);
        g.setSpacing(5);
        g.setOnItemClickListener(new OnItemClickListener() {
            @Override
            public void onItemClick(AdapterView<?> arg0, View arg1, int arg2,
                    long arg3) {
                // TODO Auto-generated method stub
                selectedIndex=arg2;
            }
        });
            b3.setOnClickListener(new OnClickListener() {
                @Override
                public void onClick(View v) {
                    // TODO Auto-generated method stub
                    Resources  r=MainActivity.this.getResources();
                    InputStream  in=r.openRawResource((img[selectedIndex]));
                    try {
                        setWallpaper(in);
                    } catch (IOException e) {
                        // TODO Auto-generated catch block
                        e.printStackTrace();
                    }
                }
            });
        }
    class  MyAdaper  extends BaseAdapter {
        @Override
        public int getCount() {
            // TODO Auto-generated method stub
            return img.length;
```

```
        }
        @Override
        public Object getItem(int position) {
            return null;
        }
        @Override
        public long getItemId(int position) {
            // TODO Auto-generated method stub
            return 0;
        }
        @Override
        public View getView(int position, View convertView, ViewGroup parent) {
            // TODO Auto-generated method stub
            ImageView  imv=new ImageView(getApplicationContext());
            imv.setBackgroundResource(img[position]);
            imv.setScaleType(ImageView.ScaleType.CENTER_CROP);
            imv.setLayoutParams(new Gallery.LayoutParams(120,120));
            return imv;
        }
    }
}
```

(4) 打开 AndroidManifest.xml，添加如下权限：

```
<uses-permission  android:name="android.permission.SET_WALLPAPER"/>
```

(5) 运行程序，效果如图 7-5 所示。用户可以在 Gallery 中选择图片，单击“设置为当前壁纸”按钮，可以将壁纸指定为某个图片，退出当前程序，设置壁纸后效果如图 7-6 所示。单击“恢复默认壁纸”按钮，可以把壁纸恢复到初始状态，如图 7-7 所示。

图 7-5　设置壁纸前

图 7-6　设置壁纸后效果

图 7-7　恢复默认设置壁纸

2. 手机震动设置

手机震动是一个非常重要的功能，它可以提醒用户，如来电震动、短信震动等。实现手机震动其实很简单，手机震动使用 Vibrator 类进行设置。Vibrator 对象的常用方法如表 7-4 所示。

表 7-4　Vibrator 常用方法

方　法	参数说明	功　能
vibrate(long[] patten,int loop)	pattern 中的第一个元素表示等待多长时间才启动震动，后边的元素依次为等待震动和震动的时间，单位为 ms loop：表示震动的次数，为-1 表示不重复震动，为 0 表示一直震动	按照指定模式进行震动
vibrate(long milliseconds)	milliseconds 为震动持续的时间	启动震动，并持续指定时间
cancel()		取消震动

震动也需要必要的权限，代码如下：

```
<uses-permission android:name="android.permission.VIBRATE"/>
```

【例 7-6】编写一个程序，可以启动手机的震动及关闭震动。

(1)　在 Eclipse 新建一个项目“震动”，修改布局文件的代码如下：

```
<RelativeLayout xmlns:android="http://schemas.android.com/apk/res/android"
xmlns:tools="http://schemas.android.com/tools"
android:layout_width="match_parent"
android:layout_height="match_parent"
android:paddingBottom="@dimen/activity_vertical_margin"
android:paddingLeft="@dimen/activity_horizontal_margin"
android:paddingRight="@dimen/activity_horizontal_margin"
android:paddingTop="@dimen/activity_vertical_margin"
tools:context=".MainActivity" >
<Button
    android:id="@+id/button1"
    android:layout_width="wrap_content"
    android:layout_height="wrap_content"
    android:layout_alignParentLeft="true"
    android:layout_alignParentTop="true"
    android:text="启动震动"
    android:onClick="click1"/>
<Button
    android:id="@+id/button2"
    android:layout_width="wrap_content"
    android:layout_height="wrap_content"
    android:layout_alignLeft="@+id/button1"
    android:layout_below="@+id/button1"
    android:layout_marginTop="22dp"
    android:text="关闭震动"
    android:onClick="click2"/>
</RelativeLayout>
```

(2) 修改主 Activity 的类文件 MainActivity.java 文件的代码如下：

```
public class MainActivity extends Activity {
     Vibrator  vibrator;
    @Override
    protected void onCreate(Bundle savedInstanceState) {
        super.onCreate(savedInstanceState);
        setContentView(R.layout.activity_main);
        //获取震动服务(使用系统服务获取)
vibrator=(Vibrator) getApplication().getSystemService(Service.VIBRATOR_SERVICE);
}
public  void click1(View v) {//定义一个方法响应启动震动按钮的单击事件
        vibrator.vibrate(new long[]{100,100,100,1000},0);
    }
public  void click2(View v) {//定义一个方法响应关闭震动按钮的单击事件
        vibrator.cancel();
        }
}
```

(3) 打开 AndroidManifest.xml，添加权限。

```
<uses-permission android:name="android.permission.VIBRATE"/>
```

(4) 运行程序，运行后的效果如图 7-8 所示，单击“启动震动”按钮启动震动效果，单击“关闭震动”按钮则关闭震动。建议真机运行，模拟器上是没有震动效果的。

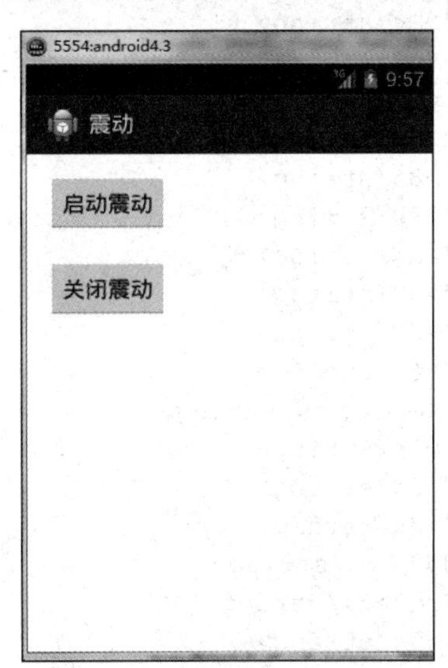

图 7-8　Vibrator 类使用效果

7.2.2　计算器实现

【例 7-7】Android 实现简单的计算器。

(1) 图 7-9 就是 android 实现的计算器的布局配置，整体为垂直线性布局：一个 EditText 和 5 个水平线性布局，每个水平线性布局里放置 4 个 Button。

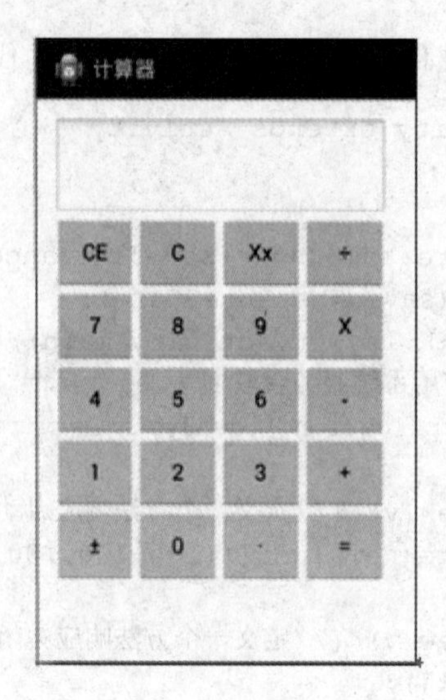

图 7-9 计算器的布局视图

(2) 按钮对应的字符串配置如下：

```
<?xml version="1.0" encoding="utf-8"?>
<resources>
<string name="App_name">计算器</string>
<string name="action_settings">Settings</string>
<string name="c_ce">CE</string>
    <string name="c_c">C</string>
    <string name="c_xx">Xx</string>
    <string name="c_div">÷</string>
    <string name="c_7">7</string>
    <string name="c_8">8</string>
    <string name="c_9">9</string>
    <string name="c_X">X</string>
    <string name="c_4">4</string>
    <string name="c_5">5</string>
    <string name="c_6">6</string>
    <string name="c_delete">—</string>
    <string name="c_1">1</string>
    <string name="c_2">2</string>
    <string name="c_3">3</string>
    <string name="c_add">+</string>
    <string name="c_aord">±</string>
    <string name="c_0">0</string>
    <string name="c_point">·</string>
    <string name="c_equal">=</string>
</resources>
```

(3) 具体操作细节。

以下是逻辑需要用运算接口和加减乘除算法：

```
package com.example.ex7_07;
interface Calculate{
```

```
    float calculate(double x,double y);
}
package com.example.ex7_07;
public class Add implements Calculate{
    @Override
    public float calculate(double x, double y) {
        return (float) (x+y);
    }
}
package com.example.ex7_07;
public class Delete implements Calculate{
    public float calculate(double x, double y) {
        return (float) (x-y);
    }
}
package com.example.ex7_07;
public class Mulitply implements Calculate{
    public float calculate(double x, double y) {
        return (float) (x*y);
    }
}
package com.example.ex7_07;
public class Div implements Calculate{
    public float calculate(double x, double y) {
        if(y==0){
            try {
                throw new Exception("被除数不能为 0");
            } catch (Exception e) {
                e.printStackTrace();
            }
            return 0;
        }
        return (float) (x/y);
    }
}
```

(4) 设置 Activity 和监听的内容如下：

```
public class MainActivity extends Activity {
    private float x,y;
    private String text="";
    private int tagremeber=0;
    private EditText textview;
    private boolean eqstatus=false;
    private boolean zestatus=false;
    private int count=0;
    private Calculate cl;
protected void onCreate(Bundle savedInstanceState) {
    super.onCreate(savedInstanceState);
    setContentView(R.layout.activity_main);
    textview=(EditText) findViewById(R.id.result);
```

```
textview.setText("0.0");
textview.requestFocus();
Button bt_0=(Button) findViewById(R.id.c_0);
Button bt_1=(Button) findViewById(R.id.c_1);
Button bt_2=(Button) findViewById(R.id.c_2);
Button bt_3=(Button) findViewById(R.id.c_3);
Button bt_4=(Button) findViewById(R.id.c_4);
Button bt_5=(Button) findViewById(R.id.c_5);
Button bt_6=(Button) findViewById(R.id.c_6);
Button bt_7=(Button) findViewById(R.id.c_7);
Button bt_8=(Button) findViewById(R.id.c_8);
Button bt_9=(Button) findViewById(R.id.c_9);
Button bt_add=(Button) findViewById(R.id.c_add);
Button bt_delete=(Button) findViewById(R.id.c_delete);
Button bt_mul=(Button) findViewById(R.id.c_X);
Button bt_div=(Button) findViewById(R.id.c_div);
Button bt_c=(Button) findViewById(R.id.c_c);
Button bt_xx=(Button) findViewById(R.id.c_xx);
Button bt_ce=(Button) findViewById(R.id.c_ce);
Button bt_aord=(Button) findViewById(R.id.c_aord);
Button bt_equal=(Button) findViewById(R.id.c_equal);
Button bt_point=(Button) findViewById(R.id.c_point);
//其中 1-10 为数字  11-20 位运算符
bt_0.setTag(20);
bt_1.setTag(1);
bt_2.setTag(2);
bt_3.setTag(3);
bt_4.setTag(4);
bt_5.setTag(5);
bt_6.setTag(6);
bt_7.setTag(7);
bt_8.setTag(8);
bt_9.setTag(9);
bt_add.setTag(10);
bt_delete.setTag(11);
bt_mul.setTag(12);
bt_div.setTag(13);
bt_c.setTag(14);
bt_xx.setTag(15);
bt_ce.setTag(16);
bt_aord.setTag(17);
bt_equal.setTag(18);
bt_point.setTag(19);
//给 0-9 和.加上数值对应的监听
bt_0.setOnClickListener(ol);
bt_1.setOnClickListener(ol);
bt_2.setOnClickListener(ol);
bt_3.setOnClickListener(ol);
bt_4.setOnClickListener(ol);
bt_5.setOnClickListener(ol);
bt_6.setOnClickListener(ol);
```

```
    bt_7.setOnClickListener(ol);
    bt_8.setOnClickListener(ol);
    bt_9.setOnClickListener(ol);
    bt_point.setOnClickListener(ol);
    //为运算符类按钮加上运算符类的监听
    bt_add.setOnClickListener(cal_listener);
    bt_delete.setOnClickListener(cal_listener);
    bt_mul.setOnClickListener(cal_listener);
    bt_div.setOnClickListener(cal_listener);
    bt_equal.setOnClickListener(cal_listener);
    //清除等按钮
    bt_c.setOnClickListener(setzero_listener);
    bt_xx.setOnClickListener(setzero_listener);
    bt_ce.setOnClickListener(setzero_listener);
    bt_aord.setOnClickListener(setzero_listener);
}
OnClickListener ol=new OnClickListener() {
        public void onClick(View view) {
            int tag=(Integer) view.getTag();
            if(eqstatus){
                text="";
                textview.setSelection(text.length());
                eqstatus=false;
            }
            if(zestatus){
                text="";
                textview.setSelection(text.length());
                zestatus=false;
            }
            switch(tag){
            case 20:    text=text+"0";
                   break;
            case 1: text=text+"1";
                   break;
            case 2: text=text+"2";
                   break;
            case 3: text=text+"3";
                   break;
            case 4: text=text+"4";
                   break;
            case 5: text=text+"5";
                   break;
            case 6: text=text+"6";
                   break;
            case 7: text=text+"7";
                   break;
            case 8: text=text+"8";
                   break;
            case 9: text=text+"9";
                   break;
            case 19:    text=text+".";
```

```
            }
            textview.setText(text);
            textview.setSelection(text.length());
        }
    };
    OnClickListener cal_listener=new OnClickListener() {
        public void onClick(View view) {
            int tag=(Integer) view.getTag();
        //当单击运算按钮不为=时
        if(tag!=18){
            //保存x并清除文本域
            x=Float.parseFloat(text);
            tagremeber=tag;
            text="";
            textview.setText(text);
            textview.setSelection(text.length());
        }
        //点击=运算符时
        else if(tag==18){
                y=Float.parseFloat(text);
                switch(tagremeber){
                case 10:    cl=new Add();
                        break;
                case 11:    cl=new Delete();
                        break;
                case 12:    cl=new Mulitply();
                        break;
                case 13:    cl=new Div();
                        break;
                }
                float result=cl.calculate(x, y);
                text=String.valueOf(result);
                textview.setText(text);
                textview.setSelection(text.length());
            //表示当前状态为结果状态，下次点击数字时会自动清除这次结果
            eqstatus=true;
        }
        }
    };
    OnClickListener setzero_listener=new OnClickListener() {
        @Override
        public void onClick(View view) {
            int tag=(Integer) view.getTag();
            switch(tag){
            case 14:    x=0;
                    y=0;
                    text="0.0";
                    zestatus=true;
                    break;
            case 15:    text=text.substring(0,text.length()-1);
                    break;
```

```
            case 16:    x=0;
                    text="0.0";
                    zestatus=true;
                    break;
            case 17:    count++;
                    if(count!=0&&count%2==0){
                        text=text.substring(1);
                     }
                     else if(count%2==1){
                        text="-"+text;
                     }
                     break;
            }
            textview.setText(text);
            textview.setSelection(text.length());
        }
    };
public boolean onCreateOptionsMenu(Menu menu) {
    menu.add(0, 0, 1,"退出" );
    menu.add(0,1,2,"关于");
   return true;
}
  public boolean onOptionsItemSelected(MenuItem item) {
    switch(item.getItemId())        {
    case 0: finish();
    case 1: Toast.makeText(MainActivity.this, "这是计算器", 1).show();
    }
    return super.onOptionsItemSelected(item);
}
}
```

7.2.3　闹钟设置

【例 7-8】 系统定时服务 alarmManager。布局上只有 3 个按钮，分别实现定时闹钟、循环闹钟以及取消闹钟。

```
//接收端 alarmreceiver.java
package com.example.alarmmanager;
public class alarmreceiver extends BroadcastReceiver{
    @Override
    public void onReceive(Context context, Intent intent)  {
        // TODO Auto-generated method stub
        if(intent.getAction().equals("aaa"))        {
            Toast.makeText(context, "时间到，上课了！",
Toast.LENGTH_LONG).show();     }
        else if(intent.getAction().equals("repeating"))     {
            Toast.makeText(context, "时间到，起床了！",
Toast.LENGTH_LONG).show();      }
    }
 }
```

```
//逻辑代码 MainActivity.java
public class MainActivity extends Activity {
Button btn1, btn2, btn3;
Intent intent;
PendingIntent sender;
AlarmManager alarm;
@Override
public void onCreate(Bundle savedInstanceState)    {
   super.onCreate(savedInstanceState);
   setContentView(R.layout.activity_main);
   btn1=(Button)findViewById(R.id.button1);
   btn1.setOnClickListener(new mClick());
   btn2=(Button)findViewById(R.id.button2);
   btn2.setOnClickListener(new mClick());
   btn3=(Button)findViewById(R.id.button3);
   btn3.setOnClickListener(new mClick());
 }
class mClick implements OnClickListener    {
     @Override
     public void onClick(View v)     {
      if(v.getId()==R.id.button1)  timing();
      if(v.getId()==R.id.button2)  cycle();
      if(v.getId()==R.id.button3)  cancel();
    }
  }

void  timing(){//定时：5 秒后发送一个广播，广播接收后 Toast 提示定时操作完成
    alarm=(AlarmManager)getSystemService(ALARM_SERVICE);
    intent =new Intent(MainActivity.this, alarmreceiver.class);
      intent.setAction("aaa");
      sender= PendingIntent.getBroadcast(MainActivity.this, 0, intent, 0);

      Calendar calendar=Calendar.getInstance();   //设定一个 5 秒后的时间
      calendar.setTimeInMillis(System.currentTimeMillis());
      calendar.add(Calendar.SECOND, 5);
      alarm.set(AlarmManager.RTC_WAKEUP, calendar.getTimeInMillis(), sender);
      Toast.makeText(MainActivity.this, "五秒后 alarm 开启",
            Toast.LENGTH_LONG).show();
}
  void cycle() { //循环：每 5 秒发送一个广播，广播接收后 Toast 提示定时操作完成
      alarm=(AlarmManager)getSystemService(ALARM_SERVICE);
      Intent intent =new Intent(MainActivity.this, alarmreceiver.class);
      intent.setAction("repeating");
      PendingIntent sender=PendingIntent.getBroadcast(MainActivity.this,
      0, intent, 0);
      long firstime=SystemClock.elapsedRealtime();    //开始时间
        //5 秒一个周期，不停地发送广播
      alarm.setRepeating(AlarmManager.ELAPSED_REALTIME_WAKEUP , firstime,
      5*1000, sender);
```

```
   }
   void cancel()   {  // 取消周期发送信息
       alarm=(AlarmManager)getSystemService(ALARM_SERVICE);
   Intent intent =new Intent(MainActivity.this, alarmreceiver.class);
   intent.setAction("repeating");
   PendingIntent sender=PendingIntent.getBroadcast(MainActivity.this, 0,
intent, 0);
   alarm.cancel(sender);
   }
  }
//配置 AndroidManifest.xml
 <receiver  android:name="com.example.alarmmanager.alarmreceiver"> <!--
广播接收类 -->
     <intent-filter>
        <action android:name="aaa" />  <!--接受 广播注册的广播动作 -->
     </intent-filter>
     <intent-filter>
        <action android:name="repeating" />
     </intent-filter>
</receiver>
```

单击“5 秒钟后开启闹钟”按钮，则 5 秒后闹钟开启，单击“每隔 5 秒响一次闹钟”按钮，则每隔 5 秒闹钟响起，如图 7-10 所示。

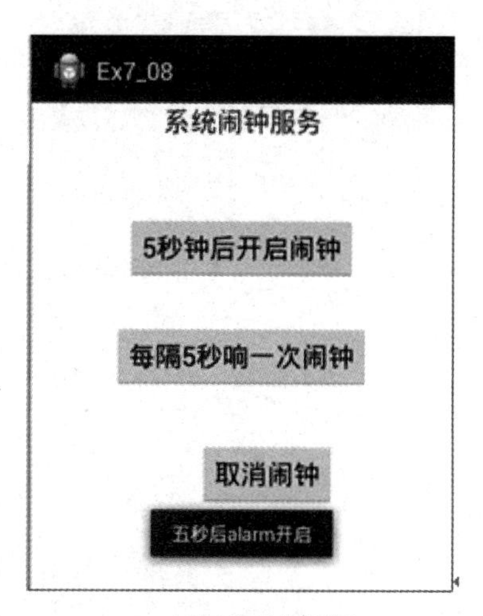

(a) 5 秒后开启闹钟

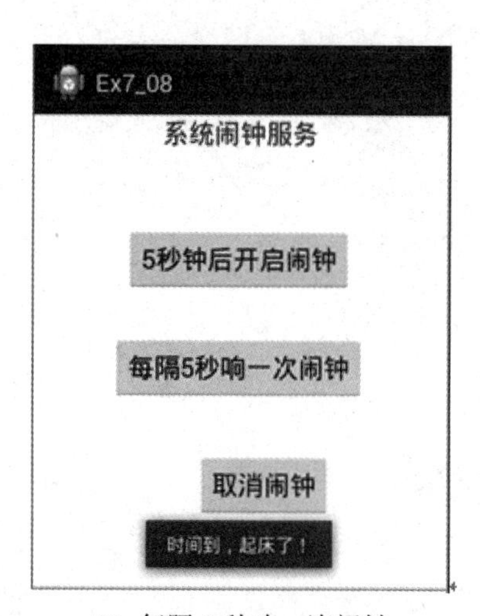

(b) 每隔 5 秒响一次闹钟

图 7-10　闹钟

习　　题

设计一个具有选歌功能的音频播放器。

参 考 文 献

[1] 徐诚. 零点起飞学 Android 开发[M]. 北京：清华大学出版社，2013.

[2] 张伟华. Android 项目开发入门教程[M]. 北京：人民邮电出版社，2015.

[3] 任玉刚. Android 开发艺术探索[M]. 北京：电子工业出版社，2015.

[4] 张思民. Android 应用程序设计[M]. 北京：清华大学出版社，2013.

[5] 左军. Android 程序设计经典教程[M]. 北京：清华大学出版社，2015.

[6] 蔡艳桃. Android App Inventor 项目开发教程[M]. 北京：人民邮电出版社，2014.

[7] 传智播客产品研发部. Android 移动应用基础教程[M]. 北京：中国铁道出版社，2015.

[8] 明日科技. Adroid 从入门到精通[M]. 北京：清华大学出版社，2012.

[9] 唐亮，周羽. Android 高级开发[M]. 北京：高等教育出版社， 2016.

[10] 付丽梅. Android 应用开发项目教程[M]. 大连：东软电子出版社，2017.

[11] 传智播客. Android 移动基础教程[M]. 北京：中国铁道出版社，2017.

[12] 李华忠. Android 应用程序设计教程[M]. 北京：人民邮电出版社，2017.

[13] 明日科技. Android 从入门到精通[M]. 北京：清华大学出版社，2013.

[14] 黑马程序员. Android 移动开发基础案例教程[M]. 北京：人民邮电出版社，2017.